NMR Spectroscopy

分光法シリーズ 3
SPECTROSCOPY SERIES

NMR分光法

HIDEO AKUTSU　ICHIO SHIMADA　EI-ICHIRO SUZUKI　YOSHIFUMI NISHIMURA
阿久津秀雄　嶋田一夫　鈴木榮一郎　西村善文 [編著]　講談社

編 者(カッコ内は担当章・節)

阿久津秀雄	大阪大学名誉教授/横浜市立大学客員教授	(1章, 2.2, 2.4, 5.2節)
嶋田一夫	東京大学　大学院薬学系研究科	
鈴木榮一郎	味の素株式会社　元上席理事	(4.2節, 付録)
西村善文	横浜市立大学　学長補佐	(5.1節)

執筆者(執筆順)

藤原敏道	大阪大学　蛋白質研究所	(2.1, 2.4, 2.6, 3.5節)
片平正人	京都大学　エネルギー理工学研究所	(2.3, 2.5節)
河合剛太	千葉工業大学　先進工学部	(3.1, 3.2, 3.3節)
伊藤隆	首都大学東京　大学院理工学研究科	(3.4, 5.2節)
村田道雄	大阪大学　大学院理学研究科	(4.1節)
花島慎弥	大阪大学　大学院理学研究科	(4.1節)
三森文行	国立環境研究所　環境計測研究センター	(4.3節)
奥田昌彦	横浜市立大学　大学院生命医科学研究科	(5.1節)
後藤和馬	岡山大学　大学院自然科学研究科	(6章)

まえがき

　核磁気共鳴分光法（NMR）は他の分光法と同じく量子論を基礎にしているが，ここでもっともよく出てくるスピン系のエネルギー準位はたった二つしかない．こんな単純な系がなぜ分子構造の決定，人体のイメージング，電池材料の解析などに使えるのか，実に不思議である．一方，日常的にNMRを使っていると日々その奥深さを感じ，最先端分野への展開に胸が躍る．本書はさまざまな立場からNMRに興味を持つ学生・研究者・技術者に，NMRの魅力への理解を深め，NMRをより有効に，より創造的に使っていただくことを目的として企画された．

　本書の第1章では素朴な疑問をも踏まえて，核磁気共鳴分光法の特徴とその歴史がまとめられている．NMR独特な言葉の背景も説明されている．第2章では核磁化の運動と共鳴，化学的・構造的情報源となる各種の核磁気相互作用が解説されている．2次元NMRや固体NMRの基礎は後の章での展開につながる．この章はNMRをより深く理解したい読者のためのものである．第3章ではNMRスペクトルを測定するために必要な装置と，美しく情報豊富なスペクトルを得るためのソフト的ノウハウがまとめられている．NMRの測定を始める人や，日常的に測定に携わる人にとっては必読の章であろう．

　第4,5,6章では化学・生命科学研究の最先端で活躍するNMRの魅力がそれぞれの専門家によって語られている．読者はそれぞれの興味に合わせて読むことによりNMRに広がる可能性を理解することができる．第4章では一般の有機化合物はもちろん，非常に大きな天然有機化合物の構造決定にNMRが必須であることを具体例で示している．また，企業における化学分析においても強力な武器となっており，米国発の抗凝血剤ヘパリン危機をNMR分析で解決して日本の利用者を守った実例が語られている．環境科学分析では健康を阻害する重金属の体内への定着や体内代謝への影響のイメージングなどによる解析がユニークな情報を提供することが示されている．第5章ではNMRを用いたタンパク質構造解析法をわかりやすくまとめ，それを使った遺伝情報発現制御メカニズム解析について述べている．また，近年注目されているin-cell NMRや固体NMRによる細胞生物学的研究が示されて

まえがき

いる．第6章では固体NMRが活躍する，ゼオライト・炭素材料の構造・反応性解析，リチウムイオン電池，金属酸化物電池などにおける材料と金属イオンとの相互作用解析が取り上げられている．NMRは金属も直接観測できるため電池反応解析の重要な研究手段となる．

　付録の充実を図り，本書の活用に役立つと思われる情報をまとめたので，ぜひ利用されたい．

　本書を出版するにあたって，河合剛太博士と佐藤一氏には原稿をていねいに査読していただいた．講談社サイエンティフィクの五味研二氏には企画から出版まで多くの有益なご意見と励ましをいただいた．執筆者を代表してここに感謝する．

2016年3月

編者を代表して　阿久津秀雄

目　次

第1章　核磁気共鳴法とは──その特徴および発見と展開の歴史 … 1
- 1.1　核磁気共鳴分光法の特徴 …………………………………… 1
- 1.2　核磁気共鳴の発見 …………………………………………… 4
- 1.3　さまざまな核磁気相互作用の発見と化学への展開 ………… 5
- 1.4　感度・分解能の画期的向上とパルス技術の発展 …………… 6
- 1.5　生物・医学研究への展開 …………………………………… 7
- 1.6　NMRのフロンティア ……………………………………… 9

第2章　NMRの基本原理 …………………………………… 11
- 2.1　核磁気共鳴とは ……………………………………………… 11
  - 2.1.1　ゼーマン相互作用 ……………………………………… 11
  - 2.1.2　熱平衡状態の核磁化 …………………………………… 13
  - 2.1.3　振動する磁場と核磁化の相互作用 …………………… 13
  - 2.1.4　NMRに関する磁気的相互作用 ……………………… 15
  - 2.1.5　ESRの相互作用 ………………………………………… 17
  - 2.1.6　コヒーレンス …………………………………………… 17
  - 2.1.7　NMRの特徴と応用 …………………………………… 18
- 2.2　化学シフト …………………………………………………… 19
  - 2.2.1　電子による磁場の遮蔽と化学シフト ………………… 19
  - 2.2.2　化学シフトを決める要因 ……………………………… 22
  - 2.2.3　核のまわりの電子による遮蔽 ………………………… 23
  - 2.2.4　隣接する原子や原子間電流などの化学シフトへの影響 … 24
  - 2.2.5　不対電子，外部電場および同位体置換の影響 ……… 26
  - 2.2.6　分子運動が抑えられているときの化学シフト ……… 28
  - 2.2.7　構造情報としての化学シフト ………………………… 30

- 2.3 スピン−スピン結合と双極子−双極子相互作用 ………………… 32
  - 2.3.1 スピン−スピン結合 …………………………………………… 32
  - 2.3.2 双極子−双極子相互作用 ……………………………………… 44
- 2.4 核スピン緩和 ………………………………………………………… 48
  - 2.4.1 NMRスペクトルと緩和 ………………………………………… 48
  - 2.4.2 縦緩和：スピン−格子緩和 …………………………………… 50
  - 2.4.3 横緩和：スピン−スピン緩和 ………………………………… 51
  - 2.4.4 回転座標系におけるスピン−格子緩和 ……………………… 52
  - 2.4.5 緩和時間の決定 ………………………………………………… 53
  - 2.4.6 緩和機構と分子運動 …………………………………………… 54
  - 2.4.7 化学交換と緩和分散 …………………………………………… 59
  - 2.4.8 交差緩和と核オーバーハウザー効果（NOE） ……………… 61
  - 2.4.9 J結合（スピン−スピン結合）にともなう交差相関—TROSYの基礎 … 63
- 2.5 多次元NMRの基礎 …………………………………………………… 66
  - 2.5.1 2次元NMR測定 ………………………………………………… 66
  - 2.5.2 3次元，4次元NMR …………………………………………… 73
  - 2.5.3 直積演算子の基礎とその利用法 ……………………………… 75
- 2.6 固体NMRの基礎 ……………………………………………………… 80
  - 2.6.1 固体NMRの相互作用 ………………………………………… 81
  - 2.6.2 スピン量子数1/2の核の高分解能測定 ……………………… 83
  - 2.6.3 四極子核のNMR ……………………………………………… 86
  - 2.6.4 動的核分極法 …………………………………………………… 86

第3章 NMR測定のためのハードとソフト ……………………………… 89
- 3.1 分光計およびマグネット …………………………………………… 89
  - 3.1.1 分光計 …………………………………………………………… 89
  - 3.1.2 マグネット ……………………………………………………… 91
  - 3.1.3 プローブ ………………………………………………………… 93
  - 3.1.4 パルス磁場勾配法 ……………………………………………… 95
  - 3.1.5 ロックと磁場補正 ……………………………………………… 96
- 3.2 シグナルの検出とデータの処理 …………………………………… 98
  - 3.2.1 デジタルフーリエ変換（DFT）の基礎 ……………………… 99

- 3.2.2 NMRにおけるDFT ……………………………………… 100
- 3.2.3 シグナルの検出 …………………………………………… 103
- 3.2.4 アーティファクトの除去 ………………………………… 106
- 3.3 試料調製 ……………………………………………………… 107
  - 3.3.1 NMR試料管 ……………………………………………… 107
  - 3.3.2 基準物質と溶媒 …………………………………………… 108
- 3.4 測定法および測定パラメータ ……………………………… 109
  - 3.4.1 1次元NMR測定 …………………………………………… 110
  - 3.4.2 多次元NMR測定 …………………………………………… 116
  - 3.4.3 短時間で測定する多次元NMRの原理 ………………… 131
  - 3.4.4 おわりに …………………………………………………… 135
- 3.5 固体NMR測定のためのハード・ソフトと試料調製 ……… 135
  - 3.5.1 分光計システム …………………………………………… 135
  - 3.5.2 ローターサイズの選択 …………………………………… 136
  - 3.5.3 ローター内の試料 ………………………………………… 136
  - 3.5.4 高磁場動的核分極法 ……………………………………… 137

第4章 有機化学・分析科学・環境科学への展開と産業応用 …… 139

- 4.1 有機化学で果たす役割 ……………………………………… 139
  - 4.1.1 NMR試料の調製 …………………………………………… 140
  - 4.1.2 平面構造の解析 …………………………………………… 141
  - 4.1.3 立体配置の決定 …………………………………………… 146
  - 4.1.4 立体配座（コンホメーション）の推定 ………………… 149
- 4.2 分析科学と諸産業での利活用 ……………………………… 152
  - 4.2.1 網羅性を生かした例 ……………………………………… 152
  - 4.2.2 選択性を生かした例 ……………………………………… 156
  - 4.2.3 時間細工性を生かした例 ………………………………… 164
  - 4.2.4 非破壊性を生かした例 …………………………………… 174
- 4.3 環境科学への応用―健康への影響に関する研究を中心に … 199
  - 4.3.1 MRIとMRSの方法 ………………………………………… 199
  - 4.3.2 環境健康問題へのMRI, MRSの応用例 ………………… 202
  - 4.3.3 おわりに …………………………………………………… 209

目　次

第5章　生命科学への展開 213
5.1　構造生物学への展開 213
- 5.1.1　タンパク質のNMR測定の基礎 213
- 5.1.2　タンパク質の構造解析の流れ 218
- 5.1.3　タンパク質のNMR 220
- 5.1.4　タンパク質複合体の構造解析例 224
- 5.1.5　タンパク質のリン酸化反応のリアルタイムNMR 238
- 5.1.6　NMRによる遺伝子発現機構の解析 245
- 5.1.7　おわりに 251

5.2　細胞生物学への展開 254
- 5.2.1　In-cell NMR 254
- 5.2.2　固体NMR 258
- 5.2.3　おわりに 261

第6章　物質科学への展開 263
6.1　物質科学における固体NMRの役割 263
6.2　細孔物質 265
- 6.2.1　ゼオライトおよびその関連物質 266
- 6.2.2　ゼオライト以外の細孔物質 277

6.3　炭素および電池材料 279
- 6.3.1　炭素材料 279
- 6.3.2　電池電極材料としての炭素材料 282
- 6.3.3　金属および金属酸化物電池材料 290
- 6.3.4　電解液（磁場勾配NMR） 294
- 6.3.5　キャパシター，リチウム空気電池，リチウム硫黄電池，水素貯蔵 295

付録A　核スピンの性質 301
付録B　アミノ酸，核酸塩基，ヌクレオシド，ヌクレオチドの構造式と化学シフト，スピン結合定数 309
付録C　NMR構造データにおいて推奨される表記 317
付録D　IUPAC推奨の化学シフト基準信号と化学

|　　　　シフト算定法 ··· 323
付録E　化学シフトの基準と標準物質 ····························· 325
付録F　直積演算子の計算に役立つ図 ····························· 327

参　考　書 ·· 329
「分光法シリーズ」発刊にあたって ·· 333
索　　　引 ·· 335

第1章 核磁気共鳴法とは—その特徴および発見と展開の歴史

1.1 ■ 核磁気共鳴分光法の特徴

　核磁気共鳴(nuclear magnetic resonance, NMR)分光法は分光法の1つであるが，通常の光学的な分光法とは異なったユニークな特徴をもつ[1,2]．1つは通常対象を磁場中において観測することであり，もう1つは共鳴を起こす光子のエネルギーが他の分光法に比べて著しく小さいことである．よく知られているように，分光スペクトルで観測される吸収あるいは発光は観測対象(分子の電子状態，核間振動状態など)のエネルギー準位間の共鳴遷移による．対象となるミクロな世界は量子化されているのでエネルギー準位は非連続的である．この非連続的なエネルギー準位間の遷移(エネルギー状態の変化)は当該エネルギー準位の差のエネルギーをもつ光(光子：$E=h\nu$，h はプランク定数，ν は振動数)の吸収あるいは放出によってのみ起こる(図2.1.1参照)．この遷移を共鳴とよぶ．スペクトル上では共鳴エネルギーに対応する振動数あるいは波長(波長＝光速/振動数)の位置に吸収あるいは発光線が現れる．電子状態を解析する紫外・可視分光法，振動・回転状態を解析する赤外分光法で使われる光の波長はそれぞれ 10^{-7} m，10^{-5} m のオーダーであるが，NMR のそれは m のオーダーである．したがって，核磁気共鳴を引き起こす光子のエネルギーは紫外・可視光の約 $1/10^7$，赤外光の約 $1/10^5$ という大きさである．

　NMRの測定対象は核磁気である．いま，水素原子(^{1}H)を考えると，核(プロトン)は電荷をもち，さらに回転しているために磁気モーメント μ をもつ．一方，核はスピン角運動量 $(h/2\pi)I$ をもっており，核磁気モーメントとは $\mu=\gamma(h/2\pi)I$ で関係づけられる．γ は原子核の種類に依存する磁気回転比とよばれる定数であり，I は核スピン演算子である．実はこの関係は他の原子核でも成り立つ．このような関係にあるため，核磁気モーメントと核スピンという言葉はしばしば同じ意味で使われる．後者は量子論的性質をより明確に示している(なお，本書のエネルギー図(例えば図2.1.1)では，特に断らない限り，$\gamma>0$ について示している)．一方，測定試料には多数の同一種の原子が含まれている．実際の測定対象はこれらの核磁気

モーメントの総和であり，核磁化 M とよばれる．磁化はもはやミクロな性質ではなく，古典的な電磁気学の法則に従う巨視的な物理量である．本書で取り扱う核磁化は静磁場中においてのみ観測される．通常，量子論的取り扱いと古典論的取り扱いは厳密に区別される．NMR のユニークなところはこの区別がなくなり，核磁気モーメント(核スピン)の運動も電磁気学(古典論)で記述できることである．

　最初に述べたように NMR で共鳴を起こす光子の波長は m のオーダーである．これはラジオ波ともよばれる，ラジオなどに使われる電磁波領域に入る．現在では電子技術の発展により，正確な周波数(波長)と位相をもった電磁波を安定に発信することができる．この波長領域では 1 光子あたりのエネルギーが小さいので，発信された特定周波数の電磁波から天文学的な数の光子がつくり出される．そうなると不確定性原理に反することなく，光子の位相もきわめて正確に決まる．すなわち，これらの光子は可干渉性(コヒーレンス)をもっている．したがって，核磁気共鳴分光学では電磁場を古典的な量として記述することができ，これを使うと便利でもある[1]．例えば，電磁波を用いて観測点に静磁場と直交する振動磁場を発生させる．この電磁波と同じ周波数で回転する座標系を考えるとこの振動磁場由来の磁場は静止成分をもつ．その静止磁場の方向を回転座標系の X 軸と定義すると，共鳴条件下ではこの座標系での静磁場は X 軸方向に配向した振動磁場由来の磁場のみとなる(第 2 章参照)．この静磁場は後に述べるように回転座標系で磁化や核スピンの方向を操作する重要な駆動力となる．電磁波の位相を 90° ずらすと回転座標系の静磁場も 90° 位相がずれて Y 軸方向に変わる．パルス状の電磁波の場合，それぞれ X 位相パルス，Y 位相パルスとよばれる．このように電磁波の位相を制御することにより核スピン系の運動を支配する回転座標系の静磁場の位相(方向)を精密に制御することができる．

　次に振動磁場が相互作用する相手である核スピン系を見てみよう．NMR の測定対象となる核スピン系の特徴の 1 つは緩和時間が長いことである．緩和時間とは励起された系が平衡系へと戻るまでの時間的目安である．核スピン系は周囲との相互作用が弱いため，他の分光法の測定対象に比べて緩和時間が著しく長い．そのため，励起状態は安定に維持され，量子化された静磁場方向だけでなく，それと直交する横成分の位相も正確に決まる．したがって，核スピン系も緩和時間の範囲内で可干渉性を示す．こうして生成する横成分はコヒーレンスとよばれ，NMR 信号を与える．このように，NMR では核スピン系もそれと相互作用する電磁場も可干渉性をもっており，これらの間の相互作用は電磁気学で解析できる．本書では，注目

する問題の性質に応じて量子論的な取り扱い，あるいは古典的な取り扱いをすることにより読者の理解を助けている．例えば，古典論によれば核磁気モーメントは静磁場中に置かれると磁場方向を軸に回転する．これは**ラーモア歳差運動**(Larmor precession)とよばれる．その回転周波数は量子的共鳴を引き起こす光子の振動数（すなわち，電磁波の共鳴周波数）と同じである．エネルギーの出入りは量子論的な取り扱いの方がわかりやすいが，測定に使われる横磁化の生成機構は歳差運動する核磁気モーメントと電磁波との相互作用を古典的に解析する方がわかりやすい．共鳴条件下において，ラーモア歳差運動の角速度で回転する座標系では核磁気モーメントや磁化ベクトルは静止する．このときパルス電磁波により静磁場と直交する振動磁場がつくられると再び運動が誘起される．すなわち，磁気モーメントや磁化は振動磁場由来の唯一の静磁場のまわりを再び歳差運動する（共鳴による励起）．90°回転したところで照射を止める電磁波を90°パルスとよぶが，パルスの長さを制御することにより核磁気モーメントや磁化ベクトルを任意の位相角まで回転させて配向方向を変えることができる．XおよびY位相パルスを用いるとそれぞれX軸，Y軸のまわりを回転させることができ，回転軸も変えられる．回転により磁化ベクトルの横成分が生じると検出コイルには信号が誘起される．

しかし，相互作用する2種類以上の核スピン系を取り扱う場合はベクトルの運動としての解析が難しくなり，量子論的に取り扱う必要がある．その際には多数の核スピンを統計的に取り扱う密度演算子が用いられる．多スピン系の密度演算子による厳密な取り扱いは込み入っているため，物理的イメージを得やすい直積演算子（product operator）近似がしばしば用いられる（2.5.3節，付録F参照）．これらは多次元NMRの理解には欠かせない方法である．

緩和時間があらわな形で測定と解析に関係するのもNMR分光法にユニークな特徴の1つである．上に述べたように他の分光法に比べて著しく長い緩和時間は可干渉性の重要な因子であるが，長すぎると測定ができなくなる．測定を開始するためには静磁場中にセットされた試料の核スピン系が熱平衡に達して平衡磁化Mを生成していなければならないし，フーリエ変換NMRのデータ積算で使う繰り返し測定のためには待ち時間の間に励起磁化が平衡磁化に戻っている必要がある．したがって，緩和時間は長すぎてもいけないし，短すぎてもいけない．実際には多くの核種の緩和時間がミリ秒から秒のオーダーに入っており，この条件を満たしている．これは観測中に緩和が進行することを意味しており，磁化の運動方程式（2.1.3節の式(2.1.4)～(2.1.6)参照）には緩和時間があらわな形で取り込まれている．

もう1つのユニークな特徴は光子のエネルギーを正確に決定できるためにさまざまな弱い相互作用を検知できるという点である．静磁場だけで決まるエネルギー準位の差はゼーマンエネルギーとよばれる．NMRではゼーマンエネルギーの少なくとも百万分の1(ppm)のエネルギーを正確に決定できる．そのため，スペクトルの横軸はppmで表される．これがNMRの応用範囲を大きく広げる要因となっている．少し話は違うが，光子のエネルギーが小さいことによる安全性から人体の磁気共鳴画像法(magnetic resonance imaging, MRI)が可能となり，医学への展開がもたらされた．

ただし，検知に用いられる光子エネルギーが小さいことは検出感度にとっては著しく不利になる．したがって，NMRの歴史は感度との戦いであるといわれている．

1.2 ■ 核磁気共鳴の発見

核磁気共鳴(NMR)の発見は量子力学の展開の時代に始まる．その歴史は核磁気共鳴のユニークな性質を反映していて興味深い[1,2]．原子スペクトルの不連続性が量子力学的原理に基づいて解釈され，原子の構造が明らかになっていくとともに微細な相互作用が問題となった．1921年O. SternとW. Gerlachは有名な銀の原子ビームを用いた実験で，微細な二重線が電子の磁気的相互作用の量子化によることを示した．後に電子自身の回転による磁気モーメント(電子スピン)の考えが提出されると，これは電子スピンエネルギーが2つの状態しかもたないことの実験的証明であることが明らかになった．核も電荷をもつため当然磁気モーメントをもち，量子化されていることが予想されたが，そのエネルギー準位の差は熱運動エネルギーよりも小さく，測定は困難を極めた．1938年，I. I. Rabiは分子ビーム法にC. J. Gorterが提案した振動磁場による共鳴を導入して見事にLiClのそれぞれの共鳴シグナルを観測した．これが核磁気共鳴の発見である．今日のNMRは分子ビームではなく，溶液や固体のように分子密度の高い凝縮系で観測されている．凝縮系はさまざまな理由でシグナルの線幅が広がるため，感度はいっそう悪くなる．この凝縮系の核磁気共鳴測定を可能にしたのは第2次世界大戦中におけるレーダー電波技術の飛躍的発展である．戦時中レーダー研究に従事していたE. M. PurcellとF. Blochがこれに挑戦した．二人は戦時中マサチューセッツ工科大学とハーバード大学というかなり近い場所にいたにもかかわらずまったく面識がなく，独立にこの実験に取り組んだ．1945年の12月，Purcellのグループはキャビティ型プローブとブリッ

ジ回路を使って約 1 kg のパラフィンワックスのプロトンシグナルを検出するのに成功した．一方，Bloch はスタンフォード大学に戻ってチームを組み，1946 年 1 月，静磁場と直交する発信コイルと検出コイルを設置することにより水のプロトンシグナルを検出することに成功した．この 2 つの実験は凝集系における核磁気共鳴の発見であり，今日の NMR の出発点である[3]．

　Purcell と Bloch は同じ核磁気モーメント（核スピン）のエネルギー状態変化を取り扱いながら，その考え方とアプローチにかなりの違いがある．Purcell はこれを共鳴現象として取り扱い，系によるエネルギー吸収をブリッジ回路におけるバランスの変化として観測した．一方，Bloch は共鳴によって磁化が傾くことにより静磁場と直交する磁化成分が形成されることに注目して，その歳差運動を検出コイルにおける電磁誘導として観測した．したがって，初期には発見した現象を Purcell は nuclear magnetic resonance と表現し，Bloch は nuclear induction とよんだ．

　Bloch のような発想が生まれる理由は核スピン系の緩和時間が長いことにある．緩和時間がある程度長いとその間は共鳴によって生じた静磁場と直交する成分（コヒーレンス）が維持される．結果として共鳴により磁化が傾き，静磁場のまわりを歳差運動していることになる．この磁化の運動は古典的電磁気学で記述できる．Bloch はこのような立場から磁化の運動を定量的に説明する式を提出した（2.1.3 節のブロッホ方程式）．この式では緩和の影響も考慮されている．このような取り扱いをできることが現在の華麗なパルス技術を可能にしている．緩和については Purcell のグループの N. Bloembergen が無秩序運動という観点から理論的解析を行い，有名な BPP（Bloembergen, Purcell, Pound）理論を発表した[4]．

1.3 ■ さまざまな核磁気相互作用の発見と化学への展開

　物理学者が核スピンの研究に取り組んだ目的は原子の構造を解明することにあった．しかし，多原子分子の研究が進むにつれて，NMR は化学的情報を得るための重要な研究手段であることが明らかになった．初期には NMR の信号はそれぞれの核種ごとに 1 本と考えられていた．しかし，1950 年になると装置の性能が向上したことと相まって，核種は同じでも異なる化学構造に含まれる核は異なる共鳴エネルギーをもつことが次々と明らかになった．化学シフトの発見である．最も衝撃を与えたのは液体エチルアルコールのプロトン NMR スペクトルである[5]．**図 1.3.1** のように 3 本のシグナルが観測されて，その強度比は 3 : 2 : 1 であることがわかっ

第 1 章　核磁気共鳴法とは——その特徴および発見と展開の歴史

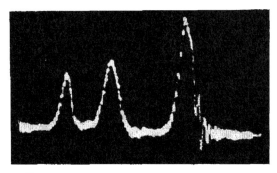

図 1.3.1　エチルアルコールのプロトン NMR スペクトル
[J. T. Arnold *et. al.*, *J. Chem. Phys.*, **19**, 507 (1951)]

た．これらはメチル基，メチレン基，水酸基のプロトンの数に対応しており，シグナルの化学シフトとシグナル強度が化学構造解析の強力な武器となることを世界中に示した．続いて化学結合を通したスピン間相互作用による J 分裂が発見され，この流れはさらに加速された．こうして，有機化合物の構造決定に NMR が広く用いられるようになる．また，Bloch の特許に基づき Varian Associated 社が NMR 測定装置の製造を始め，誰でも NMR スペクトルを測定できるようになったことも化学者の NMR への参入を容易にした．1953 年に発見された核オーバーハウザー効果（nuclear Overhauser effect, NOE）は有機化合物の骨格に存在する ^{13}C などの天然存在比の低いスピン測定に重要な貢献をした．

1.4 ■ 感度・分解能の画期的向上とパルス技術の発展

　低い共鳴エネルギーを扱う NMR の宿命的な弱点は感度の低さである．感度を上げるための基本は共鳴エネルギーを大きくすることであり，それは静磁場を強くすることによって達成される．これに画期的な貢献をしたのは 1964 年に始まる超伝導磁石の導入である．最初の Varian 社製の装置がプロトンの共鳴周波数にして 30 MHz であったが，2015 年に市販されている NMR 装置の最大磁場は 1 GHz であり，静磁場は約 33 倍になっている．感度は磁場の 3/2 乗に比例するので単純に約 190 倍になることが期待される．しかし，エレクトロニクス，プローブデザインなどの技術的進歩により，エチルベンゼンで見た SN 比は 1960 年代初めの 1% 溶液で 5〜6[6]から 2014 年 950 MHz クライオ技術利用の 0.1% 溶液で約 1200 と，この期

間だけでも約 2000 倍上がっている．同時に 33 倍の静磁場は化学シフトの分解能が 33 倍向上したことを意味する(^{1}H の 1 ppm は周波数にして 30 Hz から 1000 Hz になる)．分解能の向上に寄与したもう 1 つの技術は選択的同位体標識である．

さらに実質的測定感度を上昇させたのは R. R. Ernst と W. A. Anderson が 1965 年に提唱したパルスフーリエ変換 NMR の導入である．これによって測定に要する時間は磁場あるいは周波数掃引法のときには時間単位であったものが秒単位に短縮され，数多くのスペクトルを積算することが可能となった．積算によりスペクトルの SN 比は飛躍的に向上した．並行して進んだパルス技術の発展は本書でも取り上げるさまざまな測定法を生み出し，感度・分解能の向上に貢献した．その中でも特筆すべきものは 1975 年以降 Ernst によって実用化された 2 次元 NMR に始まる多次元 NMR 法である[7]．

プロトン以外の核種を対象とする固体 NMR においても感度・分解能の向上があった．溶液における無秩序回転による線幅の先鋭化に対応するものとして，1959 年に固体試料のマジック角試料回転(magic angle spinning, MAS)法が提案された．MAS により化学シフト異方性を平均化することはできたが，プロトンとの双極子相互作用を平均化することはできず，感度も低かった．材料でよく用いられる ^{13}C はプロトンの 1/4 の共鳴エネルギーであるにもかかわらず，天然存在比は約 1% でそもそもの感度が著しく低かったからである．そこで，マジック角試料回転と強力なプロトンデカップリングを組み合わせることによりシグナルを先鋭化し，交差分極(cross polarization, CP)によりプロトンの分極を取り込んでシグナル強度を画期的に向上させた．この CP/MAS-NMR は材料化学研究の強力な武器となった．

1.5 ■ 生物・医学研究への展開

洗練されたパルス技術を駆使した NMR はそのフロンティアを生物・医学へと広げていった．まずは生きている細胞の系，あるいは臓器中の低分子信号を観測する *in vivo* NMR が広まった．1973 年には，2 次元の磁場勾配の各位置の磁場が既知であれば共鳴信号の 2 次元位置情報が得られるとの考えに基づき，P. Lauterbur が 2 次元 NMR 画像を得ることに成功した(**図 1.5.1**)[8]．これはただちに 3 次元に拡張され，今日のヒト全身を対象とした MRI へと発展した．これは NMR が人類の健康に直接貢献した重要な業績である．NMR イメージングは材料化学の分野でも広く使われている．K. Wüthrich は Ernst と協力して 2 次元 NMR を用いたタンパク質

7

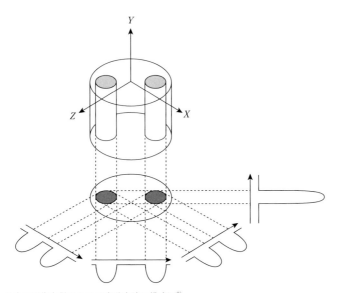

図 1.5.1 2次元画像を得るための実験方法の模式図[8]
2本の水試料(上)についていくつかの1次元磁場配向スペクトルを測定し，それらのスペクトルから2次元画像を再構成する(下)．

の溶液構造決定法の開発に取り組み，1985年に57残基のBUSI(ウシ精漿タンパク質分解酵素阻害因子)の構造決定に成功した[9]．これはNMRがX線結晶構造解析と同様な精密構造決定を生理的環境に近い溶液条件下で行えることを示したもので，生体系NMRの飛躍につながった．さらに，NMRによりダイナミクスに関する情報が得られることを生かして，構造と動的情報を組み合わせた研究が行われるようになった．特に，緩和分散法を用いて平衡状態で10%以下しか存在しないマイナーな構造種を検出する方法は，NMRならではの分子のダイナミクスに関する情報を与えている．固体NMRは脂質膜系の研究には早い時期から使われていたが，21世紀に入ってCP/MASと多次元NMRを組み合わせた方法が確立されてタンパク質の研究に広く使われるようになった．この方法の導入によりNMRで研究できる対象は大きく広がった．

1.6 ■ NMRのフロンティア

　以上見てきたように，NMRは絶え間なく発展し，その応用領域をさまざまな分野に広げてきた．高感度化，高分解能化の推進力となってきた超伝導磁石の磁場は1 GHz（プロトン共鳴周波数）に達し，さらに大きくなろうとしている．今までは溶液NMRが主役であったが，近年固体高分解能NMRの発展が著しい．本書でも電池材料や細胞生物学的応用についてその一端を紹介している．本書の第4章から第6章でまだまだ広がりゆくNMRのフロンティアを実感していただければと思う．

文　献

1) A. Abragam, *Principles of Nuclear Magnetism*, Oxformd University Press, Oxford（1961）；（日本語訳）富田和久，田中基之 訳，核の磁性，吉岡書店（1964），第1章 序論
2) 荒田洋治，NMRの書，丸善（2000）
3) E. M. Purcell, H. C. Torrey, and R. V. Pound, *Phys. Rev.*, **69**, 37（1946）; F. Bloch, W. W. Hansen, and M. Packard, *Phys. Rev.*, **69**, 127（1946）
4) N. Bloembergen, E. M. Purcell, and R. V. Pound, *Phys. Rev.*, **73**, 679（1948）
5) J. T. Arnold, S. S. Dharmatti, and M. E. Packard, *J. Chem. Phys.*, **19**, 507（1951）
6) 荒田洋治，NMR, **1**, 3（2009）
7) L. Müller, A. Kumar, and R. R. Ernst, *J. Chem. Phys.*, **63**, 5490（1975）
8) P. C. Lauterbur, *Nature*, **242**, 190（1973）
9) M. P. Williamson, T. F. Havel, and K. Wüthrich, *J. Mol. Biol.*, **182**, 295（1985）

第2章　NMRの基本原理

2.1 ■ 核磁気共鳴とは

　この章の最初に，核磁気共鳴を特定の周波数で引き起こす磁気的相互作用と，核磁気共鳴現象の特徴について述べる．原子核には核種によっては小さな磁石とみなせるスピンとしての性質があり，これが核磁気共鳴の主役になる．原子核と同様に電子もスピンとしての性質をもつ．電子スピンとその共鳴は核磁気共鳴測定にも利用されるのでこれについても本章で触れる．

2.1.1 ■ ゼーマン相互作用[1,2]

　磁場中での原子核スピンおよび電子スピンの共鳴現象を，それぞれ核磁気共鳴（nuclear magnetic resonance, NMR）および電子スピン共鳴（electron spin resonance, ESR）という．この共鳴現象は，静磁場とスピンの相互作用により生じたエネルギー準位間の遷移に基づく．静磁場 B_0 とスピンの相互作用によりスピンのエネルギー状態に生じる分裂を**ゼーマン分裂**（Zeeman splitting）といい，ハミルトニアンを使ってエネルギーを表すと

$$\mathcal{H} = -\hbar\gamma B_0 I_z \tag{2.1.1}$$

のようになる．ここで，$\hbar = h/2\pi$，γ は磁気回転比で**表 2.1.1** に示すように核種に依存する．I_z は核スピン角運動量演算子の z 成分であり，静磁場は z 方向と平行である．核スピン量子数 I の核スピンは $2I+1$ 個の独立した状態 $|m_z\rangle$ をもつ．ここで，m_z は I_z の固有関数に対応する量子数である．つまり，$m_z = I, I-1, I-2, \cdots, -I$ の値をとる．また，$I_z|m_z\rangle = m_z|m_z\rangle$ である．$^1\mathrm{H}$ など $I = 1/2$ の核種では，**図 2.1.1** に示すように $|1/2\rangle$ と $|-1/2\rangle$ の状態をとることができる．2つの状態間のエネルギー差は $\Delta E = \hbar\gamma B_0$ であり，その大きさは静磁場の強さに比例して大きくなる．高磁場の NMR ではこのゼーマン分裂が核スピン状態に影響する最も大きな相互作用となる．

第2章 NMRの基本原理

表 2.1.1　核と電子の磁気共鳴パラメータ

粒子種	スピン量子数 I	$\gamma/\mathrm{rad\ s^{-1}\ G^{-1}}$	共鳴周波数/MHz^a	天然存在比/%
^{1}H	1/2	26753	600	99.985
^{2}H	1	4107	92	0.015
^{3}H	1/2	28536	640	0.000
^{13}C	1/2	6728	151	1.1
^{14}N	1	1934	43.4	99.63
^{15}N	1/2	−2712	60.8	0.37
^{17}O	5/2	−3628	81.4	0.037
^{19}F	1/2	25179	565	100
^{23}Na	3/2	7081	159	100
^{29}Si	1/2	−5319	119	4.7
^{31}P	1/2	10840	243	100
e	1/2	−17610000	395000	

^{a} 静磁場強度 $B_0 = 14.1\ \mathrm{T} = 141{,}000\ \mathrm{G}$

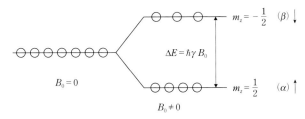

図 2.1.1　スピン量子数 $I=1/2$ のエネルギー準位図
静磁場 B_0 により，エネルギー準位はゼーマン分裂する．$m_z=1/2$ および $-1/2$ の状態を α あるいは↑および β あるいは↓で示すことがある．

このエネルギー分裂と共鳴する磁場(印加するラジオ波の振動磁場)の周波数，つまりラーモア周波数 ν は，$h\nu = \Delta E$ によって決まる．静磁場強度 14.1 T では，表 2.1.1 に示すように ^{1}H と ^{13}C の共鳴周波数はそれぞれ約 600 MHz と 151 MHz である．したがって，NMR はラジオ波領域の周波数で振動する磁場を使って観測することができる．天然存在比が高い ^{12}C や ^{16}O は $I=0$ なので，核磁気共鳴を生じない．^{1}H は存在比も高くゼーマン分裂も大きいので観測しやすい核である．表 2.1.1 に示すように電子スピンは ^{1}H の核スピンよりも約 660 倍高い共鳴周波数をもつ．なお，NMR 測定が可能であることは，1946 年に米国の物理学者 Purcell と Bloch により初めて実証された(第1章参照)[3]．

2.1.2 ■ 熱平衡状態の核磁化

通常,NMRで観測されるのは熱平衡状態にある核スピンに由来する信号である.また,測定されるのは,試料に含まれる多数の原子がもつ核スピンを加え合わせたものである.これは巨視的な磁石に相当し,核磁化(nuclear magnetization)とよばれる.熱平衡磁化は静磁場方向と平行な z 成分,つまり縦磁化成分のみをもつ.集団を構成するスピンに x あるいは y 成分があっても,スピンの位相がランダムなので,集団平均をとると横成分 (x, y 成分) は 0 になる.

静磁場 B_0 中で熱平衡磁化 $\overline{M_z}$ の大きさは,次のようになる[4].

$$\overline{M_z} = \frac{\gamma^2 \hbar^2 I(I+1)}{3kT} B_0 \tag{2.1.2}$$

ここで,k はボルツマン定数,T は温度である.この式が成立するためには,$kT \gg \Delta E$ という高温近似条件が成り立つ必要がある.$T = 300$ K で遷移のエネルギー $\Delta E = h\nu$ が kT に等しくなるためには,$\nu = 6$ THz であるから,共鳴周波数が通常のNMR共鳴周波数より10倍近く高い数GHzになっても $kT \gg \Delta E$ が成立し,式 (2.1.2) はよい近似として成り立つ.式 (2.1.2) から,熱平衡磁化は磁場強度や磁気回転比とともに大きくなり,また低温になるほど磁化も大きくなることがわかる.例えば30 K での磁化は,300 K の室温での磁化に比べて10倍大きい.NMRの感度がマイクロ波,赤外線,紫外線を用いる他の分光法に比べて低いのは遷移のエネルギー $\Delta E = \hbar \gamma B_0$ が小さいことによる.また,NMR に対して ESR は遷移エネルギーが約千倍大きい.このため感度は NMR よりも高い.ESR で用いる電磁波の周波数は NMR より高く,磁場強度に応じてラジオ波から,遠赤外領域(サブミリ波の領域)で電子スピン共鳴を生じる.

2.1.3 ■ 振動する磁場と核磁化の相互作用[2〜4]

核磁化を励起して測定するためには,共鳴周波数で振動する磁場を用いる.ここでは振動磁場と核磁化との相互作用を考えてみよう.

静磁場の向きは z 方向であり,励起に使われる磁場は xy 平面内の方向を向き,振動磁場は $B_x = 2B_{1x} \cos \omega t$,$B_y = 0$ であるとする.磁化を構成している核スピンは,静磁場内で静磁場方向を回転軸として,共鳴周波数で歳差運動をする.通常用いる実験では,静磁場の強度を ^{1}H の共鳴周波数 $\gamma B_0 / 2\pi$ で表すと 600 MHz 程度であり,これに対し上記の振動磁場の振幅を周波数単位で表した $\gamma B_1 / 2\pi$ は強い場合でも

200 kHz ぐらいである．一般に磁化ベクトルは，磁場を回転軸にして回転する．この運動も歳差運動とよばれる．しかし，静磁場に比べてラジオ波磁場が圧倒的に小さいために，静磁場による歳差運動周波数とラジオ波磁場 B_1 の周波数 ω が一致する共鳴条件 $(B_0 = \omega/\gamma)$ 近傍以外では，振動磁場は磁化に影響を与えない．共鳴条件近くでの磁化の磁場による影響を見るためには，磁場が時間に依存して変動する結果生じる磁化の変化を考えなければならない．これを単純化するために，振動磁場の周波数で回転する座標系での磁化の運動を考える．これによって振動磁場の時間依存性はなくなるが，その代わりに有効磁場 B_{eff} が生じ，磁化ベクトルはそのまわりで回転する．これを，3次元での回転を表す微分方程式，すなわちブロッホ方程式によって記述することができる．周波数 ω で回転する座標系でのブロッホ方程式は次のようになる．

$$\frac{\mathrm{d}\boldsymbol{M}}{\mathrm{d}t} = \gamma (\boldsymbol{M} \times \boldsymbol{B}_{\mathrm{eff}}), \quad \boldsymbol{M} = \begin{pmatrix} M_x \\ M_y \\ M_z \end{pmatrix}, \quad \boldsymbol{B}_{\mathrm{eff}} = \begin{pmatrix} B_{1x} \\ 0 \\ B_0 - \omega/\gamma \end{pmatrix} \quad (2.1.3)$$

ラジオ波磁場が回転座標系の有効磁場の x 成分になる．磁化の共鳴周波数がラジオ波周波数からずれていること（オフレゾナンス）により，図 **2.1.2** に示す有効磁場の z 成分が生じる．このオフレゾナンスの影響で，xy 平面から $\tan^{-1}(B_{\mathrm{eff},z}/B_{\mathrm{eff},x})$ だけ浮いた回転軸について磁化ベクトルは回転することになる．したがって，共鳴周波数とラジオ波の周波数のずれがラジオ波磁場の振幅 B_1 より大きくなると，回転軸が xy 平面にないため，熱平衡磁化 $\overline{M}_z$ を有効に反転できなくなることがわかる．またこのとき，見かけの磁場の強さは $\sqrt{B_{\mathrm{eff},z}^2 + B_{\mathrm{eff},x}^2}$ になり，$B_{\mathrm{eff},x}$ より強くなる．NMRではこの磁化の xy 成分が観測される．

実際には，外部との相互作用があるために核磁気緩和の影響があり，このことを

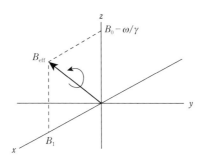

図 **2.1.2** 有効磁場の方向

考慮して各成分についてブロッホ方程式を書くと

$$\frac{dM_x}{dt} = \gamma(M_y B_z - M_z B_y) - \frac{M_x}{T_2} \quad (2.1.4)$$

$$\frac{dM_y}{dt} = \gamma(M_z B_x - M_x B_z) - \frac{M_y}{T_2} \quad (2.1.5)$$

$$\frac{dM_z}{dt} = \gamma(M_x B_y - M_y B_x) - \frac{M_z - \overline{M}_z}{T_1} \quad (2.1.6)$$

となる．これは，非平衡状態にある磁化は指数関数的に熱平衡磁化に近づくことを表している．T_1 と T_2 はそれぞれ磁化の縦成分と横成分に関係するので，**縦緩和時間**(longitudinal relaxation time)および**横緩和時間**(transverse relaxation time)といわれている．また，緩和時間の逆数を**緩和速度**(relaxation rate)という．通常，$\gamma B_1/2\pi \gg 1/T_1, 1/T_2$ になるようなラジオ波磁場を用いるので，磁化を任意に回転させることができる．例えば，熱平衡磁化から横磁化をつくるためのラジオ波磁場の位相が x 方向の 90°パルスでは，磁化が 90°回転する間だけラジオ波磁場 B_{1x} を照射する．結果として磁化は y 軸方向に倒れる．このように，さまざまな長さと位相をもつパルスラジオ波を組み合わせることにより，磁化(あるいはスピン)の配向方向を自由に操作できる．

なお，1/2 スピンの二準位系では磁化を 1 つのスピンを表す磁気モーメントとみなすと，ブロッホ方程式は量子力学の基本的な運動方程式である時間に依存するシュレディンガー方程式と等価である．

2.1.4 ■ NMR に関する磁気的相互作用[4]

これまで静磁場と振動磁場の核スピンへの影響を扱ってきた．ここでは，物質の構造や運動性などに関する情報をもたらす点で重要な，ゼーマン分裂よりも弱い相互作用について述べる．

A. 化学シフト

化学シフト(chemical shift)は電子による磁場の遮蔽の度合いを表している．電子による磁場の遮蔽のために，見かけ上働く静磁場は $(1-\sigma)B_0$ となる．ここで，σ は遮蔽定数である．遮蔽定数は，空間における電子の分布状態などを通じて，化学結合や立体構造に依存している．化学シフトの効果は，静磁場と原子団の方向に依存しない等方的部分と，これに依存する異方的部分の和として表せる．溶液中では速い分子運動のために化学シフトの等方的部分のみが共鳴周波数の変化をもたら

し，異方的部分は緩和としてのみ影響する．化学シフトによる Hz 単位での共鳴周波数の変化は静磁場に比例するので，シグナルの幅が磁場に依存しないならば，高磁場ほど化学シフトによるスペクトルの分解能が高くなる．化学シフトについては 2.2 節で詳しく述べる．

B. 核四極子効果

電子の分布によって生じる電場勾配と核四極子の相互作用を核四極子効果(nuclear quadrupole effect)という．この効果は I が 1 以上の核についてだけ働き，その大きさはしばしば MHz オーダーにも及ぶ．この効果は分子全体のブラウン運動で平均化される異方的な相互作用なので，双極子相互作用などと同様に溶液中では磁気緩和としてのみ影響する．また，核四極子効果は，他の緩和機構である双極子相互作用や化学シフト異方性などより大きい場合が多いので，四極子核の磁気共鳴は強い緩和の影響を受けて線幅が広がることなどがある．

C. 双極子－双極子相互作用

核スピンと核スピンの間での相互作用を見てみよう．核スピンの棒磁石としての性質は磁気双極子として表せる．この棒磁石の間での相互作用が双極子－双極子相互作用(dipole-dipole interaction)である．これは核スピン間をつないだベクトルの向きと長さに依存し，核スピン間にある電子による影響を受けない．また，溶液中では分子のブラウン運動が速いために，分子の向きに依存する双極子相互作用や化学シフト異方性は高速にランダムに変化している．この結果，磁化がそれらの相互作用で変化する以前に，それらの相互作用は平均化されて作用しなくなる．このため，化学シフト異方性と同様，双極子相互作用がもたらすシグナルの分裂は観測できない．双極子相互作用は，二次的な弱い効果，すなわち磁気緩和として信号幅などに影響するのみである．

D. J 結合(スピン－スピン結合)

電子を通じた核スピン間での相互作用が J 結合(J-coupling)である．この相互作用の強さ(結合定数)は，共有結合の性質や二面角などの分子構造に依存している．上記の双極子－双極子相互作用は空間を通じて相互作用することから直接スピン結合といわれるのに対して，電子を媒介にする J 結合は間接スピン結合とよばれることがある．

E. 不対電子スピンとの相互作用

核スピンは不対電子スピンとも相互作用する．電子スピンは，^{1}H スピンと比べて磁気モーメントが 10^3 倍大きく，核と核が原子間距離で接近するのに対して電子

はそれよりも核に接近できるため，核スピンより大きな影響を与える．電子スピンのつくる磁場は，溶液中のランダムな分子運動のもとで核スピンに緩和や共鳴周波数のシフトをもたらす．ESR の共鳴周波数において，原子団と静磁場の向きに大きな依存性（異方性）があると，静磁場に比例して NMR 共鳴周波数がシフトする．その依存性が弱いと緩和のみを与える．また，電子スピンは核共鳴周波数程度の速さで急速に緩和することも多い．

2.1.5 ■ ESR の相互作用[5]

ESR にも，NMR に相当する相互作用がある．化学シフトのように外部磁場からずれた磁場強度に相当する周波数で ESR を生じさせる効果は，g 値として表す．これは，軌道角運動量と電子スピンとの相互作用により生じる．真空中では自由電子の g 値は $g = 2.0023193$ であり，ESR の共鳴周波数は外部磁場に比例し，$g\mu_B B_0$ と表せる．μ_B はボーア磁子である．g 値は電子の状態に応じて変化し，異方性をもつ．有機ラジカルでは g 値による周波数変化は核スピンの共鳴周波数程度であるが，遷移金属イオンでは真空中の電子スピンの共鳴周波数に匹敵するほど大きいことがある．

電子スピン間は，スピン分布が重なることによる交換相互作用や空間を介した磁気双極子間相互作用を通じて相互に影響を及ぼす．電子スピンは核スピンとも相互作用する．電子スピン間および電子スピン－核スピン間の相互作用は，共鳴線に多重分裂をもたらすので，それぞれ**微細相互作用**（fine interaction）および**超微細相互作用**（hyperfine interaction）ともよぶ．

2.1.6 ■ コヒーレンス[6,7]

NMR では，振動磁場で励起した後，以上で述べた相互作用によって時間とともに変動する磁化を測定する．今までは，$I=1/2$ の 1 スピン系を主に取り扱ってきたが，スピン間の相互作用を扱うためには多スピン系におけるスピン状態の変化を考える必要がある．

コヒーレンス（coherence）とは 2 つの固有状態間に，集団で平均して特定の位相関係がある状態をいう．2 つの固有状態間を特徴づける量子数 m_z の差が n であるとき，n 量子コヒーレンスという．$I=1/2$ の 1 スピン系において，$m_z = 1/2$ と $m_z = -1/2$ の差は $(1/2 - (-1/2) =) 1$ である．この 2 つの固有状態を結び付けた状態を一量子コヒーレンスとよび，横磁化に相当する．多量子コヒーレンスは四極子

相互作用や，スピン間結合のある多スピン系においてつくり出すことができる．この状態は複数の 1/2 スピンの一量子コヒーレンスが相関しているとみなせるので，多スピン系における横磁化の一種と考えることもできる．また，J 結合や双極子相互作用により，結合したスピン間での，それらの一量子コヒーレンスが相関した状態（多量子コヒーレンスなど）を経由して，多次元 NMR などで利用される磁化移動を生じさせることもできる．核磁気共鳴で直接測定可能なのは，他のスピンと相関がない一量子コヒーレンスに相当する横磁化のみであり，これが観測コイルに電圧の変化を引き起こす．これに対して，多量子コヒーレンスなどの相関している状態は直接観測できないが，一量子コヒーレンスに変換することによって 2 次元 NMR の方法で測定することができる．これら多スピン系においては磁化移動や多量子コヒーレンスなどからスピン間の関係を調べることができる．

2.1.7 ■ NMR の特徴と応用

ここでは主に化学への応用を考えて NMR の原理を述べた．NMR 分光学は固体物理学，化学や生物学での分子構造の決定，運動状態の解析などに広く応用されている．物質の構造解析をするための分光法としては，X 線結晶解析などとともに最も広く使われている方法である．

これは NMR が，複雑な生体分子でも各原子核スピンに由来する信号を化学シフトなどにより分離して観測できる高い分解能をもっているからである．核スピン相互作用のもたらすこの分離したシグナルからは，分子構造や運動性についての情報を得ることができる．このような高分解能な解析が可能なのは，核磁気相互作用が弱く緩和速度も小さい場合が多いからである．このような条件では，照射するラジオ波磁場など実験を工夫することで核スピン相互作用を制御し，分子から構造などに関する多くの情報を引き出すことができる．しかし，NMR の相互作用が弱く非破壊的に測定できるという特徴は，同時に NMR の感度が低いという弱点にもつながる．

NMR では高い分解能をもって大量のデータを扱い，また複雑なラジオ波磁場パルス実験を行う．このためコンピュータなどエレクトロニクスの進歩とともに，多核多次元 NMR など実験技術や，断層図が得られる NMR イメージング法などが発展してきた．

2.2 ■ 化学シフト

2.2.1 ■ 電子による磁場の遮蔽と化学シフト

2.1.1 節に出てきた核スピンのゼーマンハミルトニアン

$$\mathcal{H} = -\hbar \gamma B_0 I_z \tag{2.2.1}$$

は周囲に電子のない，孤立した核を想定している．しかし，現実の世界ではほとんどの核がまわりに電子をもって原子を形成している．したがって，核の磁気共鳴を考える場合，この電子の影響を無視することはできない．式(2.2.1)によれば，すべてのプロトン(水素核)は磁気回転比 γ が同じなので同じ共鳴周波数をもつはずであるが，われわれが普段見る ^{1}H NMR スペクトルは複数の共鳴シグナルをもっている．これは核スピンへの電子の影響の大きさが核によって異なるためである．

さて，電子雲(電子密度)が核のまわりに球に近い形で広がる s 電子をもつ原子を考えてみよう．このような原子を静磁場の中に置くと，電子は磁場の影響を受けて図 2.2.1 のように核のまわりを回転する．これは核の周囲に電流が流れていることに対応する．電流は磁場を誘起するので，図のように核の位置に静磁場 B_0 と逆方向の磁場 ΔB を生じる．したがって，核が実際に感じる磁場 B_{eff} は $(B_0 + \Delta B)$ となる．この ΔB は B_0 に比例するので，次のように表すことができる．

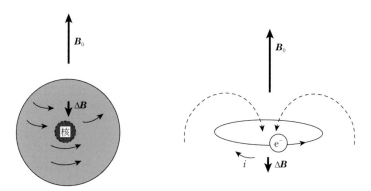

図 2.2.1 静磁場 B_0 に置かれた s 電子をもつ原子の運動とそれによる誘起磁場
電子の運動は静磁場と反対向きの遮蔽磁場 ΔB を誘起する．(a)静磁場は核のまわりの電子雲を回転させる．(b)電子の回転は逆方向に電流 i が流れることを意味し，その周囲に磁力線を誘起する．核におけるそのベクトル和が ΔB となる．

第2章 NMRの基本原理

$$B_{\text{eff}} = B_0 + \Delta B = B_0(1-\sigma) \tag{2.2.2}$$

ここで，σを遮蔽定数とよぶ．ΔBはB_0と方向が逆で，σを正にとっているためσの項の符号は負となる．このような環境中にある核の共鳴周波数νは，

$$\nu = \frac{\gamma B_0}{2\pi}(1-\sigma) \tag{2.2.3}$$

となる（図2.1.1参照）．同じ核でもそのまわりの電子密度分布はその化学的環境，すなわちどのような化学結合に組み込まれているかなどで異なってくる．σはこのような化学的環境を鋭敏に反映して変化する．このような共鳴周波数のずれを化学シフトとよぶ．すなわち，化学シフトは核の化学的環境のモニターである．

凝集系では電子がまったくない裸の核を測定することは不可能なので，実験的には基準物質の共鳴周波数からのシフト値を化学シフトと定義する．すなわち，基準物質の共鳴周波数をν_{ref}，注目する試料の特定の共鳴周波数をνとすると化学シフトδは

$$\delta = \frac{\nu - \nu_{\text{ref}}}{\nu_{\text{ref}}} \times 10^6 \tag{2.2.4}$$

と定義される．ここに式(2.2.3)を代入すると，

$$\delta = \frac{\sigma_{\text{ref}} - \sigma}{1 - \sigma_{\text{ref}}} \times 10^6 \cong (\sigma_{\text{ref}} - \sigma) \times 10^6 \tag{2.2.5}$$

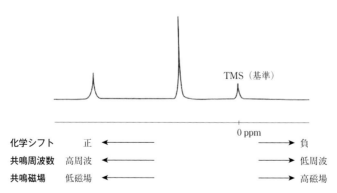

図 2.2.2 化学シフトの表し方（$\gamma > 0$）
　　式(2.2.3), (2.2.5)より，磁場一定のときは共鳴周波数が高いほど化学シフトは大きい．一方，周波数一定のときには共鳴磁場が低いほど化学シフトは大きい．NMRの歴史の初期には周波数を一定とし磁場を掃引するのが普通であったので，今でも化学シフトに対して「低磁場」「高磁場」という表現が用いられる．

となる．δは1よりはるかに小さいことに留意しよう．実際，σは ^1H で 10^{-5} 程度であるので，化学シフトδはppm(百万分の1)単位で表す．式(2.2.5)から，基準より遮蔽の小さい(低場側に現れる)ものは化学シフトが正，大きいものは化学シフトが負となる(図 2.2.2)．周波数軸に基づいて正負を決めると考えるとわかりやすい．上式からわかるように化学シフトは測定周波数には無関係で，核の化学的環境のみに依存する．1s電子が主要な役割を果たす ^1H について，それが関与している化学結合(官能基)と化学シフトの関係を図 2.2.3 に示す．この図から化学シフトが化学構造決定の重要な指標となることがわかる．

　正確な化学シフトを得るためには基準物質の選定が重要である．試料と共存しながら(内部基準とよぶ)，なるべく試料と相互作用をもたないものがよい．さらに，シグナルが単純(なるべくなら単一線)で，しかも容易に検出できる共鳴位置に出るものがよい．有機溶媒中の ^1H や ^{13}C を測定対象とする場合には，最も高磁場側に

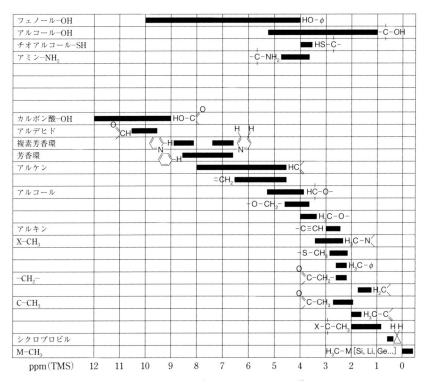

図 2.2.3 官能基と ^1H の化学シフトの関係[16]

現れる TMS(テトラメチルシラン)のメチルシグナルが基準としてよく用いられる．水溶液で内部基準として用いられるのは，TMS と似た化学構造をもつ TMSP(3-トリメチルシリルプロピオン酸ナトリウム，DSS ともいう)のメチル基である．IUPAC は核種によらず TMS や TMSP 基準に換算して化学シフトを表示することを推奨している(付録参照)．試料と相互作用したり，測定溶媒に溶けなかったりする場合は，基準物質をキャピラリーに封入して共存させたり，別途測定したりする．内部基準と区別してこれを外部基準という．通常，外部基準を用いる場合は補正が必要である．

2.2.2 ■ 化学シフトを決める要因

化学物質中に組み込まれた実際の原子は，図 2.2.1 のような単純な環境にはない．結合に関与している電子の密度分布は球対称から外れている．そのため，遮蔽についても，軌道のひずみに由来する補正が必要になる．このひずみの影響は付加的な磁場を静磁場と同じ方向に与えることに相当するので，常磁性的遮蔽とよばれる．この言葉は誤解を招きやすいが，不対電子に基づく常磁性とはまったく無関係である．

化学シフトの範囲は，一般に電子が多い原子核ほど大きくなる．これは核のまわりの電流密度が大きくなることから当然予想される．しかし，化学シフトは，電子軌道の形にも強く支配されるので，周期律表に似た性質をもつと考えられる．実際，図 2.2.4 に示すように，各元素の原子核の化学シフト変化の範囲は周期律表と同じパターンを示す[8]．^{1}H は 15 ppm 程度の変化領域をもち，^{207}Pb は 8000 ppm を超える変化領域をもつ．化学シフトに影響を与える主な因子としては以下のようなものがある．

(1) 核のまわりの電子による反磁性的遮蔽
(2) 核のまわりの電子による常磁性的遮蔽
(3) 隣接する原子の影響
(4) 原子間電流の影響
(5) 不対電子による常磁性シフト
(6) 外部電場の効果
(7) 同位体シフト

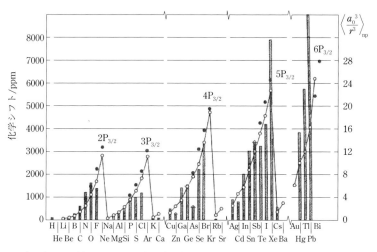

図 2.2.4 各元素の原子核の化学シフト変化範囲(棒グラフ)
丸印は理論的に計算された常磁性因子の1つ$\langle a_0^3/r^3 \rangle_{np}$.ここで,$a_0$は原子単位長($a_0$ = 0.529 Å),rはp軌道の広がり,$\langle \ \rangle$は平均値を示す.電子の多い原子ではσ_Pが化学シフトの変化範囲を支配していることが示唆される.
[J. James and J. Mason(J. Mason ed.), *Multinuclear NMR*, Plenum Press, New York(1987), Chapter 3]

2.2.3 ■ 核のまわりの電子による遮蔽

前節で述べたように,核のまわりの電子による遮蔽σ_{local}は,

$$\sigma_{local} = \sigma_D + \sigma_P \tag{2.2.6}$$

と表せる.ここで,σ_Dは反磁性的な寄与,σ_Pは常磁性的な寄与である.LambおよびRamseyの理論をもとにすると,近似的に,

$$\sigma_D \propto q^2 \left\langle \frac{1}{r} \right\rangle$$
$$\propto \rho \tag{2.2.7}$$

$$\sigma_P \propto \left(\frac{1}{\Delta E} \right) \left\langle \frac{1}{r^3} \right\rangle \tag{2.2.8}$$

であることが示されている[9,10].ここで,rは電子密度の広がり,qは電荷量,ρは電荷密度,ΔEは電子の基準状態と励起状態の平均エネルギー差,$\langle \ \rangle$は平均を表す.式(2.2.7)からわかるように,反磁性的寄与は電荷密度が高いほど大きい.

σ_P は静磁場下で基準状態と励起状態が少し混ざり合うことによって生じる．その混合により電子が異なる軌道（例えば p_x と p_y）の間を動き回ることが可能となる．結果として生じた電流が静磁場と同じ方向の磁場を誘起する．異なるエネルギー準位間の混合の程度は，エネルギー差 ΔE に反比例する（式(2.2.8)）．また，半径 r の電流の輪の中心に誘起される磁場は $1/r^3$ に比例する．^{1}H の化学シフトはほとんど σ_D によって支配されるが，原子番号の大きい，つまり電子の多い原子では ΔE が小さく，その化学シフトは σ_P によって支配されるようになる．図 2.2.4 に見られる繰り返しは，周期律表の同一周期では原子番号が大きくなるとともに原子半径が小さくなることを反映している（$1/r^3$ の寄与）．

2.2.4 ■ 隣接する原子や原子間電流などの化学シフトへの影響

メチルハライド（CH$_3$X）のハロゲンをいろいろ変えた物質を比べると，プロトンの化学シフトとハロゲンの電気陰性度の間にほぼ直線的な関係が成り立つことがわかる[11]．すなわち，電気陰性度が高いほどメチルプロトンシグナルは低磁場側にシフトする．これはハロゲンによる電子求引がプロトン周辺の電子密度を下げるためであり，σ_D の寄与で説明できる．

隣接する原子が二重結合や三重結合を構成している場合は，π 軌道がつくり出す原子間電流の異方的効果を受ける．例えばエチレンを考えてみよう．図 2.2.5 のようにエチレンの分子面が静磁場と垂直な場合は，π 電子が分子面に平行な電流をつくり，H の位置では静磁場方向の磁場を誘起する．一方，分子軸が静磁場と平行に配向している場合は，π 結合由来の電流は H の位置に静磁場と逆方向の磁場を誘

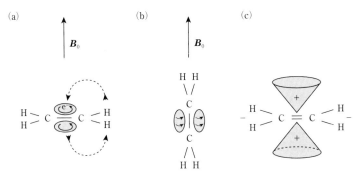

図 2.2.5 エチレンにおいて原子間電流に誘起される磁気遮蔽の異方性
(a) 分子面が静磁場 B_0 と直交している場合，(b) 分子軸が静磁場 B_0 に平行な場合，(c) 溶液中で二重結合のまわりの遮蔽が強まる領域（＋）と弱まる領域（－）．

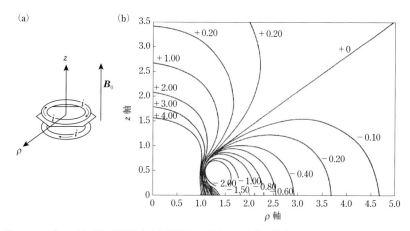

図 2.2.6 (a)ベンゼン環の環電流と(b)環周辺での誘起シフト値の模式図
(a)z軸はベンゼン環の中心を通る環に垂直な軸,ρ軸はベンゼン環上にある.(b)環電流シフト計算値を(ρ, z)面の1/4についてだけ示してある.ρおよびzの数字はともに環の中心を原点とし1.39 Åを単位として表現.グラフ内の数字はppmを単位とし,プラスは高磁場シフト,マイナスは低磁場シフトを示す.
[C. E. Johnson and F. A. Bovey, *J. Chem. Phys.*, **29**, 1012(1958)]

起する.しかし,電流密度は結合軸に妨げられて小さくなるため,誘起磁場も小さくなる.このように,エチレンのプロトンの遮蔽磁場は分子の配向方向に依存する.溶液中では分子の速い無秩序回転運動により異方性が平均化されるが,原子間電流の影響はゼロにはならない.垂直配向の分子による強い誘起磁場および垂直配向をとる分子の割合が多いことを反映して,プロトンの化学シフトは図 2.2.5(c)に示すように低磁場側にシフトする.原子間電流の影響は空間的に作用し,直接結合していない近距離の核にも及ぶ.

 原子間電流のうち最も顕著なものは,芳香環に誘起される環電流である.芳香環ではπ結合が共鳴しており,π電子は比較的自由に動き回ることができる.芳香環を静磁場中に置くと,環が磁場に直交しているときに**図 2.2.6**(a)のように電流密度の高い環電流が生じる.この環電流が誘起する磁場は比較的強いので,タンパク質や核酸では化学結合上(1次構造上)離れた残基のプロトンにしばしば影響を与える.JohnsonとBoveyが見積もった化学シフト変化の空間分布を図 2.2.6(b)に示す[12].環の場合も,法線が静磁場と平行になるときに電流密度が最大となるので,溶液中でもこの配向でのシフトが支配的になる.すなわち,環に結合しているプロトンのシグナルは低磁場側にシフトし,環の上あるいは下に存在するプロトンは高

磁場側に現れる．図 2.2.7(a)に構造を示すようなポルフィリンでは環の外部にある CH プロトンは低磁場側に，内部のピロールの NH プロトン（図では鉄が配位しているため，このプロトンは存在しない）は高磁場側に現れる．

2.2.5 ■ 不対電子，外部電場および同位体置換の影響

ポルフィリンに鉄が配位するとヘムとよばれる図 2.2.7(a)のような化合物になる（図はプロトヘム）．鉄の電子軌道に不対電子がある場合，その影響により常磁性シフトが生じる．図 2.2.7(b)に鉄が低スピン酸化型をとるポルフィリンの ^{1}H NMR スペクトルを示す（図は酸化型シトクロム c_3 のスペクトル）．今まで見てきた隣接原子の影響に比べると，非常に大きなシフトである．これは，電子スピンの磁気モーメントが格段に大きいからである．さらに，この常磁性シフトは，今まで議論されてきた空間経由の磁気的相互作用に加えて，鉄の不対電子密度が軌道に混じり，ポルフィリンの各原子核スピンに到達（非局在化）して与える直接的影響を含む．前者を擬コンタクトシフト（pseudo contact shift, PCS），後者をコンタクトシフト（contact shift）とよぶ．擬コンタクトシフトは，今までと同じように鉄からの距離の 3 乗に反比例する．コンタクトシフトは，注目する核スピンの位置に非局在化された電子スピン密度によって決まる．

化学シフトは外部電場の影響によっても変化する．これは外部電場が電子密度分布に影響を与え，反磁性的および常磁性的な電流密度を変えるためである．一般に，正電荷は近接するプロトンの遮蔽を弱め，負電荷はこれを強める．例えば，ヒ

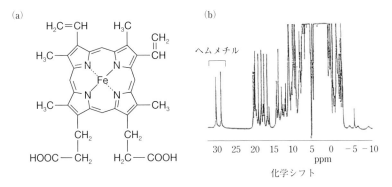

図 2.2.7 (a)プロトヘムの構造と(b)酸化型シトクロム c_3 の ^{1}H NMR スペクトル
通常，^{1}H の化学シフトは 0〜10 ppm に入るが，常磁性シフトのために −10〜35 ppm に広がっている．

スチジン側鎖のイミダゾール環のプロトンは，環のプロトン化により正電荷となると，低磁場側に約1 ppmシフトする．

同位体置換も化学シフトに影響を与える．これには観測核自身に対する第1次同位体効果と，観測核以外の核の同位体置換が誘起する第2次同位体効果がある．前者では，共鳴周波数自体は大きく変わるが，化学シフトへの影響は非常に小さい．後者は同位体標識を行った際にしばしば観測される．同位体置換は分子振動に影響を与える．振動する化学結合の平均の長さが変わり，結合に関与する電子の密度分布も変化する．このようにして共役して振動している核の化学シフトに影響が及ぶ．その変化を同位体シフトとよぶ．同位体置換の質量比率が大きいものほど同位体シフトは大きい．実際，^{2}H/^{1}H の置換が最大の同位体シフトを誘起する．複数の同位体置換が行われたときは，その効果はほぼ加算的である．

同じ同位体置換が異なる核種に与える影響は，観測核種の化学シフトの領域の大きさにも依存する．すなわち，プロトンで観測される同位体シフトよりは^{13}Cで観測されるものの方が大きい．^{13}C^{1}HCl$_3$が^{13}C^{2}HCl$_3$になると^{13}Cのシグナルは0.3 ppm

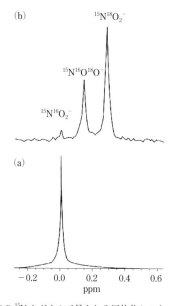

図 2.2.8 亜硝酸イオン NO$_2^-$ の ^{15}N シグナルで見られる同位体シフト
(a) ［^{15}N］亜硝酸ナトリウム(^{15}N，95 atom%)．(b) ［^{15}N，^{18}O］亜硝酸銀(^{15}N，95 atom%；^{18}O，77 atom%)．^{15}N^{16}O$_2^-$，6%；^{15}N^{16}O^{18}O$^-$，33%；^{15}N^{18}O$_2^-$，61%．
［R. L. van Etton and J. M. Risley, *J. Am. Chem. Soc.*, **103**, 5633(1981)］

高磁場側にシフトする．^{15}N では ^{15}NO$_2^-$ の 1 つの ^{16}O を ^{18}O に置き換えると 0.138 ppm の高磁場シフトが起こる．段階的に ^{18}O 置換を行うと図 2.2.8 のように ^{15}N^{16}O$_2^-$，^{15}N^{16}O^{18}O$^-$，^{15}N^{18}O$_2^-$ に対応する 3 本のシグナルが 0.138 ppm おきに観察され，N に結合する O が 2 つあることがわかる[13]．このような方法で，等価な配位子の数を決定することができる．

2.2.6 ■ 分子運動が抑えられているときの化学シフト

すでに述べたように原子間電流がつくり出す磁場遮蔽は，分子が静磁場に対してどのような角度で配向しているかによって異なってくる．実は，観測核を直接とりまく電子に由来する反磁性的寄与 σ_D や常磁性的寄与 σ_P においても同じような配向依存性がある．それは原子が化学結合に関与すると s 電子であっても電子密度分布が球対称ではなくなるからである．これを化学シフトの異方性とよぶ．溶液中では分子が速い回転運動をしているため化学シフトはすべての空間配向に対して平均化され，等方的化学シフト σ_{iso} として観測される．

電子の分布が球対称から外れている核の化学シフトは 3 次元の角度依存性をもつため，化学シフトテンソルを用いて表す．この化学シフトテンソルは，適当な座標系を選ぶことにより対角化することができ，

$$\sigma = \begin{bmatrix} \sigma_{11} & 0 & 0 \\ 0 & \sigma_{22} & 0 \\ 0 & 0 & \sigma_{33} \end{bmatrix} \quad (2.2.9)$$

と表される．このような座標系を主軸座標系，σ_{11}，σ_{22}，σ_{33} を化学シフトテンソルの主値とよぶ．主軸座標系とは 3 つの軸方向の化学シフトだけでテンソルを表現できる座標系であり，核をとりまく電子がどのような結合に関与しているかで決まる．図 2.2.9(a)のオイラー角を使うと，主軸座標系から実験室座標系（静磁場を z' 軸とした系）へ変換して実験で観測できる化学シフト（実験室系テンソルの $\sigma_{z'z'}$ 成分）を以下のように求めることができる．

$$\sigma_{z'z'} = \sigma_{11} \cos^2 \alpha \sin^2 \beta + \sigma_{22} \sin^2 \alpha \sin^2 \beta + \sigma_{33} \cos^2 \beta \quad (2.2.10)$$

主軸座標系は分子内に固定されているので構造既知の結晶を使うと化学シフトの角度依存性の測定から，主軸座標系と当該化学結合との配向関係，および化学シフトテンソルの主値を決定できる．逆に化学シフトテンソルの主値が既知であれば化学

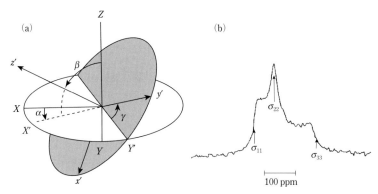

図 2.2.9 (a)オイラー角の定義と(b)^{31}P の粉末パターン
(a)主軸系(X, Y, Z)から実験室系(x', y', z')への変換.(X', Y', Z')は Z 軸のまわりに角度 α 回転した座標系.座標変換に使う α, β, γ をオイラー角と呼ぶ.
(b)リボソームペレット中の ^{31}P の固体粉末スペクトル.$\sigma_{11}, \sigma_{22}, \sigma_{33}$ が化学シフトテンソルの主値を与える.

シフトから注目する化学結合の配向角情報を得ることができる.
　粉末試料は結晶と異なり,あらゆる方向に配向した分子を含むのでシグナルはあらゆる α, β について求めた $\sigma_{z'z'}$ の重ね合わせとなる.これを粉末パターンとよび,図 2.2.9(b)のようなスペクトルとなる.このパターンは次の関数で与えられる.

$$I_\mathrm{P}(\nu) = \int I(\nu')g(\nu-\nu')\mathrm{d}\nu' \tag{2.2.11}$$

ここで,

$$I(\nu) = \frac{1}{4\pi}\iint \delta[\nu-\nu(\alpha,\beta)]\sin\beta\,\mathrm{d}\alpha\mathrm{d}\beta \tag{2.2.12}$$

$$g(\nu) = \frac{1}{\Delta\sqrt{2\pi}}\exp\left(-\frac{\nu^2}{2\Delta^2}\right) \tag{2.2.13}$$

δ はデルタ関数,$g(\nu)$ は個々の共鳴線の線形(線幅 Δ)を与えるガウス関数である.図 2.2.9 からわかるように,粉末パターンは化学シフトテンソルの主値を与える.核をとりまく電子密度分布が軸対称性をもつ場合は,$\sigma_{11}=\sigma_{22}$ となって軸対称な粉末パターンを与える.これは分子が軸対称な速い回転をしているときにも見られる.このとき,軸のまわりの化学シフトは平均化され,残余の化学シフトテンソルは,

$$\sigma_{\text{axial}} = \begin{bmatrix} \sigma_\perp & 0 & 0 \\ 0 & \sigma_\perp & 0 \\ 0 & 0 & \sigma_\| \end{bmatrix} \quad (2.2.14)$$

となる．このときの z 軸は回転軸（対称軸）である．さらに，速い回転運動が等方的になると，全空間で平均化されて σ_{iso} の位置に1本のシグナルを与える．

$$\sigma_{\text{iso}} = \frac{1}{3}(\sigma_{11} + \sigma_{22} + \sigma_{33}) \quad (2.2.15)$$

これは溶液で観測される等方的化学シフトと同じである．制限された運動をしている分子の粉末パターンは分子の対称性や運動の様式で鋭敏に変化するため，それらに関する情報を与える．

　固体高分解能 NMR ではマジック角試料回転（magic angle spinning, MAS）法が用いられ，粉末試料に対しても溶液に近い，高分解能のスペクトルを得ることができる（2.6 節参照）．そのシグナルも等方的化学シフトの位置に現れる．したがって，マジック角試料回転は化学シフトテンソルの主値の全空間に対する平均化と同じ結果を与える．

2.2.7 ■ 構造情報としての化学シフト

　^{1}H の化学シフトと化学構造の関係については，すでに図 2.2.3 で示した．有機化合物において水素とともに重要な元素は炭素である．天然に最も多く存在する炭素の同位体は ^{12}C で，NMR シグナルを与えない．天然に1%だけ存在する ^{13}C は $I = 1/2$ で ^{1}H に次いで最もよく測定される核種である．^{13}C の化学シフトと化学構造の関係を図 2.2.10 に示す．これらは有機化合物の構造解析における重要な情報となる．

　化学シフトが周囲の原子との相互作用を反映することを利用すれば，その核を含む部分の立体構造に関する情報を得ることもできる．タンパク質の C_αH の ^{1}H や ^{13}C，またペプチドカルボニルの化学シフトは α ヘリックスや β シートのような二次構造を反映することが知られている．ランダム構造をとっているときに比べて，$C_\alpha{}^1$H は α ヘリックスでは高磁場側に，β シートでは低磁場側にそれぞれ約 0.4 ppm シフトする[14]．タンパク質の主鎖の ^{13}C，^{15}N，^{1}H の帰属ができれば，この関係を使ってただちに主鎖2次構造の予測が行える．構造データベースと化学シフトデータベースを使うと化学シフトからペプチド主鎖の二面角 ϕ, ψ を一定の誤差範囲内

2.2 化学シフト

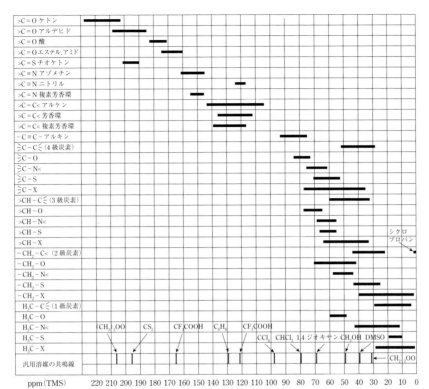

図 2.2.10 化学構造と ^{13}C の化学シフトの関係[17]
基準はテトラメチルシラン(TMS), X はハロゲン.

で見積もることができる[15]. さらにアミノ酸配列情報を付け加えると小さなタンパク質であれば, 化学シフトから分子の主鎖構造を予測することもできる.

常磁性の擬コンタクトシフトは双極子−双極子相互作用の一種であり, 距離および配向角依存性をもつ. これを構造解析に使う試みが古くから行われている. 一時, シフト剤と称する常磁性化合物を使った構造解析法も提案された. 現在は錯体やタンパク質中のヘムのような固有の常磁性中心, あるいは高分子の特定の部位に安定的に導入された常磁性金属などが構造解析に使われている. 常磁性金属によっては擬コンタクトシフト以外の相互作用が強くなる可能性があるので, 構造解析に使う金属の種類は慎重に選ぶ必要がある.

固体 NMR で観測される等方的化学シフトは溶液の化学シフトと同じ構造情報をもつ. 合成あるいは天然高分子鎖の主鎖コンホメーションの解析に化学シフトを用

いることができる.また,化学シフトテンソルの主軸座標系と主値が既知の場合には,配向試料を用いることにより化学シフトからその原子が関与する結合の配向方向を知ることができる.配向膜中のチャンネルペプチドの ^{13}C や ^{15}N の化学シフトからペプチド結合の配向角を決めることにより,膜中のイオンチャンネル構造の決定が行われている[16].

2.3 ■ スピン–スピン結合と双極子–双極子相互作用

NMR スペクトルの形を決める主要なものとしては,前節で解説した化学シフト以外に,スピン–スピン結合(J結合ともよぶ)がある.ここではスピン–スピン結合の機構,およびスピン–スピン結合による共鳴線の分裂の規則について解説する.また平均化されてゼロになるため,通常の溶液 NMR スペクトルには一見その効果が表れない双極子–双極子相互作用に関しても解説する.

2.3.1 ■ スピン–スピン結合

A. スピン–スピン結合による共鳴線の分裂

図 **2.3.1** に 1,1,1,2,3,3-ヘキサクロロプロパン($CCl_3CHClCHCl_2$)の ^{1}H NMR スペクトルを示した[18].$CCl_3CHClCHCl_2$ には ^{1}H が 2 個あり,2.2 節で解説した化学シフトのみを考慮すると,4.95 ppm と 6.67 ppm 付近に共鳴線が生じることになる.しかし,実際には各共鳴線はさらに 2 つに分裂し,4.95 ppm と 6.67 ppm 付近に各々 2 本,合計 4 本のピークが生じる.各々が 2 つに分裂するのは,スピン–スピン結合の効果による.このときの分裂の幅を Hz 単位で表したものを,スピン–スピン結合定数 J という.なお図 2.3.1 において,4.95 ppm と 6.67 ppm の共鳴線の分裂幅はともに J で等しい.

図 2.3.1 1,1,1,2,3,3-ヘキサクロロプロパン($CCl_3CHClCHCl_2$)の ^{1}H NMR スペクトル
[R. K. Harris, *Nuclear Magnetic Resonance Spectroscopy*, Pitman Books Limited(1983)より改変]

B. スピン−スピン結合により共鳴線が分裂する理由
(ⅰ) エネルギー準位図を用いた説明

クロロホルム（$CHCl_3$）を例にとる．^{13}C の天然存在比は 1% なので，クロロホルム中には $^{13}C^1HCl_3$ が 1% 存在する．いま，この $^{13}C^1HCl_3$ に注目して考える．^1H，^{13}C はともに核スピンが外部磁場と同じ方向を向いた α 状態と反対方向を向いた β 状態の 2 状態をとりうるので，^1H と ^{13}C の組としては，$(^1H, {}^{13}C) = (\alpha, \alpha)$，$(\alpha, \beta)$，$(\beta, \alpha)$，$(\beta, \beta)$ の 4 つの状態をとりうることになる．これらを順に状態 1，状態 2，状態 3，状態 4 と定義し，対応するエネルギーを E_1，E_2，E_3，E_4 とする．各状態のエネルギーの大小関係は**図 2.3.2**(a) のようになる．^1H と ^{13}C の各々について，α 状態は β 状態より安定である（エネルギーが低い）ことを考えれば，図 2.3.2(a) の大小関係が理解できる．例えば状態 1 と 2 を比べると，^1H についてはともに α だが，^{13}C が状態 1 では α，状態 2 では β なので，そのぶん状態 1 のほうが安定である（エネルギーが低い）．（なお，この考え方では状態 2 と状態 3 の大小関係を決定できないが，ここでは気にしなくてよい．状態 2 と状態 3 が図 2.3.2(a) のような大小関係であることは，次の(ⅱ)項で解説する．図 2.3.2(a) において状態 1→3 および状態 2→4 への遷移が生じ，その際に外部からエネルギーが吸収されると，^1H NMR スペクトル中に共鳴線が観測される．1→3 および 2→4 の遷移においては，^1H の状態は α から β に変化するが，^{13}C の状態は α あるいは β のままで変化しない．この 2 つの遷移が ^1H NMR スペクトルに対応することが，これより納得できる（状態 1→2 および状態 3→4 の遷移が ^{13}C NMR スペクトルに対応することも同様である）．さて，図 2.3.2(a) においては，状態 1 と 3 の間のエネルギー差は，状態 2 と 4 の間のエネルギー差と等しい．したがって，1→3 の遷移と 2→4 の遷移において吸収されるエネルギーは等しくなり，^1H NMR スペクトル中においては，同一の位置に共鳴線を与える（**図 2.3.3**(a)）．すなわち共鳴線は 1 本だけ観測されることになる．

しかし実際には，共鳴線は分裂して 2 本観測される．これは ^1H および ^{13}C の核スピンが，^1H–^{13}C の結合を形成している共有電子対のスピンと，相互作用することに起因する．一般に 2 つのスピンは，互いに反対方向を向いた方が安定である（エネルギーが低い）．仮に ^1H の核スピンが α ならば，第 1 の電子のスピンは β となるのが安定である．パウリの排他則によって，共有電子対はスピンの向きが反対向きとなる傾向があるので，第 2 の電子のスピンは α となる．第 2 の電子のスピンは ^{13}C の核スピンと相互作用するので，^{13}C の核スピンは β の方が安定となる．

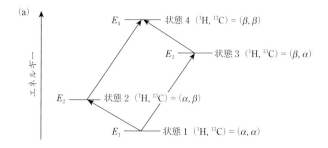

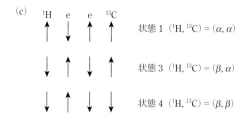

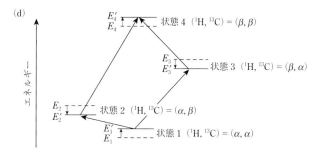

図 2.3.2 (a) ^{13}C-クロロホルム(^{13}C^{1}HCl$_{3}$)のエネルギー準位図(^{1}H と ^{13}C との間にスピン−スピン結合がないとした場合)．(b)状態 2 における，^{1}H と ^{13}C の核スピンおよび共有電子対の電子スピンの向き．α を上向きの矢印，β を下向きの矢印で表してある．(c)状態 1，3，4 における，核スピンおよび電子スピンの向き．(d)^{13}C^{1}HCl$_{3}$ のエネルギー準位図(^{1}H と ^{13}C との間のスピン−スピン結合を考慮した場合)．

このときのスピンの配置を図 2.3.2(b)に示した．図 2.3.2(b)で ^{1}H および ^{13}C の状態だけに注目すれば，これは先の状態 2 に対応することがわかる．一方，状態 1 においては図 2.3.2(b)とは異なり，^{13}C の核スピンは α である．この場合には，第 2 の

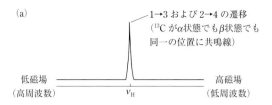

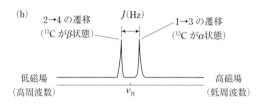

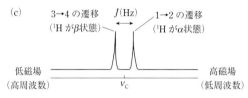

図 2.3.3 ^{13}C^{1}HCl$_3$ の NMR スペクトル．(a) 仮想的にスピン—スピン結合がないとしたときの ^{1}H NMR スペクトル．(b) スピン—スピン結合があるときの ^{1}H NMR スペクトル．(c) スピン—スピン結合があるときの ^{13}C NMR スペクトル．

電子のスピンと ^{13}C の核スピンが，ともに α で同じ向きとなってしまい（図 2.3.2 (c)），不利な配置である．同様に考えていくと，状態 3 は，核スピンと電子スピンが交互に反対を向いた有利な配置であるが，状態 4 は，第 2 の電子スピンと ^{13}C の核スピンが同じ向き（β）となった不利な配置である（図 2.3.2(c)）．以上をまとめると，状態 2 と 3 については，核スピンと電子スピンの相互作用を考慮すると，考慮しなかった場合に比べて安定化する（エネルギーが低くなる）．一方，状態 1 と 4 については，核スピンと電子スピンの相互作用を考慮すると，考慮しなかった場合に比べて不安定化する（エネルギーが高くなる）．この様子を図 2.3.2(c) に示した．

図 2.3.2(d) においては，図 2.3.2(a) の場合とは異なり，状態 1 と 3 の間のエネルギー差は，状態 2 と 4 の間のエネルギー差と等しくはない．したがって，遷移 $1 \to 3$ と遷移 $2 \to 4$ とでは，吸収されるエネルギーの大きさが異なり，その結果 ^{1}H NMR スペクトル中において，異なる位置に共鳴線を与える．核スピンと電子スピンの相互作用の結果，こうして共鳴線は 2 つに分裂する．このようなとき，^{1}H と

^{13}C の間にはスピン－スピン結合が存在するという.

1→3 のエネルギー差は 2→4 のエネルギー差より小さいので，1→3 の遷移に対応した共鳴線は，2→4 の遷移に対応した共鳴線より高磁場側（低周波数側）に現れる（図 2.3.3(b)）．1→3 の遷移において ^{13}C の核スピンは α 状態のまま一定であり，一方 2→4 の遷移においては，^{13}C の核スピンは β 状態のまま一定である（図 2.3.2(d)）．したがって，図 2.3.3(b) における高磁場側の共鳴線は，^{13}C が α 状態のときの ^{1}H の共鳴線，一方，低磁場側の共鳴線は，^{13}C が β 状態のときの ^{1}H の共鳴線である.

一方，図 2.3.2(d) において，1→2 および 3→4 の遷移は，^{13}C NMR スペクトルにおける共鳴線に対応する．1 と 2 の間のエネルギー差は，3 と 4 の間のエネルギー差と同じではなく，前者は後者より小さい．したがって，^{13}C NMR スペクトル中にも，やはり 2 本の共鳴線が生じる（図 2.3.3(c)）.

(ⅱ) エネルギー式を用いた説明

系の全エネルギーを表す式を用いて，共鳴線が分裂する理由をもう一度考えてみる．系の磁気的全エネルギー $E_{全}$ は，化学シフト項（$E_{化学シフト}$）とスピン－スピン結合項（$E_{スピン-スピン結合}$）よりなる．化学シフト項は，核磁気モーメントと外部磁場との相互作用項であり，

$$E_{化学シフト} = -\hbar\gamma_H B_H m_H - \hbar\gamma_C B_C m_C \tag{2.3.1}$$

となる．ここで，γ_H，γ_C は ^{1}H と ^{13}C の磁気回転比，m_H と m_C は ^{1}H と ^{13}C の磁気量子数，B_H と B_C は ^{1}H と ^{13}C の感じる磁場である．$\nu = \gamma B/2\pi$ の関係式を用いると，式 (2.3.1) は，

$$E_{化学シフト} = -h m_H \nu_H - h m_C \nu_C \tag{2.3.2}$$

となる．ただし，ν_H と ν_C は ^{1}H と ^{13}C の共鳴周波数である．エネルギーを周波数（Hz 単位）に換算するために，この式を h で割ると（$E = h\nu$ の関係式を思い起こせば，このことは納得できる），

$$\frac{E_{化学シフト}}{h} = -m_H \nu_H - m_C \nu_C \tag{2.3.3}$$

となる.

一方，スピン－スピン結合項は，^{1}H と ^{13}C の 2 つの核磁気モーメント間の，結合電子を介した相互作用項であり，

$$E_{スピン-スピン結合} = C \cdot (\hbar\gamma_H m_H) \cdot (\hbar\gamma_C m_C) \tag{2.3.4}$$

となる.ここで,C はある定数である.こちらも Hz 単位に換算すると,

$$\frac{E_{スピン-スピン結合}}{h} = Jm_H m_C \tag{2.3.5}$$

となる.ここで,J は ^{1}H と ^{13}C の間のスピン―スピン結合定数である.

以上より全エネルギー($E_{全}$)を Hz 単位で表すと

$$\frac{E_{全}}{h} = -(m_H \nu_H + m_C \nu_C) + Jm_H m_C \tag{2.3.6}$$

となる.なお,両辺に 2π をかけることにより,全エネルギーをラジアン/s 単位で表した次式も得られる.

$$\frac{E_{全}}{\hbar} = -(m_H \omega_H + m_C \omega_C) + 2\pi Jm_H m_C \tag{2.3.7}$$

ここで,ω_H と ω_C は ^{1}H と ^{13}C の共鳴角速度($\omega = 2\pi\nu$ で周波数と同義)である.

式(2.3.6)を用いて,図 2.3.2(d)の各状態に対するエネルギーを求めた結果を,**表 2.3.1** に示した.状態 2 と状態 3 のエネルギーの大小関係については,$\nu_H > \nu_C$ であることを考えれば,表 2.3.1 より,状態 2 の方が状態 3 よりエネルギーが低いことが納得できる.表 2.3.1 のエネルギーの値をみると,スピン―スピン結合によって,状態 1 と 4 は不安定化し(ともにエネルギーが $J/4$ だけ高くなっている),状態 2 と 3 は安定化している(ともにエネルギーが $J/4$ だけ低くなっている)ことがわかる.これは図 2.3.2(d)とよく一致している.

さて,状態 1 と 3 のエネルギー差(Hz 単位)は,

$$E_3 - E_1 = \nu_H - \frac{J}{2} \tag{2.3.8}$$

となり,一方,状態 2 と 4 のエネルギー差は,

表 2.3.1 それぞれの(^{1}H, ^{13}C)状態のエネルギー

状態	(^{1}H, ^{13}C)	m_H	m_C	エネルギー (Hz)
1	(α, α)	1/2	1/2	$-1/2 \cdot (\nu_H + \nu_C) + J/4$
2	(α, β)	1/2	$-1/2$	$-1/2 \cdot (\nu_H - \nu_C) - J/4$
3	(β, α)	$-1/2$	1/2	$1/2 \cdot (\nu_H - \nu_C) - J/4$
4	(β, β)	$-1/2$	$-1/2$	$1/2 \cdot (\nu_H + \nu_C) + J/4$

$$E_4 - E_2 = \nu_H + \frac{J}{2} \tag{2.3.9}$$

となることがわかる．すなわち ^{1}H NMR スペクトル中で，1→3 の遷移に対応した共鳴線が $\nu_H - J/2$ に生じ，2→4 の遷移に対応した共鳴線が $\nu_H + J/2$ に生じることになる．これも(i)項の説明とよく一致している．また 2 つの共鳴線は J(Hz) だけ離れていることもわかる．

1→2 および 3→4 の遷移は，^{13}C NMR スペクトルにおける共鳴線の出現に対応し，表 2.3.1 より各々，$\nu_C - J/2$，$\nu_C + J/2$ に共鳴線を与えることがわかる．この場合も 2 つの共鳴線は J(Hz) だけ離れており，^{13}C NMR スペクトルにおける分裂幅と ^{1}H NMR スペクトルにおける分裂幅は，Hz 単位で測れば同じであることがわかる．

C．スピン－スピン結合の実体およびその強さの表現法

スピン－スピン結合とは，2 つの核スピンの間の相互作用に対して使われる用語ではあるが，B 項から明らかなように，その実態は結合電子を介した間接的な相互作用である．後述する双極子－双極子相互作用が 2 つの核スピン間の（空間を通した）直接的な相互作用であるのとは対照的である．両者を区別する意味で，スピン－スピン結合のことを間接結合あるいはスカラー結合とよび，双極子－双極子相互作用を直接結合とよぶこともある．

スピン－スピン結合は，共鳴線の分裂幅を Hz 単位で測った値で表現し，これをスピン－スピン結合定数とよぶ（図 2.3.3(b), (c)）．Hz 単位で測った（別の表現をすれば，エネルギー量としての）スピン－スピン結合定数の大きさは，外部磁場（NMR 装置の磁場）の強さによらず一定である．これはスピン－スピン結合が，化学結合を介した，核スピンと電子スピンの相互作用によるものであり，外部磁場との相互作用によるものではないからである．化学シフト値はこれと対照的で，6.67 ppm の ^{1}H 共鳴線の共鳴周波数(Hz) は，800 MHz の NMR 装置で測定したときと，500 MHz の装置で測定したときとでは，800/500 = 1.6 倍異なる．

逆に，もしスピン－スピン結合定数を無理に ppm 単位で表現すると奇妙なことになる．^{13}C^{1}HCl$_3$ における ^{1}H–^{13}C のスピン－スピン結合定数は 210 Hz であるが，これを ppm 単位で表現すると，800 MHz 装置で測定した ^{1}H NMR スペクトル中では 0.2625 ppm，一方 500 MHz 装置で測定した ^{1}H NMR スペクトル中では 0.42 ppm となり，見かけ上異なった値となる．さらに，800 MHz 装置で測定した ^{13}C NMR スペクトル中においては，210 Hz のスピン－スピン結合は 1.05 ppm となり，同じ装置で測定した ^{1}H NMR スペクトル中の値 0.2625 ppm と見かけ上異なった値と

なってしまうという，奇妙なことになる．このようなわけで，スピン－スピン結合定数はHz単位で表現しなければならない．

D. スピン－スピン結合定数の符号と大きさ

これまでは暗黙のうちに，スピン－スピン結合定数の符号が正であることを想定してきた．スピン－スピン結合定数が正ならば，2つのスピンは反平行の配置（(α, β) あるいは (β, α)）をとるときが安定である．逆に，スピン－スピン結合定数が負ならば，平行の配置（(α, α) あるいは (β, β)）をとるときが安定であることを意味する．結合1つで隔てられた ^{1}H–^{13}C および ^{13}C–^{13}C 結合においては，スピン－スピン結合定数の符号は正である．しかし結合が2つ以上になると，間に介在する核と電子を経由する機構は，結合1つのときに比べて直接的ではなくなり，このためスピン－スピン結合定数は，結合の種類によって正にも負にもなる．通常の1次元スペクトルからは符号の決定はできないが，ある種のパルス系列を用いれば，符号を決定することもできる．

スピン－スピン結合は化学結合を通した相互作用なので，2つの核スピンを隔てる結合の数が増すにつれて弱くなっていく．通常スピン－スピン結合は，結合の数が3つくらいまでならば観測されるが，結合の数が4つでも観測できることがある．

直接化学結合で結ばれた ^{1}H と ^{13}C のスピン－スピン結合定数（$^1J_{C,H}$）は，結合のs性に比例することが知られている．具体的には，メタン（CH_4）のようにsp^3混成（結合のs性は0.25）の ^{13}C と直接結合した ^{1}H の場合，$^1J_{C,H}$ は125 Hzくらいであるが，エチレン（$CH_2=CH_2$）やベンゼン（C_6H_6）のようにsp^2混成（結合のs性は0.33）のときには，$^1J_{C,H}$ は160 Hzくらい，さらにアセチレン（$CH\equiv CH$）のようにsp混成（結合のs性は0.50）のときには，$^1J_{C,H}$ は250 Hzくらいになる．^{1}Hの場合，結合を介した相互作用は，コンタクト相互作用により支配されていると考えられている．コンタクト相互作用は，電子の波動関数が核のところで有限な値をもつために生じる．p電子は核上に節がくるので電子密度が0になり，コンタクト相互作用を起こさない．核スピンとの相互作用はs電子を介して伝わる．これが $^1J_{C,H}$ が結合のs性に比例する理由だと考えられる[19]．

H–C–C–Hのように，結合を3つ隔てた ^{1}H 間のスピン－スピン結合をビシナル結合（$^3J_{H,H}$）とよび，立体構造に関して有益な情報を与える．H–C–C–Hのなす二面角（図 2.3.4）と $^3J_{H,H}$ との間には一定の関係があり，その関係はKarplusの式などにより定式化されている．Karplusの式にはさまざまな変形式があるが，以下に一例

第 2 章　NMR の基本原理

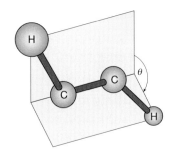

図 2.3.4　H–C–C–H 結合における二面角 θ の定義

をあげる．

$$\begin{aligned}
{}^3J_{\mathrm{H,H}} &= A\cos^2\theta - C \quad (0°\leq\theta\leq 90°) \\
&= B\cos^2\theta - C \quad (90°<\theta\leq 180°)
\end{aligned} \quad (2.3.10)$$

ただし，$A=8.5$，$B=9.5$，$C=0.28$ である[20]．この式を用いれば，${}^3J_{\mathrm{H,H}}$ の値から二面角 θ を求めることができる．スピン系によって A, B, C の値が変わる．

また最近，水素結合を介したスピン－スピン結合の存在が確認され，生体分子の立体構造の解析に応用されている．

E．スピン－スピン結合による共鳴線の分裂の規則

A, M および X の 3 つの核スピンからなる系を考え，互いに $J_{\mathrm{A,M}}$, $J_{\mathrm{A,X}}$ および $J_{\mathrm{M,X}}$ という大きさのスピン－スピン結合を有するとする．A の共鳴線は $J_{\mathrm{A,M}}$ により 2 つに分裂し，分裂した各々のピークはさらに $J_{\mathrm{A,X}}$ で 2 つに分裂し，合計 4 本の共鳴線となる（図 2.3.5(a)）．M および X の共鳴線も同様に分裂し，各々 4 本の共鳴線となる．例として，酢酸ビニル（$CH_2CHOCOCH_3$）の ^{1}H NMR スペクトルを図 2.3.5(b) に示した．一般に，n 個の核スピン（$I=1/2$）が互いにスピン－スピン結合を有するとき，ある核スピンの共鳴線は 2^{n-1} 個に分裂する．

図 2.3.3(b) と同様に考えると，図 2.3.5(a) において最も高磁場側（低周波数側）に位置する共鳴線は，M スピンと X スピンがともに α 状態のときの，A の共鳴線に相当する．図 2.3.5(a) には他の 3 本の共鳴線についても，M スピンと X スピンの状態を示した．

1,1,2-トリクロロエタン（$CHCl_2CH_2Cl$）のように，3 個のプロトンのうち 2 個が等価の場合には，上記とは異なった分裂パターンを示す．以下では，CH プロトンを

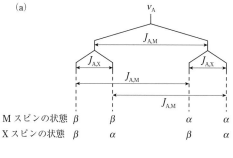

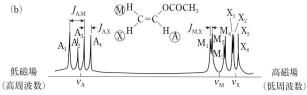

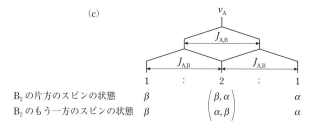

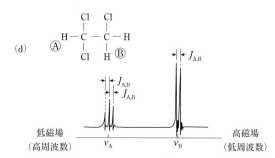

図 2.3.5 (a) AMX 系における A の共鳴線の分裂パターン．(b) 酢酸ビニル（$CH_2CHOCOCH_3$）の ^1H NMR スペクトル．(c) AB_2 系における A の共鳴線の分裂パターン．(d) 1,1,2-トリクロロエタン（$CHCl_2CH_2Cl$）の ^1H NMR スペクトル．

[(b) は R. K. Harris, *Nuclear Magnetic Resonance Spectroscopy*, Pitman Books Limited (1983).
(d) は R. J. Abraham and P. Loftus, *Proton and Carbon-13 NMR Spectroscopy*, Heyden & Son Limited (1978) より改変]

A, CH_2 プロトンを B_2 と表現する. Aの共鳴線は, B_2 のうちの片方のBとのスピン－スピン結合で2本に分裂する. そして, もう一方のBとのスピン－スピン結合で分裂すると, 合計4本ではなく3本になる. また, 共鳴線の強度比は1:2:1となる. これは2回の分裂において, 分裂幅(スピン－スピン結合定数)が等しいことに留意すれば理解できる(図2.3.5(c)).

図2.3.5(c)において, 最も高磁場側(低周波数側)に位置する共鳴線は, B_2 の2つのプロトンがともに α 状態のときの, Aの共鳴線に相当する. 一方, 中央に位置する共鳴線は B_2 の2つのプロトンが (α, β) 状態および (β, α) 状態のときのAの共鳴線である. B_2 の2つのプロトンが等価なため, Aにとっては (α, β) と (β, α) の2つの状態は見分けがつかず, したがってAの共鳴線はどちらの状態に対しても同一な位置に生じる. ただし B_2 の2つの状態に対応していることを反映して, 中央の共鳴線は両端の共鳴線に比べ強度が2倍となる. 一方, B_2 の共鳴線は, Aとのスピン－スピン結合による分裂で2本になる. なお等価なプロトン間のスピン－スピン結合は, スペクトル上には現れない. $CHCl_2CH_2Cl$ の ^1H NMRスペクトルを図2.3.5(d)に示した.

一般に, 核スピンAが, 等価な n 個の核スピンBとスピン－スピン結合を有する場合, Aの共鳴線は $(n+1)$ 本に分裂し, 各共鳴線の強度比は $(1+x)^n$ の係数となる. すなわち, $n=3$ ならば4本に分裂し, 強度比は1:3:3:1, $n=4$ ならば5本に分裂し, その比は1:4:6:4:1となる.

以上はスピンが1/2の場合である. スピン量子数 I が1以上の場合には, このスピンがとりうる状態が $2I+1$ 個であることを反映して, スピン－スピン結合した相手のスピンは, $2I+1$ 本に分裂する. 例えばHD分子においては, Dのスピン量子数が1なので, ^1H の共鳴線は3本に分裂する.

ここまで, スピン－スピン結合による共鳴線の分裂に関する規則を述べたが, これらの規則は(すべての)スピン－スピン結合定数が, (すべての)化学シフト差よりも, はるかに小さい場合に限って成り立つ. この条件が満たされていないときには, 共鳴線の強度および出現する位置が, 上記の予想とはずれてくる.

F. スピン－スピン結合で分裂した共鳴線の磁化の回転座標系におけるふるまい

図2.3.6(a)に, ^{13}C とのスピン－スピン結合によって2つに分裂した ^1H の共鳴線を示した. 2本の共鳴線に対応した磁化ベクトル①と②の, 回転座標系におけるふるまいを考える. 図2.3.6(a)の①の共鳴周波数は $(\nu_H + J/2)$ [Hz], 一方, ②の共鳴周波数は $(\nu_H - J/2)$ [Hz]である. 角速度 ω に換算すれば, $\omega = 2\pi\nu$ より, 各々

2.3 スピン—スピン結合と双極子—双極子相互作用

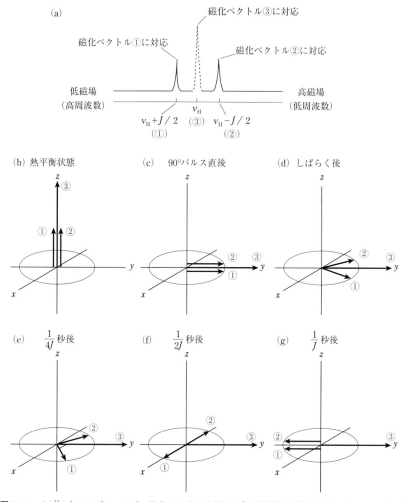

図 2.3.6 (a)^{13}C とのスピン—スピン結合で 2 本に分裂した ^{1}H 共鳴線(実線)およびスピン—スピン結合がないときの ^{1}H 共鳴線(破線)．(b)～(g) $2\pi\nu_H$ ラジアン/s で回転する回転座標系における，磁化ベクトルのふるまい．

$2\pi(\nu_H+J/2)$ ラジアン/s, $2\pi(\nu_H-J/2)$ ラジアン/s となる．静磁場(z)軸のまわりを角速度 $2\pi\nu_H$ ラジアン/s で回転する回転座標系に乗って，磁化ベクトルの動きを追う．はじめ熱平衡状態において，①および②は z 軸方向を向いている(図 2.3.6(b))．^{1}H に $-x$ 方向から 90°パルスをかけると，①と②は y 軸方向に倒れる(図 2.3.6(c))．①の角速度は $2\pi(\nu_H+J/2)$ なので，いま乗っている回転座標系の角速度 $2\pi\nu_H$

より少しだけ高い(回転速度がπJラジアン/sだけ速い).一方,②の角速度は$2\pi(\nu_H - J/2)$なので,回転座標系の角速度より少しだけ低い(回転速度がπJラジアン/sだけ遅い).このため①と②はxy平面上で逆方向に回り出す(図2.3.6(d)).①も②も1秒間にπJラジアンだけ回転するが,方向が逆である.$1/(4J)$秒後には,①,②ともにy軸から$\pi J \cdot 1/(4J) = \pi/4$ラジアンだけ回転する(図2.3.6(e)).このとき,①と②がなす角は$2 \cdot \pi/4 = \pi/2$ラジアン,つまり90°となる.$1/(2J)$秒後には,①,②ともに$\pi J \cdot 1/(2J) = \pi/2$ラジアンだけ回転するので,①は$x$軸上に,②は$-x$軸上に到達し,①と②がなす角は180°となる(図2.3.6(f)).$1/J$秒後には①,②ともに$\pi J \cdot 1/J = \pi$ラジアンだけ回転するので,どちらも$-y$軸上に到達し,そろう(図2.3.6(g)).

^{13}Cとスピン-スピン結合していない^{1}Hについては,共鳴周波数はν_H[Hz](図2.3.6(a)),共鳴角速度は$2\pi\nu_H$ラジアン/sとなる.この共鳴線に対応する磁化ベクトル③の動きを同様に考える.③の角速度は,いま考えている回転座標系の角速度と等しいので,^{1}Hへの$-x$軸方向からの90°パルスでy軸方向に倒された後,ずっとそのままy軸上にとどまることになる.

このように^{1}Hの磁化ベクトルの回転座標系におけるふるまいは,^{13}Cとのスピン-スピン結合の有無によって,またスピン-スピン結合がある場合には,相手の^{13}Cがα状態なのかβ状態なのかによって異なる.最先端のNMR法においては,この違いを巧みに利用して,対象分子から有用な情報を数多く抽出している.

2.3.2 ■ 双極子-双極子相互作用

A. 双極子-双極子相互作用の実体とその強さ,および共鳴線の分裂

双極子-双極子相互作用とは,核スピンが磁気双極子としてふるまい,空間を通して相手の核スピンに直接働きかける相互作用のことである.ある核スピンがそのまわりに磁場を形成し,他の核スピンがこの磁場と相互作用することによって生じる相互作用だと考えることができる.先述のスピン-スピン結合(相互作用)が,結合電子を介した間接的な相互作用であったことと対照的である.

双極子-双極子相互作用の強さは,核スピン間の距離をrとするとr^{-3}に比例する.また核スピンを結ぶ線(核間ベクトル)と外部磁場がなす角をθとすると,双極子-双極子相互作用の強さは$(3\cos^2\theta - 1)$に比例する.いま^{13}C-^{1}H結合を考える.図2.3.7(a)はθが90°,図2.3.7(b)はθが0°の場合である.いま^{13}C核がα状態であるとする.^{13}C核を磁気双極子と考えれば,(a)の配置では^{1}Hが位置する場

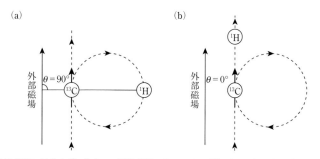

図 2.3.7 外部磁場に対する ^{13}C と ^{1}H の相対配置の違いによる双極子—双極子相互作用の違い．外部磁場と ^{13}C–^{1}H 結合（核間ベクトル）のなす角度を θ とする．(a) $\theta = 90°$，(b) $\theta = 0°$．なお，^{13}C 核は α 状態にあるとする．

所において ^{13}C 核は下向きの磁場を形成し，一方(b)の配置では上向きの磁場を形成することが理解できる．^{13}C 核が形成する磁場の向きが配置によって反転することは，$(3\cos^2\theta - 1)$ が(a)の配置($\theta = 90°$)では -1 で，一方(b)の配置($\theta = 0°$)では 2 であり符号が反転することとよく一致する．(a)の配置の場合，^{13}C 核が α 状態であるときには，^{13}C 核が形成する磁場によって ^{1}H が位置する場所における外部磁場は少し弱められる．一方 ^{13}C 核が β 状態のときには，^{1}H が位置する場所における外部磁場は少し強められる．^{1}H が感じる磁場の強さの差は，共鳴周波数の差として反映される．したがって ^{13}C 核が α と β の 2 つの状態をとることに対応して，^{1}H の共鳴線は 2 本に分裂する．(b)の配置の場合でも，^{13}C 核が α 状態か β 状態かによって ^{1}H が感じる磁場の強さに差が生じるのは同様であり，^{1}H の共鳴線はやはり 2 本に分裂する．ただし，^{1}H の 2 本の共鳴線が，^{13}C 核の α 状態と β 状態のどちらに対応するのかは入れ替わる．また分裂幅は，$(3\cos^2\theta - 1)$ 依存性を反映して 2 倍になる．なお，θ が 54.7° のときには $(3\cos^2\theta - 1)$ は 0 となり，双極子—双極子相互作用は消失する．54.7° はマジック角とよばれる．

B．双極子—双極子相互作用の溶液中における平均化による消失と残余双極子相互作用

溶液中では分子はすべての方向を万遍なく向くので，核間ベクトルもすべての方向を万遍なく向く．この場合，双極子—双極子相互作用の強さの $(3\cos^2\theta - 1)$ 依存性は平均化されて 0 となり，双極子—双極子相互作用を直接観測することはできない．したがって，溶液中では ^{1}H の共鳴線が双極子—双極子相互作用によって 2 本に分裂することはない．

分子に制約を加えてわずかながら配向させ，すべての方向を万遍なく向くことが

ないようにすれば，双極子-双極子相互作用は完全には平均化されず，平均化を免れた残余分を直接観測できるようになる．これを残余双極子相互作用(residual dipolar coupling)という．分子のこのわずかな配向の向きとその程度は，アライメントテンソルによって表される．iスピンとjスピンの間の残余双極子相互作用D_{ij}は次式で表される．

$$D_{ij}(\theta,\phi) = D_a \left\{ (3\cos^2\theta - 1) + \frac{3}{2} R \sin^2\theta \cos 2\phi \right\} \quad (2.3.11)$$

$$D_a = -\frac{\mu_0 h}{16\pi^3} S \gamma_i \gamma_j r_{ij}^{-3} A_a \quad (2.3.12)$$

ここで，μ_0は真空の透磁率，γ_iとγ_jはiスピンとjスピンの磁気回転比，r_{ij}はiスピンとjスピンの核間の距離，Sはij核間ベクトルの内部運動に関するオーダーパラメータ，A_aとRはアライメントテンソルの軸成分およびローンビシティ(斜方晶形性)で，アライメントテンソルのローンビック成分をA_rとすると

$$R = \frac{A_r}{A_a} \quad (2.3.13)$$

である．θとϕは，アライメントテンソルの主軸系におけるij核間ベクトルの方向を表す極座標である．

　配向させるには，溶液にバイセルあるいはPf1ファージを混在させる．リン脂質によって形成されたバイセルは円盤状の形状をとり，円盤の壁が外部磁場に沿うように配向する．一方，Pf1ファージは円柱状の形状をしており，軸方向に伸びるαヘリックスのカルボニル基による磁化率の異方性のために，円柱の軸が外部磁場に沿うように配向する．バイセルやPf1ファージの壁に挟まれて空間的な制約を受けた分子は，弱いながらも配向する．Pf1ファージは負電荷を帯びており，核酸のように負電荷を帯びた分子を配向させるのに適している．これ以外に，引き延ばしたアクリルアミドゲルに分子を浸潤させ，ゲル内における空間的制約によって分子を配向させる手法もある．さらにランタノイドなどの常磁性金属を分子に結合し，外部磁場中で常磁性金属の磁化率の異方性によって分子を配向させる手法もある．なおこの場合には残余双極子相互作用に加え，常磁性緩和促進(paramagnetic relaxation enhancement, PRE)と擬コンタクトシフト(PCS)に関する情報も合わせて得られる．

　残余双極子相互作用の値は，実際には以下のようにして求められる．まず注目する分子の^{13}C-^{1}H HSQC(heteronuclear single quantum coherence)スペクトルを，デ

カップリングをせずに測定する．この際の共鳴線の分裂幅(Hz)は，スピン－スピン結合定数 J である．次に同分子を配向させ，同様な測定を行う．この際の共鳴線の分裂幅は，残余双極子相互作用の値を D とすると，$J+D$ となる．2つの測定における分裂幅の差から，残余双極子相互作用の値 D を求めることができる．^{15}N-^{1}H 結合などに関する残余双極子相互作用も，同様に求められる．デカップリングを行わないことによってピークが増えてオーバーラップが生じる場合には，IPAP(in-phase/anti-phase)形式のHSQCが有用である．またTROSY法を用い，^{1}H 方向に分裂した2つの共鳴線を別個に測定し，分裂幅を求める方法もある．なおこの際，他核側はシャープな方の共鳴線を用いる．高分子の場合であっても，^{1}H 方向に分裂したこの2本の共鳴線の線幅はともに比較的シャープなので，分裂幅を求めるのに適している．

C. 残余双極子相互作用を取り入れた構造決定

ある分子中における ^{13}C-^{1}H や ^{15}N-^{1}H ベクトルが互いにどんなに離れていようが，残余双極子相互作用は，アライメントテンソルという共通のフレームに対する各ベクトルの方向を与えるので，距離の制限がない非常に「ロングレンジ」の構造情報である．NOEから得られる距離情報が，最大0.6 nm程度のショートレンジの構造情報なのとは対照的である．このため残余双極子相互作用は，構造を決定するうえでたいへん有益な情報である．

i スピンと j スピンが直接共有結合で結ばれた ^{13}C-^{1}H や ^{15}N-^{1}H などの場合，r_{ij} は定数なので，アライメントテンソルの主軸の方向を規定する3つのオイラー角と，A_a および R の合計5つの値を決めることができれば，式(2.3.11)より ij 核間ベクトルの方向に関する情報を取得することができる．球状タンパク質の場合には，^{13}C-^{1}H および ^{15}N-^{1}H ベクトルが，全方位にほぼ均等に向いていると仮定することができる．この場合には，^{13}C-^{1}H と ^{15}N-^{1}H に関する残余双極子相互作用の値を多くのペアに関して測定し，そのヒストグラムに基づいて A_a と R を決定することができる．あと残るのは3つのオイラー角のみであり，これを構造計算の際の変数に新たに加える．これにより，実験より得られた残余双極子相互作用の値を，構造決定に生かすことができる．核酸のように直線状の分子の場合には，ベクトルの方位に関する上記の仮定は成立しない．その場合には，まずは残余双極子相互作用の情報を用いずにある程度確からしい構造を得て，この構造に関して最適な A_a と R の組をグリッドサーチによって求める手法が適用される．その後は，同様に構造計算がなされる．さらに A_a と R をあらかじめ決定することなく，オイラー角，A_a およ

び R の合計 5 つの変数を構造計算の際の変数に新たに加えることも，原理的には可能である．

複数のドメインからなるタンパク質において，各ドメインの構造はショートレンジの距離情報が NOE から数多く得られるので，これに基づいて正確に決定できる．しかしドメイン間の相対配置は，これを規定するショートレンジの距離情報が原理的に多くは得られないので，正確に決定することができない．このような場合でも，「ロングレンジ」の構造情報を与える残余双極子相互作用を用いれば，ドメイン間の相対配置を正確に決定することができる．なお得られた残余双極子相互作用の値からは，その角度依存の関数形に起因して，ドメイン間の相対配置として 4 通りの可能性が考えられ，1 つに絞ることができない．数多くの ^{13}C–^{1}H および ^{15}N–^{1}H ベクトルに関して残余双極子相互作用の値を求めても，この状況に変化はない．NOE から得られるドメイン間のショートレンジの距離情報に基づいて正しい相対配置を決定できる場合もあるが，この方法では可能性を 1 つに絞れない場合もある．残余双極子相互作用に関するこのような「縮退」の問題を解決するには，異なる手法でタンパク質を配向させ，それまでとは異なるアライメントテンソルをタンパク質が呈するようにする．この第二の配向状態においても残余双極子相互作用の値を求め，ドメイン間の相対配置として別の 4 通りの可能性を得る．このうち，先の 4 通りの可能性と一致するものが，正しい相対配置である．

2.4 ■ 核スピン緩和

2.4.1 ■ NMR スペクトルと緩和

NMR スペクトルを測定するためには，まず試料を超伝導磁石の中にセットする．磁石の外（地磁気は無視する）にあったときは，試料の核スピンはエネルギー状態も分裂しておらず，配向方向も無秩序である．したがって，核磁化は存在しない．ところが，静磁場の中に置かれると**図 2.4.1** のように核スピンのエネルギー状態は磁場方向（z 方向）に量子化されて分裂する．そして，静磁場の中に持ち込まれた瞬間は無秩序な配向をしていた核スピンは，時間とともに熱平衡状態，すなわち，各エネルギー状態にボルツマン分布する．こうして，静磁場方向に分極が生じ，熱平衡状態での縦磁化が生じる．このとき，静磁場と直角方向成分は相変わらず無秩序であるので，互いに打ち消しあい，磁化の横成分（横磁化）は存在しない．このように，静磁場の中に置かれた核スピン系がまったく無秩序な状態から熱平衡状態へ移

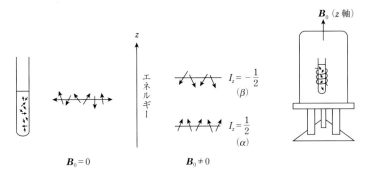

図 2.4.1 試料を外部(左)から超伝導磁石中に持ち込んだとき(右)の核スピン配向の変化
外部では無秩序配向であるが,磁石内では静磁場方向(z軸)のエネルギー準位が分裂し,核スピンのz成分にボルツマン分布が生じる.$I=1/2$, $\gamma>0$の場合は図右のように2つの準位に分裂する.α, βはそれぞれのエネルギー準位を与えるスピン波動関数である.

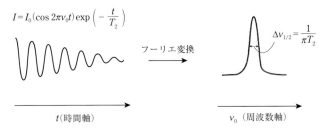

図 2.4.2 自由誘導減衰(FID:左)およびシグナルの線幅(右)と横緩和時間の関係

る過程を核スピン系の緩和という.いまの場合は磁化のz成分(縦成分)のみが変化するので,このような緩和を縦緩和とよぶ.縦緩和に要する時間が十分短くなければ,われわれはNMRスペクトルを測定できない.実際,最初にNMRシグナルを観測したPurcellやBlochは緩和時間が長すぎてシグナルが観測できないことを非常に心配していた.この縦緩和時間は,パルスフーリエ変換NMRの積算測定におけるパルスの繰り返し時間の決定でも重要な役割を果たす.ある観測パルスと次の観測パルスの間には,核スピン系が熱平衡状態に戻るのに十分な時間を置かなければならない.

パルスフーリエ変換NMR装置でプローブの検出コイルから直接得られるスペクトルは,**図 2.4.2**のような自由誘導減衰(free induction decay, FID)である.FIDにおける振動は横磁化の歳差運動に由来し,減衰は横磁化の緩和を表す.これらはそれぞれシグナルの共鳴周波数と線幅を与える.観測パルスによって熱平衡状態の核

スピン系が乱され，熱平衡状態には存在しなかった横磁化が現れる．それが再び熱平衡に戻っていく過程を観測したものが FID である．横磁化の緩和であるのでこれを横緩和とよぶ．このように，NMR スペクトルの測定は核スピン系の緩和と密接な関係がある．緩和に対する正しい理解は質の高いデータを得ることを可能にする．逆にこのことは，NMR スペクトルを使えば緩和に関する情報，さらに緩和速度を支配する分子運動に関する情報が得られることを意味する．このように分子のダイナミクスに関する情報を得られることは NMR が他の分光法や回折法と比較してすぐれている点である．本節では Bloembergen らが提出した無秩序分子運動に基づく緩和理論[21]を踏まえて緩和の機構と応用を考えたい．

2.4.2 ■ 縦緩和：スピン－格子緩和

縦緩和も横緩和も同じ核スピン系の緩和であるが，z 方向は量子化されているために縦緩和はユニークな特徴をもつ．$I=1/2$ の核スピン系の縦磁化 M_z は図 2.4.1 の 2 つのエネルギー準位間の分布の差 $(n_\alpha - n_\beta)$ に比例する．したがって，縦磁化は分極（polarization）ともよばれる．縦磁化が変化するためには，エネルギー準位間の遷移が起こらなければならない．すなわち，縦緩和には核スピン系におけるエネルギー変化が必要である．この際，変化するエネルギー量は核スピン系をとりまく熱溜（これを格子系とよぶ）との間でやりとりされる．このため，縦緩和はスピン－格子緩和とよばれる．その緩和速度 R_1 は $1/T_1$ で表され，T_1 をスピン－格子緩和時間とよぶ．これは 2.1 節で述べたブロッホ方程式の中に取り込まれている．

図 2.4.1 の 2 つのエネルギー準位の占有数を n_α（I_z の固有値 = 1/2），n_β（I_z の固有値 = $-1/2$）とし，特に熱平衡状態におけるそれぞれの占有数を n_α^0, n_β^0 とする．この 2 つの準位間の遷移確率を W とすると，系が熱平衡から外れた場合に，あるエネルギー準位から遷移するスピンの数は，W とそのエネルギー準位での占有数の熱平衡からのずれによって与えられる．その場合の核磁化 M_z の変化は，

$$\begin{aligned}
\frac{dM_z}{dt} &= \frac{dA(n_\alpha - n_\beta)}{dt} = A\left(\frac{dn_\alpha}{dt} - \frac{dn_\beta}{dt}\right) \\
&= A\left\{W(n_\beta - n_\beta^0) - W(n_\alpha - n_\alpha^0) - W(n_\alpha - n_\alpha^0) + W(n_\beta - n_\beta^0)\right\} \\
&= -A\left\{2W(n_\alpha - n_\beta) - 2W(n_\alpha^0 - n_\beta^0)\right\} \\
&= -2W(M_z - M_z^0)
\end{aligned} \quad (2.4.1)$$

となる．ここで，$M_z = A(n_\alpha - n_\beta)$ を使った．左辺に定数 M_z^0 を入れても微分量には

2.4 核スピン緩和

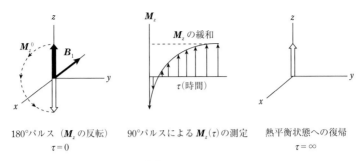

図 2.4.3 $180°$-τ-$90°$ パルスによる T_1 の決定
$180°$ パルスで反転させた縦磁化の緩和を $90°$ パルスで観測する．

影響を与えないので，

$$\frac{d(M_z - M_z^0)}{dt} = -R_1(M_z - M_z^0)$$
$$R_1 = 2W \tag{2.4.2}$$

となる．R_1 は縦緩和速度である．式(2.4.2)を積分すると，

$$[M_z(t) - M_z^0] = [M_z(0) - M_z^0]\exp(-R_1 t) \tag{2.4.3}$$

となる．M_z を反転させると図 2.4.3 のように $M_z(0)$ から M_z^0 へ戻っていく．$R_1 = 1/T_1$ であるからスピン－格子緩和時間を決めるのは遷移確率 W であることがわかる．

ところで，エネルギー準位間の遷移を引き起こすことができるのは，静磁場に直交する振動磁場のみである．このような振動磁場はいろいろな原因でつくり出される．最も普通に見られるものは，すぐ近くに存在する核スピンがつくり出す局所揺動磁場（双極子－双極子相互作用）である．ここで，磁場が時間変化する原因は分子の無秩序回転運動である．

2.4.3 ■ 横緩和：スピン―スピン緩和

2.4.1 項に述べた FID の振幅は，核磁化 M の横成分の大きさを表している．FID の減衰速度を決めているのが横緩和である．FID をフーリエ変換したときのシグナルの線幅は，横成分の減衰速度で決まる（図 2.4.2）．線幅 $\Delta\nu$ と横緩和速度 R_2 の関係は

$$\Delta\nu = \frac{R_2}{\pi} = \frac{1}{\pi T_2} \tag{2.4.4}$$

と表せる．これはブロッホ方程式から導かれる．しかし，実測の NMR シグナルの

線幅には，これに加えて磁場の不均一性などの横緩和への寄与などが影響する．その場合には次式のように表し，その横緩和時間は T_2^* となる．

$$\Delta \nu = \frac{R_2^*}{\pi} = \frac{1}{\pi T_2^*} \quad (2.4.5)$$

T_2^* と区別するため，T_2 をスピン－スピン緩和時間とよぶ．

　スピン－格子緩和時間は，エネルギー準位間の遷移による熱平衡磁化 M_z^0 への回帰であったが，スピン－スピン緩和も熱平衡状態への回帰である．しかし，2.4.1 項で述べたように熱平衡状態では横磁化は存在しない．その理由は，核磁化を構成している個々の核スピンの歳差運動の位相が乱れているためである．したがって，横緩和は基本的に個々の核スピンの位相が乱れていく過程のことをいう．ラジオ波パルスの照射などにより横磁化が生成するのは核スピン間の位相がそろうからで，これをコヒーレンス (coherence, 2.1.6 節) とよぶ．核スピンの位相の乱れはスピン間の直接的相互作用によって誘起される．この際，格子系とのエネルギーの授受は必ずしも必要としない．これが，スピン－格子緩和と本質的に異なるところで，スピン－スピン緩和とよばれる所以である．ただし，エネルギー準位間の遷移もスピン－スピン緩和の原因となるので，注意を要する．実際，溶液中の小さな分子のように非常に速い無秩序回転運動をしている場合には，スピン－格子緩和とスピン－スピン緩和の実効的な機構は同じものとなり，図 2.4.8 に示すように $T_1 = T_2$ となる．

　位相のコヒーレンスを乱す主な原因は 2 つある．1 つは，まわりの核スピンなどがつくり出す局所磁場の z 成分である．これは実効的静磁場を変えることにより歳差運動の角速度を無秩序に変える．もう 1 つは，エネルギー準位間の無秩序な遷移により位相の記憶が失われていくことである．いずれの場合も，横磁化の減衰は

$$M_{xy}(t) = M_{xy}(0) \exp(-R_2 t) \quad (2.4.6)$$

で表すことができる．

2.4.4 ■ 回転座標系におけるスピン－格子緩和

　回転座標系における磁場の定義からわかるように，共鳴角速度 ω_0 で静磁場軸まわりを回転する座標系 (x, y, z) においては，静磁場 B_0 が消失する．これに座標系と同じ角速度のラジオ波を用いて振動磁場 $2B_1 \cos \omega_0 t$ を静磁場と直交するようにかけると，強さ B_1 の回転磁場が生じ，回転座標系では B_1 が静止するため唯一の静磁場となる (2.1.3 節参照)．図 2.4.4 のようにこのラジオ波を 90° パルスとして使い，核

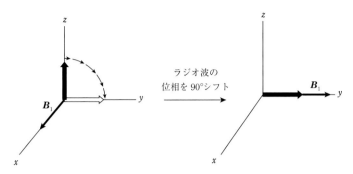

図 2.4.4 回転座標系 (x, y, z) におけるスピンロッキング
核磁化を y 軸方向に倒した後,位相シフトにより B_1 を y 軸方向に移動して核磁化をロックする.

磁化 M を y 軸方向に倒した後,振動磁場の位相を $90°$ シフトさせると,B_1 は核磁化と同じ方向に向く.こうして核磁化は回転座標系における静磁場 B_1 方向にロックされる.これをスピンロッキングとよぶ.回転座標系では B_1 が唯一の静磁場であるから,この方向のエネルギー準位が量子化される.ロックされた M は縦磁化となり,スピン-格子緩和機構によって緩和する.この緩和の速度を決める時間パラメータを回転座標系におけるスピン-格子緩和時間とよび,$T_{1\rho}$ で表す.この場合,平衡状態では縦磁化が消失するので,磁化の時間変化は式(2.4.6)において R_2 を $R_{1\rho}$ で置き換えたものになる.この系でのエネルギー準位間の差は B_1 で決まるため,静磁場 B_0 に比べてはるかに小さい.したがって,$T_{1\rho}$ は振動数の小さい,すなわち遅い運動に鋭敏である.

2.4.5 ■ 緩和時間の決定

核磁化を熱平衡からずらし,平衡に戻っていく過程の解析から緩和時間を知ることができる.いずれの緩和も核磁化は時間の指数関数として変化するので,シグナル強度を時間に対して片対数プロットすることにより緩和時間は得られる.T_1 の決定には $180°\text{-}\tau\text{-}90°$ パルス系列による反転回復法が最もよく用いられる.図 2.4.3 のように $180°$ パルスで反転させた磁化が時間 τ とともに平衡に戻っていく過程を観測する.式(2.4.3)に基づきその強度 $\ln[M_z(\tau) - M_z^0]$ を τ に対してプロットすると傾きが $-1/T_1$ を与える.固体のように,$T_2 \ll T_1$ のときは $90°\text{-}\tau\text{-}90°$ パルス系列による飽和回復法も用いられる.

T_2 の決定はもう少しややこしい.前述のように,横緩和ではしばしば磁場の不

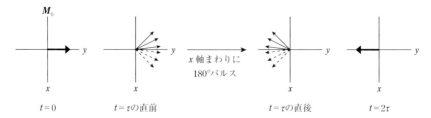

図 2.4.5 回転座標系の xy 平面上で見るスピンエコー法の原理
核磁化 M_0 は多くの核スピンのベクトル和である．$t=0$ で M_0 を y 軸上に倒す．磁場の不均一性のため，実線のスピンは回転座標系の角速度 ω_0 より遅く，破線のスピンは ω_0 より速く回転する．$t=\tau$ で x 軸のまわりに 180° パルスをかけると，各スピンは同じ速度で同じ方向に回転するため $t=2\tau$ で全スピンは y 軸の負方向に収束する．これをスピンエコーと呼ぶ．

均一性のような，装置や試料由来の影響が現れる．これを除いて真の T_2 を求めるために用いられるのがスピンエコー法である．図 2.4.5 で示すように，回転座標系の x 軸のまわりに 90° パルスをかけて核磁化を y 軸方向に倒し，時間 τ だけ展開する．磁場が $2\Delta B_1$ の不均一性をもつとすると，図のように各スピンは $\tau\Delta B_1$ から $-\tau\Delta B_1$ の間のさまざまな角速度で回転するため位相が乱れる．そこで x 軸のまわりに 180° パルスをかけると，スピンは反転する．これらのスピンの回転速度と方向は変わらないので，時間 τ の後にはすべてのスピンが再び $-y$ 軸上にそろい，エコーシグナルを与える．これをスピンエコーとよぶ．このエコーシグナルには磁場の不均一性の寄与は含まれていない．このシグナル強度を時間に対してプロットすれば，式(2.4.6)から真の T_2 を得ることができる．一定の間隔で周期的に 180° パルスをかけて連続的に正のスピンエコーを測定する T_2 の決定法を Carr–Purcell–Meiboom–Gill(CPMG)法とよび，標準的な方法として用いられている．

2.4.6 ■ 緩和機構と分子運動

緩和の原因は分子内の核スピン間相互作用の揺らぎにある．これについて少し具体的に考えてみよう．核スピン間相互作用にはいくつかあるが，最も重要なものは双極子–双極子相互作用である．空間的に近接して存在する 2 つの核スピン I と S の間には，図 2.4.6 に示すようなそれぞれの核スピン（磁気双極子）がつくる局所磁場を通した相互作用 $\mathcal{H}_{DD}$ が働く．これは式(2.4.7)のように表される．

$$\mathcal{H}_{DD} = \frac{\mu_1 \mu_2}{r^3} - \frac{3(\mu_1 \mathbf{r})(\mu_2 \mathbf{r})}{r^5} \tag{2.4.7}$$

この中には量子論的に異なる特徴をもつ複数のスピン間相互作用が含まれている．緩

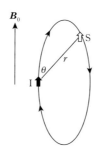

図 2.4.6 核スピン間の双極子-双極子相互作用
核スピン S は I がつくり出す磁場を感じて相互作用する。逆も起こる。

和機構を理解するためにはその特徴に合わせた成分に分解しておくのが便利である。

$$\mathcal{H}_{\mathrm{DD}} = \frac{\mu_1 \mu_2}{r^3}\hbar^2 (\mathrm{A+B+C+D+E+F}) \tag{2.4.8}$$

$$\mathrm{A} = I_z S_z (1 - 3\cos^2\theta) \tag{2.4.9}$$

$$\mathrm{B} = -\frac{1}{4}(I^+ S^- + I^- S^+)(1 - 3\cos^2\theta) \tag{2.4.10}$$

$$\mathrm{C} = -\frac{3}{2}(I^+ S_z + I_z S^+)\sin\theta\cos\theta \cdot \mathrm{e}^{-i\phi} \tag{2.4.11}$$

$$\mathrm{D} = -\frac{3}{2}(I^- S_z + I_z S^-)\sin\theta\cos\theta \cdot \mathrm{e}^{i\phi} \tag{2.4.12}$$

$$\mathrm{E} = -\frac{3}{4} I^+ S^+ \sin^2\theta \cdot \mathrm{e}^{-2i\phi} \tag{2.4.13}$$

$$\mathrm{F} = -\frac{3}{4} I^- S^- \sin^2\theta \cdot \mathrm{e}^{2i\phi} \tag{2.4.14}$$

ここでは，核 I, S のスピン演算子をそれぞれ I と S で表した．ここで，$I^+ = I_x + iI_y$, $I^- = I_x - iI_y$ であり，S についても同じ定義である。

スピン-格子緩和に寄与するのは局所磁場の横成分（xy 成分）であるから，式 (2.4.8) の B から F 項までが緩和の原因となる．溶液中のように分子が速い無秩序回転運動をしていると，分子内の I と S を結ぶ距離は変わらないが，両者を結ぶ方向ベクトルは変化する．その結果，I が S につくる局所磁場の横成分も時間とともに変化する．これが局所磁場を無秩序に振動させる原因となる．これを揺動磁場とよぶ．溶液中の分子の無秩序回転運動を表すのに，しばしば自己相関関数 $C(\tau)$ が

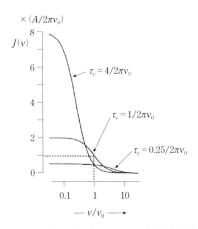

図 2.4.7 スペクトル密度関数 $J(\nu)$（式(2.4.16)）の周波数依存性
［P. J. Hore, *Nuclear Magnetic Resonance*, Oxford University Press（1995）］

用いられる．これはある瞬間の記憶が無秩序運動によってどのように失われていくかを示すもので，次式のように記述される．

$$C(\tau) = A\exp\left(-\frac{\tau}{\tau_c}\right) \tag{2.4.15}$$

ここで，τ_c は回転相関時間とよばれるパラメータで，分子がある 1 つの状態をとる寿命を示す．したがって，τ_c が小さいほど運動は速く，記憶は急速に失われていく．無秩序運動では回転速度が絶えず変化するので，局所磁場の振動にもいろいろな周波数が含まれる．このうち，共鳴周波数（ν_0）と同じ周波数の振動のみがエネルギー準位間の遷移を引き起こすことができ，スピン－格子緩和の原因となる．無秩序回転の中に共鳴周波数の振動がどの程度含まれているのかは，自己相関関数をフーリエ変換することによって知ることができる．

$$\begin{aligned}J(\nu) &= \int C(\tau)\exp(-i2\pi\nu\tau)\mathrm{d}\tau \\ &= \frac{2A\tau_c}{1+4\pi^2\nu^2\tau_c^2}\end{aligned} \tag{2.4.16}$$

$J(\nu)$ は**図 2.4.7** からわかるように，ある τ_c の無秩序回転が含む周波数密度分布を示しており，スペクトル密度関数とよばれる．共鳴周波数の密度は $\tau_c = 1/2\pi\nu_0$ のときに最大となる．したがって，スピン－格子緩和も最も速く，T_1 は最も短くなる．T_1 については揺動磁場の中にある 1 スピン系のみを考えると，

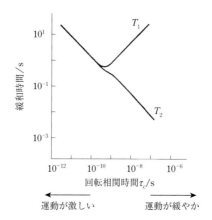

図 2.4.8 回転相間時間(τ_c)と T_1, T_2 の関係
T_2 は τ_c が長くなると単調に減少する. しかし, T_1 は減少した後, τ_c が $1/2\pi\nu_0$ より長くなると増加に転ずる. これは両者の緩和機構の違いを反映する. エネルギー準位間遷移が必要な縦緩和は上記の共鳴条件下で最も効率が良くなる. なお, 図は $\nu_0 = 400$ MHz で計算したものである.
[N. Bloembergen, E. M. Purcell, and R. V. Pound, *Phys. Rev.*, **73**, 679 (1948) を修正]

$$\frac{1}{T_1} = \frac{2\gamma^2 B_{xy}^2 \tau_c}{1 + \omega^2 \tau_c^2} \tag{2.4.17}$$

と表すことができる. ここで, $\omega = 2\pi\nu$ の関係により周波数を角速度で置き換えた. 両者は 1 対 1 の対応にあり, 式が簡潔になるのでこれ以降は ν の代わりに ω を使う. この式の ω は観測に用いられているラジオ波の角速度(周波数)を示す. B_{xy} は局所磁場の xy 成分の平均的強度である. 観測周波数が 400 MHz のときの T_1 と τ_c の関係を**図 2.4.8** に示す. 共鳴周波数に対応する回転相関時間は $\tau_c = 1/2\pi\nu_0$ から, 4×10^{-10} s であり, T_1 はピコ秒程度の運動のモニターとなることがわかる. 運動が非常に速い $\omega^2\tau_c^2 \ll 1$ では T_1 は $1/\tau_c$ に比例し, 運動が非常に遅い $\omega^2\tau_c^2 \gg 1$ では τ_c に比例する V 字型関係を示す. 揺動する双極子—双極子相互作用による緩和を正確に見積もるためには, 式(2.4.8)の B から F 項までを考慮に入れなければならない. 距離 r で相互作用する I と S の核スピン系における I の緩和時間を求めると次のようになる.

$$\frac{1}{T_1} = \frac{2\gamma_I^2 \gamma_S^2 \hbar^2 S(S+1)}{15 r^6} \left\{ \frac{3\tau_c}{1+\omega_I^2 \tau_c^2} + \frac{\tau_c}{1+(\omega_I - \omega_S)^2 \tau_c^2} + \frac{6\tau_c}{1+(\omega_I + \omega_S)^2 \tau_c^2} \right\}$$

$$\tag{2.4.18}$$

スピン–スピン緩和には，前述したように2つの機構がある．1つは T_1 と同じく遷移にともなうもので，寿命に由来する線幅と考えられる．運動が速いときにはこの寄与が大きい．運動が遅くなるともう1つの機構である式(2.4.9)のA項の寄与が大きくなる．すなわち，局所磁場の z 成分の揺動により核スピンの回転速度が乱れてくる．これらの寄与を考慮すると1スピン系における T_2 は，

$$\frac{1}{T_2} = \gamma^2 \left[B_z^2 \tau_c + \frac{B_{xy}^2 \tau_c}{1+\omega^2 \tau_c^2} \right] \tag{2.4.19}$$

と記述できる．ここで，B_z は局所磁場の z 成分の平均的強さである．T_2 と τ_c の関係は T_1 とは異なり（図2.4.8），$\omega^2 \tau_c^2 \ll 1$ でも $\omega^2 \tau_c^2 \gg 1$ でも $1/\tau_c$ に比例する．式(2.4.17)と(2.4.19)から，$\omega^2 \tau_c^2 \ll 1$ となるような速い等方的運動では $B_z = B_{xy}$ となるので，$T_1 = T_2$ となる．2スピン系のIについての T_2 を求めると，

$$\frac{1}{T_2} = \frac{\hbar^2 \gamma_I^2 \gamma_S^2 S(S+1)}{15r^6}$$
$$\times \left\{ 4\tau_c + \frac{3\tau_c}{1+\omega_I^2 \tau_c^2} + \frac{6\tau_c}{1+\omega_S^2 \tau_c^2} + \frac{\tau_c}{1+(\omega_I-\omega_S)^2 \tau_c^2} + \frac{6\tau_c}{1+(\omega_I+\omega_S)^2 \tau_c^2} \right\}$$
$$\tag{2.4.20}$$

となる．固体では分子の運動がほとんどなくなるので，これらの式は成立しなくなる．固体状態では固定格子がつくり出す局所磁場による線幅となり，永年幅とよばれる．これは同種核間では式(2.4.8)のA, B項によるもので，異種核間ではA項の寄与によるものである．B項はいわゆるフリップフロップ項である．同種核間では，双極子相互作用をしている2つのスピンが相互に反転してもエネルギーは変わらないので，容易にフリップフロップ（上向きと下向きの同時遷移）が起きる．これも遷移にともなう位相の乱れを引き起こす．T_2 には分子の無秩序回転運動とはまったく異なるダイナミクスも寄与する．それは化学交換である．異なる化学シフトをもつ状態間で交換が起こっていると，交換速度によりスペクトルの線形が異なってくる．これについては次項で詳しく取り扱う．

緩和の原因は双極子結合以外にもいろいろ存在する．その中で重要なのが，化学シフトの異方性によるものである．化学シフトの異方性は，核を包む電子雲がつくり出す局所磁場には配向角依存性があるために生じる．分子運動による配向角の変化は化学シフト異方性由来の揺動磁場を生む．この緩和機構は，電子数の多い ^{13}C，

^{15}N, ^{31}P などで重要である．周波数で表した化学シフトの大きさは静磁場に比例するので，高磁場になるほど化学シフト異方性の寄与は大きくなる．その他にも，気体で重要なスピン回転緩和，間接的なスピン–スピン結合に基づくスカラー緩和などがある．

スピン量子数 I が 1 以上の核においては，核四極子相相互作用が重要な緩和機構となる．このような核では電荷の分布が球対称ではない．そのため，四極子モーメントをもつ．この四極子モーメントは，核のまわりの電子の分布が核につくる電場勾配と相互作用する．分子が無秩序な運動をしているときには，核スピンは静磁場方向を向いたまま電場勾配が無秩序に変化する．このうち，共鳴周波数で振動するものが遷移を引き起こし，スピン–格子緩和，スピン–スピン緩和の原因となる．したがって，両者の緩和時間は同じである．四極子相互作用は非常に大きな相互作用であるので，$I>1/2$ の核ではこれが主要な緩和機構となる．

2.4.7 ■ 化学交換と緩和分散

前項でスペクトルの線形に影響を与えるものとして化学交換があることを述べた．化学変換とは化学反応上の異なる化学構造，あるいはエネルギー状態が近い異なる立体構造の間の揺らぎのことを指す．いま，最も簡単な例として構造 A と B の間の化学交換

$$A \underset{k_2}{\overset{k_1}{\rightleftharpoons}} B$$

を考えてみよう．A から B，B から A への変換速度定数をそれぞれ k_1, k_2 とする．A, B はそれぞれ固有の共鳴周波数 ν_A, ν_B と横緩和時間 T_2^A, T_2^B をもつ．化学交換をしている横スピン成分の横磁場がない回転座標系での運動は次のような修正ブロッホ方程式で表せる．

$$\frac{dM_x^A}{dt} = -\Delta\omega_A M_y^A - \left(\frac{1}{T_2^A} + k_1\right)M_x^A + k_2 M_x^B \qquad (2.4.21)$$

$$\frac{dM_y^A}{dt} = \Delta\omega_A M_x^A - \left(\frac{1}{T_2^A} + k_1\right)M_y^A + k_2 M_y^B \qquad (2.4.22)$$

$\Delta\omega_A = \omega - \omega_A$ で，ω は測定に用いるラジオ波の周波数に対応する角速度である．A を B に置き換えれば B に関する同じ式が得られる．これらの式を用いるとそれぞれの磁化の運動が化学交換によりどのような影響を受けるかを知ることができ，シグナルの線形の変化を予測できる．**図 2.4.9** に $k_1 = k_2 = k$ で，シグナル強度比 = 1 の

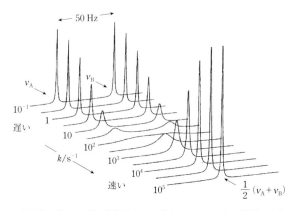

図 2.4.9 交換種 A と B の間の交換速度 k に依存したスペクトル線形の変化
［P. J. Hore, Nuclear Magnetic Resonance, Oxford University Press（1995）］

とき，線形が化学交換速度に依存してどのように変化するかを示す[22]．線形を支配するのは共鳴周波数の差と交換速度の比である．$|\nu_A-\nu_B| \gg k$ であれば 2 本のシグナルは分離して観測されるが，$|\nu_A-\nu_B| \ll k$ ではシグナルは 1 本になって $(\nu_A+\nu_B)/2$ に現れる．この間では，交換速度が速くなっていくと 2 本のシグナルが近づき，線幅は広がっていく．$2\pi|\nu_A-\nu_B|=k$ のあたりで幅広い 1 本のシグナルとなる．さらに交換速度が速くなるとシグナルは先鋭化して，交換のないときの線幅の平均に近づく．このような現象は ν_A を観測周波数とする回転座標系で考えるとわかりやすい．この座標系では核スピン A が静止し，B が回っている．両者のシグナルが区別して観測されるためには核スピン B が安定的に 1 回転以上する必要がある．1 回転しないうちに静止スピン A との間で交換が起こると両者の位相の平均化が起こり，共鳴周波数を区別して観測できなくなる．すなわち，B が 1 回転する時間 $1/|\nu_A-\nu_B|$ と交換種の寿命 $1/k$ の比が線形を支配する．修正ブロッホ方程式からわかるようにシグナルが分離して観測される場合は A の見かけの横緩和速度が $(1/T_2^A+k_1)$ となる．したがって，化学交換が関与するときの実効的横緩和速度 R_2^{eff} は

$$R_2^{\mathrm{eff}} = R_2 + R_{\mathrm{ex}} \tag{2.4.23}$$

と書ける．ここで，R_{ex} は化学交換の寄与である．化学交換の条件を一般化し，シグナル A と B の強度比を $p_A:p_B$（ただし，$p_A+p_B=1$），$k_{\mathrm{ex}}=k_1+k_2$ とすると，交換が遅いときのシグナル A の緩和速度は $R_{\mathrm{ex}}=p_B k_{\mathrm{ex}}$，交換が速いときの緩和速度は $R_{\mathrm{ex}}=p_A p_B (\omega_A-\omega_B)^2/k_{\mathrm{ex}}$ である[11]．図 2.4.9 の共鳴周波数差からわかるように R_{ex} は

サブミリから数十ミリ秒のオーダーの化学交換に鋭敏なパラメータである.

2.4.5 節で述べたように R_2^{eff} は 180°パルスによるスピンエコーを用いた CPMG 法により決定することができる.この際,一般的には 180°パルスの間隔は結果に対して敏感ではないが,化学交換があるとパルス間隔 τ_{CP} への依存性が出てくる.すなわち,τ_{CP} が交換時間に比べて十分短いときには CPMG 観測時間中にスピン種間の交換はほとんどなく,R_{ex} の原因となる位相の平均化はほとんど起こらない.τ_{CP} が交換時間と同程度だと,観測している間に一定の確率でスピン種間の交換が起こり,他のスピン種の位相が持ち込まれるため,位相の平均化が部分的に起こる.したがって,観測される R_{ex} は τ_{CP} に依存して変化する.τ_{CP} が交換時間に比べて十分長いときには k_{ex} で決まる本来の R_{ex} が観測される.R_{ex} の $1/\tau_{\text{CP}}$ 依存性を示す曲線を緩和分散(relaxation dispersion)とよび,化学交換の解析に用いられる.すでに見たように,R_{ex} はシグナル強度比$(p_{\text{A}}, p_{\text{B}})$,化学シフト差$(2\pi|\nu_{\text{A}}-\nu_{\text{B}}|)$,交換速度$(k_1, k_2)$ の関数であり,R_{ex} の解析からこれらの化学交換情報が得られるはずである.しかし,観測値 1 つに対してパラメータが多すぎる.スペクトル線形解析は観測値を増やす 1 つの方法であるが,強度比が異なるときには信頼性が低い.一方,緩和分散を利用し,解析的に求められた式を緩和分散の測定曲線にフィットすることにより上記のすべてのパラメータを決定する方法もある.磁場強度を変えた測定データを加えるとさらに信頼性が上がる[11].この方法は強度比が例えば 9:1 のように偏って,片方のシグナルが事実上見えなくても解析可能なのが特徴である.したがって,NMR 以外の方法では解析不可能な微量中間体などの強力な解析手法となっている.化学シフトからは中間体の構造に関する情報も得られる.この解析では測定に適したように修正された CPMG パルス系列が使われる.

化学交換の速さがミリ秒より遅く,縦緩和速度より速いときには,縦磁化の時間依存性として化学交換を観測できる.例えば,片方の核スピンの縦磁化を 90°パルスで消去してもう一方の核スピンの縦磁化強度を時間の関数として観測する.これは,飽和移動とよばれる.これを,系統的に行う実験法が 2 次元(ZZ)交換 NMR である.縦緩和速度より遅い化学交換の場合には,純粋に A だけの状態から出発し,A と B のシグナル強度の時間変化を調べて交換速度を決定できる.タンパク質のアミド基における低温での $^1\text{H}/^2\text{H}$ 交換はしばしばこの時間領域に入る.

2.4.8 ■ 交差緩和と核オーバーハウザー効果(NOE)

2 種類の核スピンが離れて存在し,相互に関係していない場合,それぞれの核ス

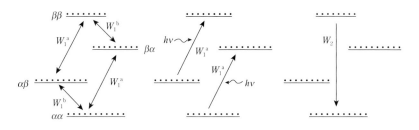

図 2.4.10　核オーバーハウザー効果のしくみ($\gamma > 0$)
α, β はそれぞれ I_z の固有値 1/2 および $-1/2$ を与えるスピン波動関数で，例えば，$\alpha\beta$ では左(α)が a, 右(β)が b の波動関数である．W_2 は二量子遷移確率，エネルギー準位上の点はその準位の仮想的占有数(n)を示す．W_1^a は a の遷移確率，W_2 は二量子遷移確率，Δn_b は α と β の準位にある b の占有数の差で，シグナル強度はこれが大きいほど強くなる．

ピン系の緩和は独立に進む．しかし，空間的に近く，双極子-双極子相互作用で結合している場合は，式(2.4.8)からわかるように緩和は独立に進まなくなる．いま，a, b という 2 つの核スピンを考えると，この核スピン系のエネルギー準位は**図 2.4.10** のように表される．熱平衡状態では占有数はボルツマン分布している(左，図中の分布は仮想モデル)が，シグナル a を照射して飽和させると遷移が起こったエネルギー準位の占有数が等しくなる(中央)．ここでは a のスピン系だけがボルツマン分布から外れている．照射をやめれば，系は遷移確率 W_1^a で緩和していく．これはすでに議論した緩和経路である．双極子-双極子相互作用がある場合の特徴は，通常禁制である W_0, W_2 による緩和も起こることである．これは式(2.4.8)の B, E, F 項によるもので，これらは($I^+S^- + I^-S^+$)のようなゼロ量子演算子や，I^+S^+, I^-S^- のような 2 量子演算子を含む．この 2 つの緩和を交差緩和(cross relaxation)とよぶ．どちらの交差緩和の寄与が大きいかは分子の運動の速さで決まる．前者のゼロ量子遷移 W_0 はエネルギー差が小さく，遅い分子運動がこの緩和に効く．後者の 2 量子遷移 W_2 にはより大きなエネルギーが必要であり，分子の速い回転運動が大きな振動数の $h\nu$ を生じるためより有効である(図 2.4.10 右)．W_2 の寄与が W_0 よりも大きいときは b のスピン系の分極(Δn_b)は熱平衡状態よりも大きくなる(図 2.4.10；熱平衡状態では $\Delta n_b = 1$ であったものがシグナル a の照射後は W_2 の緩和により 2 に拡大している)．したがって，観測される b のシグナル強度が増強される．このように双極子結合に基づく交差緩和によりシグナル強度が変化する現象を核オー

バーハウザー効果(nuclear Overhauser effect, NOE)とよぶ．もともとはOverhauserによってESRに対して予言されたものである．一般にはNOEにより変化した強度 η_b は，

$$\eta_b = S\frac{\gamma_a(W_2-W_0)}{\gamma_b(W_2+2W_1^b+W_0)} \tag{2.4.24}$$

と表される．Sは照射による飽和度，γ は磁気回転比である．溶液中の低分子を想定して，回転運動が速い $\omega^2\tau_c^2 \ll 1$ のときの W_0, W_1^b, W_2 を求めて上の式に代入すると，

$$\eta_b = \frac{S\gamma_a}{2\gamma_b} \tag{2.4.25}$$

となる．したがって，γ_a/γ_b が正である場合にシグナル強度が増大することがわかる．分子が大きくなって回転運動が遅くなると大きな振動数の振動磁場の寄与が減少し，$W_0 > W_2$ となる．この場合，式(2.4.24)からわかるように，NOEの符号は負になり，シグナル強度は減少する．同種核間(例えばプロトン間)のNOEを考えると，

$$W_2 - W_0 = \left(\frac{\gamma^4\hbar^2\tau_c}{r^6}\right)\left\{\frac{3}{5(1+4\omega_0^2\tau_c^2)} - \frac{1}{10}\right\} \tag{2.4.26}$$

となり，$\tau_c = 1.12/\omega_0 = 1.12/\gamma B_0$ の前後で符号が変わることがわかる．このように，NOEの大きさは分子の回転運動および静磁場の強度と密接に関係する．

式(2.4.26)からわかるように，NOEは核間距離 r の関数であるので，NOEの大きさから核間距離を決定することができる．核間距離は現在，NMRによる分子構造精密決定の重要な情報源となっている．ただし，分子の回転運動速度が中間的なとき(NOEの符号が反転するあたり)は見かけ上NOEが消えてしまう．NOEが観測されない場合は回転座標系におけるNOE(rotating-frame Overhauser effect, ROE)を測定すれば距離と回転速度のどちらが原因であるかを判断できる．

2.4.9 ■ J 結合(スピン-スピン結合)にともなう交差相関—TROSYの基礎

核緩和に異なる機構が働いている場合，これらの間での交差相関が起こる．通常はあまり気が付かないが，静磁場が大きくなるなどの一定の条件下ではその影響が明確に見られるようになる．特に，磁気回転比の大きいプロトンと化学シフトの異方性が大きい核(^{13}C, ^{15}N, ^{31}P など)が直接化学結合していると，双極子-双極子相互作用と化学シフト異方性の間の交差相関が J 結合で分裂した2本のシグナルに影響を与える．^{1}H–^{15}N の ^{1}H シグナルに見られる顕著な例を**図 2.4.11** に示す[23]．

いま，スピン量子数 1/2 の I(例えば ^{1}H)と S(例えば ^{15}N)の2スピン系につい考

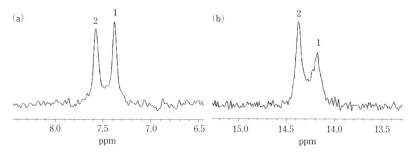

図 2.4.11 シトクロム c_3 のヘム配位イミダゾールにおける $^{15}\text{N}-^{1}\text{H}$ 基の ^{1}H NMR スペクトル
(a)還元型.(b)酸化型.核緩和の交差相関により,J 分裂した 2 本のシグナルの線幅が異なる.還元型はペプチドのアミドプロトンと同じ傾向を示す(2 の線幅が広い)が,酸化型では線幅の違いが逆転している.測定は 500 MHz.
[T. Ohmura *et al.*, *J. Magn. Reson*, **131**, 367 (1998)]

えてみよう.I スピンに注目するとその相互作用ハミルトニアンは回転座標系において

$$\mathcal{H}_1 = \mathcal{H}_J + \mathcal{H}_D + \mathcal{H}_{CSA} \tag{2.4.27}$$

となる.ここで,第 1〜3 項はそれぞれ,J 結合,双極子-双極子相互作用,化学シフト異方性相互作用に基づくものである.緩和速度を求める過程でこれらの項の積が入ってくる.比較的簡単な式を与える横磁化 I^+ の緩和について見てみると,

$$\frac{d\langle I^{+(1)} \rangle}{dt} = \frac{-iJ\langle I^{+(1)} \rangle}{2} - (\lambda + \eta)\langle I^{+(1)} \rangle - \langle \mu I^{+(2)} \rangle \tag{2.4.28}$$

$$\frac{d\langle I^{+(2)} \rangle}{dt} = \frac{iJ\langle I^{+(2)} \rangle}{2} - (\lambda - \eta)\langle I^{+(2)} \rangle - \langle \mu I^{+(1)} \rangle \tag{2.4.29}$$

となる[24].ここで,$I^{+(1)}$ は $S_z = 1/2$ と結合した I の横磁化であり,$I^{+(2)}$ は $S_z = -1/2$ と結合したものである.また,λ, η, μ は,

$$\lambda = D\tau_c \left\{ 4(1+\alpha^2) + \frac{3(1+\alpha^2)}{1+\omega_I^2 \tau_c^2} + \frac{1}{1+(\omega_I-\omega_S)^2 \tau_c^2} \right. \\ \left. + \frac{3}{1+\omega_S^2 \tau_c^2} + \frac{6}{1+(\omega_I+\omega_S)^2 \tau_c^2} \right\} \tag{2.4.30}$$

$$\eta = 2\alpha D\tau_c \left(4 + \frac{3}{1+\omega_I^2 \tau_c^2} \right) \tag{2.4.31}$$

$$\mu = D\tau_c \left(\frac{3}{1+\omega_S^2 \tau_c^2} \right) \qquad (2.4.32)$$

と表される．ここで，

$$\alpha = \frac{2B_0(\sigma_{/\!/}-\sigma_\perp)r^3}{3\gamma_S \hbar} \qquad (2.4.33)$$

$$D = \frac{\gamma_I^2 \gamma_S^2 \hbar^2}{20 r^6} \qquad (2.4.34)$$

である．D は双極子－双極子相互作用を，α は化学シフト異方性の寄与を示す項であり，軸対称性を仮定している．μ は NOE で出てきた交差緩和の項であるが，分裂 J に比べて線幅が十分小さいときの影響は小さい．そのため，これを無視すると，式 (2.4.28)，(2.4.29) の右側の第 1 項は I^+ の回転速度 ω を与え，第 2 項は緩和速度を与える．したがって，J で分裂した 2 本のシグナルの横緩和速度はそれぞれ，

$$R_2^{(1)} = \frac{1}{T_2^{(1)}} = \lambda + \eta \qquad (2.4.35)$$

$$R_2^{(2)} = \frac{1}{T_2^{(2)}} = \lambda - \eta \qquad (2.4.36)$$

となる．これは 2 本のシグナルの横緩和速度が 2η だけ異なっており，線幅も広いものと狭いものからなることを示している（図 2.4.11）．磁場が低いときは η が小さいのであまり問題にならなかったが，磁場が高くなると化学シフト異方性の寄与が大きくなり，η が大きくなるので，線幅の違いが明瞭に観測されるようになる．似たような式が縦緩和速度についても得られる．

　この線幅の違いを利用して 2 次元 TROSY（transverse relaxation optimized spectroscopy）が開発された[25]．デカップリングなしの 2 次元相関スペクトルでは 1 組の ^{1}H–^{15}N について 4 本の交差ピークが観測される．この場合，2 組の異なる線幅が掛け合わされるので，非常に鋭いピークが 1 本，非常に幅の広いピークが 1 本，中間的なものが 2 本観測される．この最も鋭いピークのみを取り出したものが 2 次元 TROSY スペクトルである．デカップリングしたシグナルでは狭い線幅と広い線幅が平均化されているので，TROSY スペクトルの方が線幅は狭く，より高い分解能を与える．これにより溶液 NMR によって構造解析できる分子量は，約 3 万から約 8 万へと飛躍的に大きくなった．

2.5 ■ 多次元 NMR の基礎

NMR が実際に試料の分析・研究に用いられる際には，多くの場合，多次元 NMR の技術が適用される．この節ではまず 2 次元 NMR について原理を平易に説明し，その後で具体例として NOE を測定する NOESY(NOE correlated spectroscopy)を取り上げる．次に 2 次元 NMR の拡張として，3 次元，4 次元 NMR の原理を説明する．最後に直積演算子を取り上げ，その基本について説明し，この手法を同種核相関法 COSY を理解するのに適用する．

2.5.1 ■ 2 次元 NMR 測定

A. 2 次元 NMR パルス系列の一般形とデータ取り込みのスキーム

2 次元 NMR における代表的な測定法である COSY と NOESY のパルス系列を図 2.5.1(a)，(b)に，2 次元 NMR パルス系列の一般形を図 2.5.1(c)に示した．一般形における準備期および混合期に 90°パルスを配置したものが COSY(correlated spectroscopy)であり，準備期に 90°パルス，混合期に 90°パルス―混合時間―90°パルスを配置したものが NOESY である．

2 次元 NMR において取り込み期に行われることは，1 次元 NMR における FID

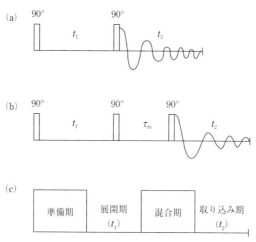

図 2.5.1　2 次元 NMR におけるパルス系列の例
　　　　　(a)COSY，(b)NOESY(τ_m は混合時間)，(c)一般形．

の取り込みとまったく同じである．一方，展開期には，特に何かするわけではない．展開期の長さは，まず短い値 t_1^0（例えば 3 μs）に固定される．この状態でしかるべき回数（例えば 128 回）測定を繰り返し，取り込んだ FID はすべて加算した後，保存しておく．次に，展開期をある長さ Δt_1（例えば 60 μs）だけ伸ばす（展開期の長さは 3 + 60 = 63 μs となる）．この状態で再び同じ回数（128 回）の測定を行い，FID の加算・保存を行う．次にまた展開期の長さを同じだけ伸ばして（3 + 60 + 60 = 123 μs）測定し，FID の加算・保存を行う．以降，この操作をしかるべき回数（例えば合計 512 回）行う．以上の様子を**図 2.5.2**(a)に示した．なお簡単のため，展開期の長さに関しては，512 回分ではなく，はじめの 5 回分のみを示してある．

この例では，展開期の長さは最終的には 3 + (60 × 511) = 30663 μs = 30.663 ms となる．また，FID の取り込みは，合計 128 × 512 = 65536 回行われる．1 つの FID を取り込むのに，次の FID を取り込むまでの待ち時間も含めて 1 秒かかるとすると，この 2 次元 NMR スペクトルの測定には (65536 × 1)/3600 ≒ 18.2 時間かかることになる．

B．2 次元スペクトル中にピークが生じるメカニズム

仮に，溶液中にオフセット角周波数 Ω_A（照射電磁波の周波数との差；$\Omega = 2\pi F$ の関係よりオフセット周波数は $\Omega_A/2\pi$）のスピンのみが存在するとする．各 FID を，通常の 1 次元 NMR と同様に t_2 方向にフーリエ変換すると，図 2.5.2(c) に示した一群のスペクトルが得られる．実際の測定においては，t_1 の値を Δt_1 ずつ細かく増加させているので，本当は $t_1 = 0$ のスペクトルと $t_1 = \pi/(2\Omega_A)$ のスペクトルの間にも多数のスペクトルが存在する．図 2.5.2(c) ではこれらを省略し，t_1 の値が区切りのよいものについてのみスペクトルを示してある．一群のスペクトルはすべて $F_2 = \Omega_A/2\pi$ の位置に共鳴線を与える．さまざまな t_1 の値における磁化ベクトルの動きを図 2.5.2(b) に示した．図 2.5.2(b) を見れば図 2.5.2(c) の一群のスペクトルが得られる理由が納得できる．

得られたスペクトル群を t_1 方向に順に追っていくと，共鳴線の強度が周期的に変動しているのがわかる．1 番目のスペクトル（図 2.5.2(c) の最下段のスペクトル）においては，共鳴線の強度はほぼゼロである．共鳴線の強度は 2 番目，3 番目と増大し，その後減少に転じる．7 番目で強度は負の最大値に達し，その後は増加に転じ，9 番目で再びゼロになる．以下これを繰り返す．この強度の変動周期 T は，図からわかるように $2\pi/\Omega_A$ であり，よって強度の変動周波数 F は $F = 1/T = \Omega_A/2\pi$ となる（なお，角周波数にすれば $\Omega = 2\pi F = 2\pi \times \Omega_A/2\pi = \Omega_A$ となる）．したがって，

(a)

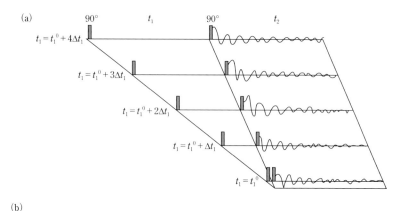

(b)

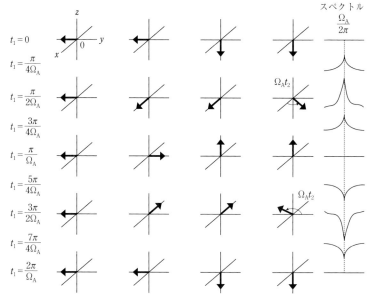

図 2.5.2 (a) 2 次元 NMR におけるデータ取り込みのスキーム．(b) さまざまな t_1 の値における回転座標系での磁化ベクトルの動きとフーリエ変換後のスペクトル．(なお，座標系においては，z 軸方向を向いた磁化ベクトルに x 軸方向から 90° パルスを作用させると，$+y$ 軸方向ではなく，$-y$ 軸方向に倒れる)．

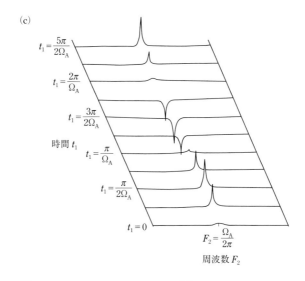

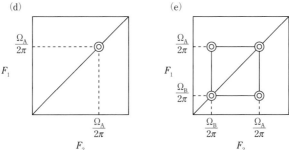

図 2.5.2 (つづき)(c)2次元 NMR データを t_2 方向にフーリエ変換したとき得られる一群のスペクトル.共鳴線を t_1 方向に追っていくと,強度が周期的に変動しているのがわかる.(d)2次元スペクトルにおける対角ピーク.(e)2次元スペクトルにおける対角ピークと交差ピーク.

図 2.5.2(c)の一群のスペクトルを t_1 方向にフーリエ変換すると,図 2.5.2(d)のように,F_1 軸と F_2 軸に関してともに $\Omega_A/2\pi$ の位置にピークを与えることとなる.これが 2 次元 NMR スペクトル中にピークが現れる仕組みである.

C. 交差ピークが生じるメカニズム

先の例では $(F_1, F_2) = (\Omega_A/2\pi, \Omega_A/2\pi)$ の位置にピークが生じたが,これは対角ピーク(ダイアゴナルピーク)とよばれる.溶液中にオフセット角周波数 Ω_B のスピンも混在している場合には,$(\Omega_B/2\pi, \Omega_B/2\pi)$ の位置にも対角ピークが生じる.さらに $(\Omega_A/2\pi, \Omega_B/\pi)$ と $(\Omega_B/2\pi, \Omega_A/2\pi)$ の位置にもピークが生じる(図 2.5.2(e)).後者 2

つは，交差ピーク(クロスピーク)とよばれる．2次元NMRを用いた解析において有用な情報を与えてくれるのは，この交差ピークである．交差ピークは，混合期において，角周波数Ω_AのスピンからΩ_Bのスピンへ磁化の移動が起こることによって生じる．どのような種類の磁化の移動(スピン－スピン結合や双極子－双極子相互作用を介した磁化の移動などがある)が生じるのかは，混合期にどのようなことがなされたかで決まる．$(F_1, F_2) = (\Omega_A/2\pi, \Omega_B/2\pi)$の交差ピークは，展開期($t_1$)に角速度$\Omega_A$で$z$軸のまわりを歳差運動をしていたあるスピンから，別のスピンが磁化の移動を受け，磁化を受け取ったスピン自身は取り込み期(t_2)に角速度Ω_Bでz軸のまわりを歳差運動することで生じる．磁化の渡し手がt_1期にΩ_Aで歳差運動をしていたということが，磁化の受け手の方にもしっかりと記憶されているのである．t_2方向にフーリエ変換しただけでは，この記憶はよみがえってこない．しかし，t_1方向にフーリエ変換した瞬間にこの記憶がよみがえり，$F_1 = \Omega_A/2\pi$の位置にピークが生じるのである．図2.5.2(b)からわかるように，t_1期におけるスピンのふるまいは，t_2期におけるFIDの強度(あるいはt_2方向にフーリエ変換したときの共鳴線の強度)として記憶されている(このことを強度変調という)．FIDあるいは共鳴線の強度をt_1方向に見たとき，どのような周期で変化していくのかが，t_1期におけるスピンのふるまいを表す．

D. NOESYスペクトル

ここではNOESYのパルス(図2.5.1(b))を取り上げ，交差ピークが生じる様子を具体的に説明する．ここでは，オフセット角速度Ω_A, Ω_Bの2種類のスピンA, Bが溶液中に存在する場合を考える．核スピンの磁化ベクトルを$\boldsymbol{M}_A, \boldsymbol{M}_B$とし，熱平衡状態における大きさをともに$M_0$とする．また3つの90°パルスはすべて$x$軸方向から作用させるとする．1つ目の90°パルスにより，$\boldsymbol{M}_A$と$\boldsymbol{M}_B$はともに$-y$軸方向に倒れる(**図2.5.3**(a))．展開期(t_1)において，$\boldsymbol{M}_A$と$\boldsymbol{M}_B$は各々のオフセット角速度に応じて，xy平面上を回転する(図2.5.3(b))．展開期終了時までに回転する角度は，各々$\Omega_A t_1$(ラジアン)と$\Omega_B t_1$である．なお簡単のため，横緩和については考えない．2つ目の90°パルスにより$\boldsymbol{M}_A$と$\boldsymbol{M}_B$はxz平面に移動し，

$$\boldsymbol{M}_A = (M_{Ax}, M_{Ay}, M_{Az}) = (M_0 \sin\Omega_A t_1, 0, -M_0 \cos\Omega_A t_1) \qquad (2.5.1)$$

$$\boldsymbol{M}_B = (M_{Bx}, M_{By}, M_{Bz}) = (M_0 \sin\Omega_B t_1, 0, -M_0 \cos\Omega_B t_1) \qquad (2.5.2)$$

となる(図2.5.3(c))．通常ここでグラジエントパルスを作用させ，$\boldsymbol{M}_A$および$\boldsymbol{M}_B$

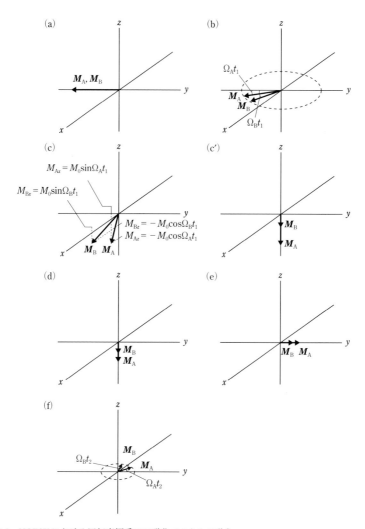

図 2.5.3 NOESY における回転座標系での磁化ベクトルの動き
(a) 1 つ目の x 方向の 90° パルス後.(b) 展開時間 (t_1) 後.(c) 2 つ目の x 方向の 90° パルス後.(c′) グラジエントパルスにより,磁化の x(および y)成分を消した後.(d) ミキシングタイム τ_m 後.(e) 3 つ目の x 方向の 90° パルス後.(f) 取り込み期 (t_2) 後.

の x 成分(およびパルスの不完全性に由来して生じる y 成分)を除去する.したがって以下では,$(0, 0, M_\mathrm{Az})$ と $(0, 0, M_\mathrm{Bz})$ を磁化ベクトル $\boldsymbol{M}_\mathrm{A}$ および $\boldsymbol{M}_\mathrm{B}$ とみなすことにする(図 2.5.3(c′)).

さて，図2.5.3(c′)において，磁化ベクトルM_AとM_Bは非平衡状態におかれている．したがってミキシングタイムτ_mの間に，交差緩和(AスピンとBスピンを同時に反転させるような緩和のことで，$\alpha\alpha \leftrightarrow \beta\beta$と$\alpha\beta \leftrightarrow \beta\alpha$の2つがある，2.4.8節)によって互いの磁化の交換を行い，熱平衡状態に戻ろうとする(図2.5.3(d)．なおエネルギーを外界に放出することで熱平衡状態に戻ろうとする過程も同時に進行する)．M_Aはτ_mの間に，M_Bから磁化を取り込むが，取り込み量はM_Bの大きさ(より正確にはM_Bと熱平衡磁化の差の大きさ)に依存する．ミキシングタイムのはじめにおけるM_Bの大きさは$-M_0\cos\Omega_B t_1$なので，M_AがM_Bから取り込む磁化の量は，M_Bのオフセット角速度Ω_Bとt_1に依存する．同様に，M_BがM_Aから取り込む磁化の量は，M_Aのオフセット角速度Ω_Aとt_1に依存する($\cos\Omega_A t_1$という依存性)．3つ目の90°パルスでM_AとM_Bはy軸方向に向けられ(図2.5.3(e))，取り込み期(t_2)には各々のオフセット角速度に応じてxy平面上を回転し(図2.5.3(f))，これがFIDとして観測される．

磁化ベクトルM_Aは，t_2期には角速度Ω_Aでz軸のまわりを歳差運動する．しかし同時にM_Aは，ミキシングタイムτ_mの間にM_Bから磁化を取り込んだことを，M_A自身の強度という形で記憶している．なぜならM_Aの強度は，τ_mの間にM_Bからどれだけ磁化を取り込んだかによって決まるが，先述のように取り込み量は，M_Bのオフセット角速度Ω_Bとt_1に依存しているからである($\cos\Omega_B t_1$という依存性)．取り込んだ一群のFIDをt_2方向にフーリエ変換すると，F_2軸において$\Omega_A/2\pi$の位置にピークをもつ一群のスペクトルが得られる．次にこれをt_1方向にフーリエ変換すると，F_1軸において$\Omega_B/2\pi$の位置にピークが生じることになる．これがNOESYにおいて，$(F_1, F_2) = (\Omega_B/2\pi, \Omega_A/2\pi)$の位置に交差ピークが生じる理由である．同様にして，$(F_1, F_2) = (\Omega_A/2\pi, \Omega_B/2\pi)$の位置にも交差ピークが生じる．

ミキシングタイムにおける磁化の交換は，交差緩和によるが，交差緩和の速度σ($\alpha\alpha \leftrightarrow \beta\beta$の遷移確率を$W_2$，$\alpha\beta \leftrightarrow \beta\alpha$の遷移確率を$W_0$とすると，$\sigma = W_2 - W_0$で表される)は，スピン間の距離の6乗に反比例する．よってスピン間の距離が近いほど，磁化の交換が多く生じ，結果的に大きな交差ピークが生じる．またNOESYから磁化の交換量に関する情報が得られれば，これより逆にスピン間の距離を求めることもできる．

なお，ミキシングタイムτ_mにおける磁化の交換が，交差緩和ではなく化学交換(コンホメーション交換も含む)によってなされることがある．この場合にはNOESYにおいて，化学交換しているスピン間にも交差ピークが生じる．

2.5.2 ■ 3次元，4次元 NMR

A. 2次元 NMR パルスの連結による3次元，4次元 NMR パルスの作成

3次元 NMR パルスは，2つの2次元 NMR パルスを連結することにより作成される．連結は，1つ目の2次元パルスの混合期を，2つ目の2次元パルスの準備期に重ね合わせることによりなされる（図 2.5.4(a)）．具体的に2次元 NOESY と異種核相関法である2次元 HSQC から3次元 NOESY-HSQC を作成する例を，図 2.5.4

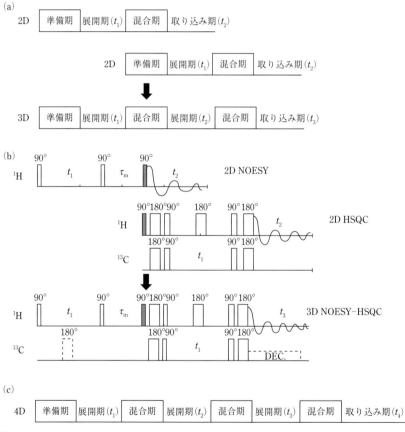

図 2.5.4 (a) 2つの2次元(2D)パルスの連結による3次元(3D)パルスの作成．(b) 2次元 NOESY と2次元 HSQC の連結による3次元 NOESY-HSQC の作成．グレーの 90°パルスを「のりしろ」にして連結されている（実際には ^{13}C をデカップリングするために，破線のパルスが加えられる）．(c) 4次元パルスの一般形．

(b)に示した．グレーの90°パルスを「のりしろ」にして，2つの2次元パルスを連結すればよい．3次元 NMR パルスには，t_1, t_2 および取り込み期 (t_3) の合計 3 つの時間軸がある．t_1 および t_2 を各々独立に少しずつ増加させていき，各 (t_1, t_2) の組ごとに FID を記録していく．同様にして 4 次元 NMR パルスも作成され，こちらは t_1, t_2, t_3 および取り込み期 (t_4) の合計 4 つの時間軸を有する．FID は各 (t_1, t_2, t_3) の組ごとに記録していく．

B．3 次元，4 次元 NMR スペクトルによる分解能の向上

3 次元 NMR スペクトルは，2 次元 NMR スペクトルの集まりとして表現できる（図 2.5.5(b)）．(F_1, F_3) の 2 次元スペクトルが，第 3 の軸 F_2 方向に連なっている．^{13}C/^{15}N 標識されたタンパク質を例にとると，2 次元 NOESY スペクトルには (F_1, F_2) = (H$^\alpha$/H$^\beta$/H$^\gamma$/H$^\delta$, H^N) にピークが生じるが，一部でピークのオーバーラップが生じる（図 2.5.5(a) のピーク①と②）．一方 3 次元 ^{15}N NOESY–HSQC では (F_1, F_2,

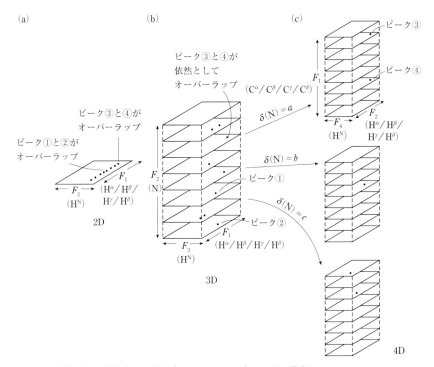

図 2.5.5 (a) 2 次元，(b) 3 次元，(c) 4 次元スペクトルの相互関係の模式図
2 次元スペクトルにおいてオーバーラップしていたピークが，多次元化により分解能が向上するために分解されていく様子を示している．

F_3) = ($H^\alpha/H^\beta/H^\gamma/H^\delta$, N, H^N)にピークが生じ，ピーク①と②は，$H^\alpha/H^\beta/H^\gamma/H^\delta$ と H^N に関しては同じ化学シフト値を有するが，N に関しては化学シフト値が異なるため，異なる2次元スライス面に出現し，オーバーラップは解消される（図2.5.5 (b)）．このように3次元 NMR スペクトルにすることで，分解能が向上する．

ところで，2次元 NOESY スペクトルにおいては，(F_1, F_2) = (H_A^N, H_B^N)にピークがあれば，対角線をはさんで対称な位置の(F_1, F_2) = (H_B^N, H_A^N)にもピークが存在する．しかし3次元 NOESY-HSQC スペクトルでは，このような対称なピークを単一の2次元スライス面上に見つけることはできない．(F_1, F_3) = (H_A^N, H_B^N)のピークは，アミド水素 H_B^N が直接結合しているアミド窒素 N_B の化学シフト値に対応したスライス面上に現れ，一方(F_1, F_3) = (H_B^N, H_A^N)のピークは，N_A の化学シフト値に対応したスライス面上に現れる．つまり2つのピークは異なる2次元スライス面上に現れる．アスパラギンやグルタミンの側鎖にある NH_2 基のように，1つの窒素に2つの水素が結合している場合に限り，対称なピークが同一の2次元スライス面上に現われる．

4次元 NMR スペクトルは，3次元 NMR スペクトルの集まりとして表現できる（図2.5.5(c)）．4次元，$^{13}C/^{15}N$ HMQC(heteronuclear multiple quantum coherence)-NOESY-HMQC では，(F_1, F_2, F_3, F_4) = ($C^\alpha/C^\beta/C^\gamma/C^\delta$, $H^\alpha/H^\beta/H^\gamma/H^\delta$, N, H^N)にピークが生じる．ピーク③と④は，$H^\alpha/H^\beta/H^\gamma/H^\delta$，N および H^N に関して同じ化学シフト値を有するため，3次元スペクトルでもオーバーラップしているが（図2.5.5(b)），$C^\alpha/C^\beta/C^\gamma/C^\delta$ に関しては化学シフト値が異なるため，4次元スペクトルでは異なるスライス面上に出現し，オーバーラップは解消される．このように4次元 NMR にすることで，分解能はさらに向上する．

2.5.3 ■ 直積演算子の基礎とその利用法

多次元 NMR においてパルス系列が複雑になってくると，2.5.1項で述べた磁化ベクトルを用いた記述法では，扱いが煩雑であったり不正確であったりするために限界が生じる．直積演算子（product operator）を用いると，どんなに複雑なパルス系列であっても，簡便でしかも正確にスピンの様子を記述することができる．ここでは直積演算子の基礎について簡単に説明した後，これを用いて多次元 NMR 法を理解する方法について具体例をあげて説明する．

A. 直積演算子とそのスペクトルとの対応

I というスピンが1つだけ存在するとき，このスピンの状態は I_x, I_y, I_z および E

という4つの演算子（operator）で表現できる．I_x, I_y, I_z を，磁化ベクトルの x, y, z 成分に対応するものだと考えれば，それほど違和感なく受け入れられるだろう（E は単位行列に相当する演算子で，おまけ程度に考えてもらえばよい）．S というスピンのみが存在するときも，同様に S_x, S_y, S_z および E という演算子によりその状態を記述できる．次に I と S という2つのスピンが存在するときには，各スピンの状態を表す演算子をかけ算してできる $4\times 4 = 16$ 通りの演算子によって，その状態を記述できる．すなわち，I_xS_x, I_xS_y, I_xS_z, $I_xE = I_x$, I_yS_x, I_yS_y, I_yS_z, $I_yE = I_y$, I_zS_x, I_zS_y, I_zS_z, $I_zE = I_z$, $ES_x = S_x$, $ES_y = S_y$, $ES_z = S_z$, $EE = E$ の16通りの演算子によって記述できる．

これらの演算子とスペクトルの対応を**図 2.5.6** に示した．ただし，磁化の動きは x 軸方向から検知したとする．I_x に対応するスペクトルは，$F = \Omega_I/2\pi$ を中心に J_{IS} だけ分裂した同位相吸収型の2本の共鳴線である．I_y に対応するスペクトルは，I_x のときと同様に $F = \Omega_I/2\pi$ を中心に J_{IS} だけ分裂した2本の共鳴線であるが，x 軸とは90°ずれた y 方向を向いている（位相が90°ずれている）ことを反映して，分散型の共鳴線となる（ただし2本の共鳴線同士は同位相であり，同位相分散型の共鳴線となる）．I_xS_z に対応するスペクトルは，正負2つの吸収型の共鳴線となる（反位相吸収型）．最後に，I_yS_z に対応するスペクトルは，反位相分散型となる．同様に I_zS_y に対応するスペクトルは，$F = \Omega_S/2\pi$ を中心に J_{IS} だけ分裂した反位相分散型の共鳴線となる．

演算子とスペクトルの対応関係をまとめると，まず共鳴線の中心位置は，x ないしは y の添え字がついているのが I ならば $\Omega_I/2\pi$，S ならば $\Omega_S/2\pi$ となる．次に添え字が x なら吸収型，y ならば分散型となる．また S_z や I_z がついていなければ同位相型，これらがついていれば反位相型となる．なお，スペクトルが吸収型なのか分散型なのかは，絶対的ではなく，相対的なものである．例えばフーリエ変換して得られたスペクトルに対し，0次の位相補正を90°行えば，元来吸収型のものが分散型に変換され，同時に，元来分散型のものが吸収型に変換される．

B. 90°および180°パルス，化学シフトおよびスピン－スピン結合による直積演算子の変換

NMRパルス系列中におけるスピンの状態を，直積演算子によって理解するには，90°および180°パルス，化学シフトおよびスピン－スピン結合の影響によって，直積演算子がどのように変換されるのかを知っていればよい．

90°パルスや180°パルスの及ぼす影響については，通常の磁化ベクトルと同じ要領で考えればよい．例えば I_z は，x 軸方向からの90°パルスによって $-I_y$ に変換さ

2.5 多次元NMRの基礎

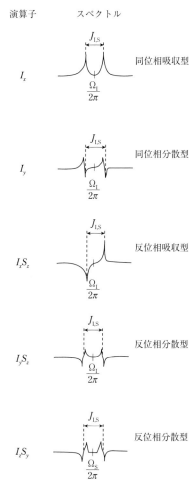

図 2.5.6 直積演算子とスペクトルの対応

れる.またIとSがともに ^{1}H スピンならば,y 軸方向から ^{1}H に 90°パルスをかけた場合,I_zS_z は $-I_zS_x$ となる.一方,I が ^{1}H スピンで S が ^{13}C スピンならば,y 軸方向から ^{13}C に 90°パルスをかけた場合,I_x は何の影響も受けないので I_xS_z は I_xS_x となる.

展開期(t_1)や取り込み期(t_2)に,直積演算子は,化学シフトとスピン-スピン結合の両方の影響下にある.化学シフトの影響が時間 t の間及んだとき,直積演算子は以下のように変換される.

$$I_x \to I_x \cos \Omega_1 t + I_y \sin \Omega_1 t \tag{2.5.3}$$

$$I_y \to I_y \cos \Omega_1 t - I_x \sin \Omega_1 t \tag{2.5.4}$$

$$I_z \to I_z \tag{2.5.5}$$

この変換の導出は成書に譲るが[26,27],例えば式(2.5.3)は,x軸上にあった磁化ベクトルが,化学シフトの効果により時間 t の間 xy 平面上で反時計回りに歳差運動したときのことを思い浮かべれば,無理なく受け入れられるであろう.

一方,スピン-スピン結合が時間 t の間影響を及ぼしたとき,直積演算子は以下のように変換される.

$$I_x \to I_x \cos \pi J_{IS} t + 2 I_y S_z \sin \pi J_{IS} t \tag{2.5.6}$$

$$I_y \to I_y \cos \pi J_{IS} t - 2 I_x S_z \sin \pi J_{IS} t \tag{2.5.7}$$

$$I_z \to I_z \tag{2.5.8}$$

残念ながらこちらは先ほどのように直感的に理解することが難しい.変換の導出はやはり成書に譲るが[26,27],ここではスピン-スピン結合により,I_x や I_y といった同位相スペクトルを与える演算子から,$I_y S_z$ や $I_x S_z$ といった反位相スペクトルを与える演算子が生じている点に注目してほしい.

C. 直積演算子を用いた COSY の理解

直積演算子を用いて,COSY(図2.5.1(a))におけるスピンのふるまいと,得られるスペクトルについて考える.I と S の 2 スピン系を考え,2 つの 90°パルスはともに x 軸方向から作用させる.熱平衡状態においては,系の演算子は I_z と S_z の和である.このうちまず I_z に注目する.1 つ目の x 軸方向からの 90°パルスによって,I_z は $-I_y$ に変換される.次の展開期(t_1)には,化学シフトとスピン-スピン結合の影響が同時並行して演算子に作用する.しかし実はこの 2 つの影響は,互いに独立に作用すると考えることができ,そのため,まず化学シフトによる影響を考え,続いてスピン-スピン結合による影響を考えればよい.まず化学シフトの影響により,$-I_y$ は式(2.5.4)の変換式を利用して,

$$-I_y \to -I_y \cos \Omega_1 t + I_x \sin \Omega_1 t \tag{2.5.9}$$

となる.次にスピン-スピン結合の影響により式(2.5.9)は,式(2.5.7),(2.5.6)の変

換式を利用して,

$$-I_y \cos\Omega_1 t_1 + I_x \sin\Omega_1 t_1 \to -I_y \cos\Omega_1 t_1 \cdot \cos\pi J_{\mathrm{I,S}} t_1 + 2I_x S_z \cos\Omega_1 t_1 \cdot \sin\pi J_{\mathrm{I,S}} t_1$$
$$+ I_x \sin\Omega_1 t_1 \cdot \cos\pi J_{\mathrm{I,S}} t_1 + 2I_y S_z \sin\Omega_1 t_1 \cdot \sin\pi J_{\mathrm{I,S}} t_1$$
(2.5.10)

となる.x 軸方向からの 2 つ目の $90°$ パルスで,式(2.5.10) は以下のように変換される.

$$-I_z \cos\Omega_1 t_1 \cdot \cos\pi J_{\mathrm{I,S}} t_1 - 2I_x S_y \cos\Omega_1 t_1 \cdot \sin\pi J_{\mathrm{I,S}} t_1$$
$$+ I_x \sin\Omega_1 t_1 \cdot \cos\pi J_{\mathrm{I,S}} t_1 - 2I_z S_y \sin\Omega_1 t_1 \cdot \sin\pi J_{\mathrm{I,S}} t_1$$
(2.5.11)

さてここで,どのような 2 次元スペクトルが得られるのかを考えてみよう.まず取り込み期(t_2)において検出されるのは,$I_x, I_y, I_xS_z, I_yS_z, S_x, S_y, I_zS_x, I_zS_y$ の 8 つの演算子のみである.これらの演算子はいわゆる 1 量子コヒーレンスに対応し,スペクトルは図 2.5.6 のようになる.$I_xS_x, I_yS_y, I_xS_y, I_yS_x$ は 2 量子コヒーレンスとゼロ量子コヒーレンスが混ぜ合わさったものに対応し,検出されない.I_z, S_z, I_zS_z, E についても検出されない.したがって式(2.5.11) のうちでスペクトルに寄与するのは,3 項目と 4 項目の

$$I_x \sin\Omega_1 t_1 \cdot \cos\pi J_{\mathrm{I,S}} t_1 \tag{2.5.12}$$

$$-2I_z S_y \sin\Omega_1 t_1 \cdot \sin\pi J_{\mathrm{I,S}} t_1 \tag{2.5.13}$$

の 2 つである.

式(2.5.12) は先に述べたように,F_2 軸において $\Omega_\mathrm{I}/2\pi$ を中心に $J_{\mathrm{I,S}}$ 分裂した同位相吸収型の 2 本の共鳴線を与え,一方 F_1 軸においては $\sin\Omega_\mathrm{I} t_1$ という項があるので,$\Omega_\mathrm{I}/2\pi$ の位置に共鳴線を与える(2.5.1 節 B および C 項参照).実際には $\sin\Omega_\mathrm{I} t_1$ にさらに $\cos\pi J_{\mathrm{I,S}} t_1$ という項がかけ合わさっている効果(スピン-スピン結合の効果)で,$\Omega_\mathrm{I}/2\pi$ を中心に左右に $J_{\mathrm{I,S}}/2$ ずつ,合計 $J_{\mathrm{I,S}}$ だけ分裂した 2 本の共鳴線となる.これは,

$$\sin\Omega_\mathrm{I} t_1 \cdot \cos\pi J_{\mathrm{I,S}} t_1 = \frac{1}{2}\left\{\sin(\Omega_\mathrm{I} t_1 + \pi J_{\mathrm{I,S}} t_1) + \sin(\Omega_\mathrm{I} t_1 - \pi J_{\mathrm{I,S}} t_1)\right\}$$
$$= \frac{1}{2}\left\{\sin 2\pi\left(\frac{\Omega_\mathrm{I}}{2\pi} + \frac{J_{\mathrm{I,S}}}{2}\right)t_1 + \sin 2\pi\left(\frac{\Omega_\mathrm{I}}{2\pi} - \frac{J_{\mathrm{I,S}}}{2}\right)t_1\right\} \quad (2.5.14)$$

と変形できることを考えれば理解できよう．すなわち式(2.5.12)は，$(F_1, F_2) = (\Omega_I/2\pi, \Omega_I/2\pi)$ を中心に4本に分裂した対角ピークを表す．一方，式(2.5.13)の項は，F_2 軸においては，$\Omega_S/2\pi$ を中心に J_{IS} 分裂した2本の共鳴線を与え，一方 F_1 軸においては先と同様に $\sin \Omega_I t_1$ と $\sin \pi J_{IS} t_1$ という項の効果で $\Omega_I/2\pi$ を中心に J_{IS} 分裂した2本の共鳴線を与える．これは，

$$\sin \Omega_I t_1 \cdot \sin \pi J_{IS} t_1 = \frac{1}{2} \left\{ \cos 2\pi \left(\frac{\Omega_I}{2\pi} - \frac{J_{IS}}{2} \right) t_1 - \cos 2\pi \left(\frac{\Omega_I}{2\pi} + \frac{J_{IS}}{2} \right) t_1 \right\} \quad (2.5.15)$$

より理解できよう．すなわち式(2.5.13)は，$(F_1, F_2) = (\Omega_I/2\pi, \Omega_S/2\pi)$ を中心に4本に分裂した交差ピークを表す．さて交差ピークを与える式(2.5.13)の $I_z S_y$ という演算子は，元をたどれば式(2.5.10)において，左辺の I_x という演算子が，スピン－スピン相互作用の影響により，右辺では $I_y S_z$ という演算子に変換されていることに由来している．このことにより，COSYにおける交差ピークは，IスピンとSスピンの間のスピン－スピン結合に由来したピークであることが理解される．

I_z の代わりに S_z という演算子から出発した場合も同様に計算でき，最終的には $(F_1, F_2) = (\Omega_S/2\pi, \Omega_S/2\pi)$ を中心に4本に分裂した対角ピークと，$(F_1, F_2) = (\Omega_S/2\pi, \Omega_I/2\pi)$ を中心に4本に分裂した交差ピークを与える．すなわちすべてを合わせると，各々4本に分裂した対角ピークが2つと，交差ピークが2つ得られることがわかる．このように，直積演算子を用いると，パルス系列中のスピンのふるまいと，得られる多次元スペクトルを理解できる．

なおCOSYにおいては，裾を長く引く分散型の共鳴線が存在し，スペクトルの質に悪影響を与える．DQF(double quantum filtered)-COSYは，溶媒などの1量子コヒーレンスのシグナルを消去できるすぐれた測定法であるうえ，共鳴線がすべて吸収型になるという利点も有している．直積演算子を用いてこのことを確認してみるのはよい練習問題である．

2.6 ■ 固体NMRの基礎

溶液NMRでは，双極子相互作用や化学シフトの異方性など静磁場と分子の向きに依存する異方的な相互作用は分子運動によって平均化されている．このため，それら相互作用は一般に共鳴周波数の差として観測されることはない．しかし，分子全体の自由な運動が制限されている固体では，それら核磁気相互作用が共鳴周波数に影響し，スペクトルを決める最も主要な相互作用になる．このようにNMR測定

する対象として，固体と溶液を区別するのは分子運動性である．また，核磁気相互作用のスペクトルに与える影響が溶液と固体状態では違うので，分解能の高いスペクトルを得るための NMR 測定法は，対象の状態によって異なる．最初に，固体状態における核磁気相互作用について述べよう．

2.6.1 ■ 固体 NMR の相互作用[28-30]

A. 化学シフト

化学シフトは，等方的部分と異方的部分の和として表せる．等方的部分は注目する核スピンを含む原子団の静磁場に対する向きに依存しない部分であり，溶液 NMR で共鳴周波数を決めている．異方的部分は，原子団の向きに依存した部分である．このため，化学シフトはテンソルとして表すことができる．注目する核スピンを含む原子団に対するそのテンソルの直交する 3 つの主軸の方向と，主値(σ_{xx}, σ_{yy}, σ_{zz})によって化学シフトを特徴づけることができる．図 2.6.1 にカルボキシル炭素の主軸方向を示した．主値は静磁場がその主軸方向を向いたときの化学シフト値を表す．等方値は化学シフトのすべての方向についての平均値になるので

$$\sigma_{iso} = \frac{1}{3}(\sigma_{xx} + \sigma_{yy} + \sigma_{zz}) \tag{2.6.1}$$

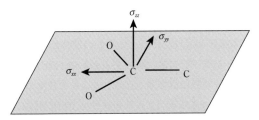

図 2.6.1　カルボキシル炭素の化学シフト異方性の主軸方向
主値 σ_{xx}, σ_{yy}, σ_{zz} に対応する主軸方向を示した．

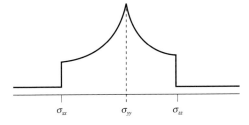

図 2.6.2　パウダー・スペクトルにおける化学シフト異方性

となる.この平均値は溶液状態のように自由な回転運動を行っている分子の核スピンが与える化学シフト値である.

固体状態の無配向試料(パウダー)では,あらゆる方向を向いた分子がシグナルに寄与する.このように無配向試料が与えるスペクトルをパウダー・スペクトルという.このパウダー・スペクトルを図 2.6.2 に示す.スペクトルで σ_{yy} が一番強くなっているのは,化学シフトが σ_{yy} を与える方向の分子が最も多いことを表している.また,2つの主値が等しい軸対称なテンソルについては,中央部にピークがないパウダー・スペクトルになる.この化学シフトテンソルからは電子状態や原子団の向きに関する情報を引き出すことができる.

B. 双極子相互作用

双極子相互作用の中で,固体状態の試料の共鳴線幅に影響を与えるのはゼーマン分裂によって影響を受けない永年項といわれる部分である[28].この双極子相互作用によりシグナルは分裂し,異種核2スピン系の場合はその分裂幅が次のように変化する.

$$v_\mathrm{d} = \frac{\gamma_1 \gamma_2 \hbar}{2\pi r^3}(1-3\cos^2\theta) \qquad (2.6.2)$$

この分裂幅は静磁場と核間ベクトルのなす角度 θ に依存し,また核間距離 r の-3乗に比例する.同種核の場合,分裂幅は式(2.6.2)の1.5倍になる.無配向試料のスペクトルの形は2スピン系ではペイク・ダブレットという特徴的な線形を与える(図 2.6.3).これは双極子相互作用が与える2つの遷移に対応する2つの軸対称な化学シフトのパウダーパターンの和によって表される.CH双極子相互作用によるペイク・ダブレットの分裂幅は直接共有結合した1Åの核間距離のCHについて約30 kHz である.また,メチレンの1.7Åの距離での ^{1}H 同種核間双極子相互作用については約37 kHz である.線形に寄与するスピンが多くなるとそのパウダーパターンは特徴がなくなり,ガウス関数に近くなる.双極子相互作用より十分速い分子全体の運動があると,この双極子分裂は平均されてゼロになる.

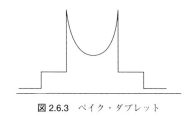

図 2.6.3　ペイク・ダブレット

双極子分裂は原子間距離と核間ベクトルの向きによって決まる．したがって，この相互作用を利用して距離や核間ベクトルの向きに関する情報を得ることができる．

C. J 結合

J 結合は双極子相互作用などと比べると，直接化学結合した核間でも CH ではおよそ 0.2 kHz 程度の小さな相互作用であるが，化学結合の性質や立体構造に関する情報を得ることができる．また，J 結合は化学シフトと同様に等方的部分と異方的部分により構成されている．

2.6.2 ■ スピン量子数 1/2 の核の高分解能測定

以上に述べたような相互作用が働く条件で固体 NMR スペクトルを測定すると，双極子相互作用や化学シフト異方性によって幅が広く，感度の低いシグナルが得られるだけである．これに対し高分解能固体 NMR 法を用いると，溶液 NMR と同様に等方的化学シフトの違いでシグナルが分離されているスペクトルを得ることができる．

固体での核磁気相互作用を表すハミルトニアンは，静磁場に対する分子の向きなど試料回転によって影響を受ける部分と，ラジオ波パルスによって影響を受けるスピン演算子の部分の積で表せる．これら相互作用の特性を利用して異方的な相互作用を制御する方法が，これまで数多く開発されている．これらの中で，同種核相互作用が弱い ^{13}C や ^{15}N の NMR を高分解能化する方法である CP/MAS 法と，同種核の双極子相互作用が強い ^{1}H について高分解能化する CRAMPS 法について，ここでは述べる．これらの方法は通常，粉末固体に対して適用する方法である．なお，配向させた試料や単結晶試料を作ることによっても，角度に依存性した異方的な相互作用を用いて高い分解能を得られる場合がある．

A. CP/MAS 法

CP/MAS 法は，交差分極 (cross polarization, CP) とマジック角試料回転 (magic angle spinning, MAS) と双極子デカップリング (dipolar decoupling, DD) の 3 つの要素からなる[31]．**図 2.6.4** に測定パルス系列を示す．最初にプロトンを 90° パルスで励起して横磁化をつくる．続く CP 期には，プロトンと ^{13}C など観測核との双極子相互作用を利用して磁化をプロトンから観測核に移す．このとき，Hartmann–Harn 条件 $\gamma_C B_{C1} = \gamma_H B_{H1}$ を満たすように 2 つの核にラジオ波を照射する．ここで，γ_C と γ_H はそれぞれ観測核と ^{1}H の磁気回転比であり，B_{C1} と B_{H1} は観測核と ^{1}H に照射するラジオ波磁場強度である．この条件下では，プロトンスピンと観測核スピ

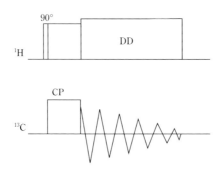

図 2.6.4 CP/MAS 測定におけるパルス系列

ンが同じ速さで回転するために，回転座標系では双極子相互作用が平均化されずに有効に働き，磁化の移動が起こる．一般にプロトンの方が観測核より共鳴周波数が大きいので熱平衡磁化も大きい．したがって，CP を用いてプロトンから移った磁化を測定した方が感度は高い．また，観測核より短いプロトンの緩和時間で実験の繰り返し時間が決まるので，CP を用いることで単位時間あたり多くの信号積算ができる．このことによっても感度が高くなる．

移った磁化を高分解能で観測するためには，双極子相互作用と化学シフト異方性を取り除く必要がある．プロトンに照射するラジオ波磁場によりこのプロトンとの双極子相互作用と J 結合は取り除ける．これを双極子デカップリングという．溶液での ^{13}C 測定での J 結合のカップリングに比べると，双極子結合が強いために高出力なラジオ波磁場が必要である．MAS では試料回転によって異方的な相互作用を平均化してその影響を除く．静磁場方向を z 方向とすると，**図 2.6.5** のように試料回転軸が原点から $(1, 1, 1)$ の方向を向くようにする．このとき，静磁場と回転軸のなす角度をマジック角といい，この軸について試料を高速回転することにより，化学シフト異方性をも取り除くことができる．これにより等方的化学シフトのみの影響を受けた高分解能スペクトルを得ることができる．また，スペクトル強度も等方化学シフトの狭い領域に集中するので強くなる．

B. ^1H 観測のための高速 MAS 法と CRAMPS 法

観測核に強い同種核間双極子相互作用のある ^1H 核に適用して高分解能化する方法が高速 MAS 法や CRAMPS(combined rotation and multiple-pulse spectroscopy)法である[32]．高速 MAS 法では直径 1 mm など短い円周のローターを用いて，^1H の双極子結合より大きい 50 kHz 以上の試料回転で異方的な相互作用を平均化して実空

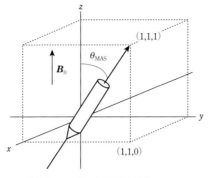

図 2.6.5 マジック角試料回転
$\theta_{MAS} = 54.7°$ がマジック角.

間で高分解測定を行う方法である．双極子結合に比べて化学シフト周波数差が大きい高磁場で有利である．ローターが小型であり試料量が少なくなるため，絶対感度は低くなるが，単位体積あたりの感度は向上する．これに対して CRAMPS 法では，スピン空間で化学シフトが残り，双極子相互作用のみを除くように多重ラジオ波パルス列を観測核に照射して観測する．ラジオ波パルスだけでは消えない化学シフト異方性は MAS で取り除く．データの取り込みは照射する多重パルスの間の時間分割したウィンドウで行うなどのため高度なラジオ波パルス制御技術を要する．

C. リカップリング

マジック角試料回転は異方的な相互作用を取り除き，高分解能高感度測定を可能にする．この MAS 条件で等方化学シフトが展開する期間と異方的な相互作用が働く期間を瞬時に切り替えられるならば，2 次元 NMR の方法を用いることで MAS で得られる高い感度と分解能のもとで構造情報をもつ異方的相互作用を測定することができる．このためには，試料回転と同期させてラジオ波パルスを照射して異方的相互作用の平均化を阻止する必要がある．特に，マジック角試料回転を行いながら，本来消えるはずの異方的相互作用が働くようにする方法をリカップリング(recoupling)[33]という．このための方法が近年，数多く開発されている．これらの方法を用いることにより，双極子結合によるスピン間相関や原子間距離や二面角の測定が MAS 条件で行えるようになる．距離測定は双極子相互作用を決定することにより行い，二面角測定は双極子相互作用や化学シフト異方性など異方的相互作用を相関させることにより行う．

なお，炭素や窒素について原子間距離測定や二面角測定を適用する場合には

^{13}C–^{13}C 間あるいは ^{13}C–^{15}N 間の双極子相互作用などを用いる必要がある．これらの相互作用を利用するためには，^{13}C や ^{15}N の天然存在比が低いために，安定同位体で標識することが不可欠になる．

2.6.3 ■ 四極子核の NMR

$I=1$ の核種としては ^{2}H, ^{14}N などがある．四極子分裂の大きさは，一般に双極子相互作用よりも大きく，四極子分裂の比較的小さい ^{2}H でもスペクトル幅は 250 kHz 程度になることがある．この四極子分裂幅は，分子の核の位置での電場の対称性により大きく変わる．共鳴周波数が非常に広く分散するので，強いラジオ波照射直後のデッドタイムで測定できないと正確なスペクトルを得ることができなくなる．この問題は，四極子エコー法などを用いて回避する．また，^{14}N の数 MHz 程度の大きな電気四極子相互作用は ^{14}N NMR の倍音として観測することができる．また，^{14}N–^{13}C 双極子相互作用を通じて ^{13}C で間接測定することもできる．

I が半整数の ^{17}O, ^{23}Na, ^{27}Al などの核種では，$I=1/2$ と $-1/2$ のエネルギー準位間の遷移についてはその周波数が 1 次摂動の影響がなく，2 次摂動の影響があるだけなのでスペクトルの分散は小さい[34]．このため，四極子をもつ核に対して高分解能化する方法は $I=1/2$ の核とは異なり，MAS では電気四極子効果による異方性を完全には取り除けない．これを除くために，多量子コヒーレンス（multiple quantum, MQ）[35] と MAS を組み合わせた MQ–MAS，$I=1/2$ と $-1/2$ 間以外のサテライト遷移を利用する STMAS（satellite-transition magic-angle spinning）[36]，試料回転軸の方向を切り替える DAS（dynamic-angle-spinning）[37]，2 つの回転軸に対して試料回転させる DOR（double rotation）[37] が，高分解能スペクトルを得る方法として開発されている．

2.6.4 ■ 動的核分極法[38]

動的核分極法（dynamic nuclear polarization, DNP）とは，$I=1/2$ の粒子の中で最も高い共鳴周波数をもつ電子スピンと核スピンとの磁気的相互作用を利用して核磁化を増大させる方法である．電子スピン分極を得るために試料には不対電子をもつ安定な常磁性分子を添加する．特に，高分解能の固体 NMR スペクトルが得られる高磁場で MAS の下で DNP を行うことが有用である．電子スピン緩和を抑えて核分極を増大させるために通常は 100 K 以下の温度で DNP を行う．また，DNP で電子スピン近傍の ^{1}H の増大した磁化を ^{1}H 間スピン拡散により測定対象化合物に伝

えることができる．このため，対象を常磁性原子団で標識する必要はなく，広い範囲の化合物の NMR 測定に利用できる．DNP の効果と温度に反比例して低温で磁化が増大することを利用して，室温 NMR に比べて 100 倍以上の感度向上を図ることができる．

文　献

1) A. Abragam, *Principles of Nuclear Magnetism*, Oxformd University Press, Oxford (1961)；（日本語訳）富田和久, 田中基之 訳, 核の磁性, 吉岡書店(1964), 第 2～4 章
2) 竹腰清乃理, 磁気共鳴-NMR―核スピンの分光学, サイエンス社(2011)
3) D. M. Grant and R. K. Harris eds, *Encyclopedia of Nuclear Magnetic Resonance, Vol. 1*, John Wiley & Sons, Chichester(1996)
4) C. P. Slichter, *Principles of Magnetic Resonance, 3rd Ed.*, Springer-Verlag, Berlin(1990), Chapter 2-5
5) 山内 淳, 磁気共鳴-ESR―電子スピンの分光学, サイエンス社(2006)
6) R. R. Ernst, G. Bodenhausen, and A. Wokaun, *Principles of Nuclear Magnetic Resonance in One and Two Dimensions*, Clarendon Press, Oxford(1987), （日本語訳）永山国昭, 藤原敏道, 内藤 晶, 赤坂一之 訳, エルンスト 2 次元 NMR, 吉岡書店(1991), 第 2 章
7) M. Goldman, *Quantum Description of High-Resolution NMR in Liquids*, Oxford University Press, Oxford(1988), Chapter 4
8) J. James and J. Mason(J. Mason ed.), *Multinuclear NMR*, Plenum Press, New York (1987), Chapter 3
9) W. Lamb, *Phys. Rev.*, **60**, 817(1941).
10) N. F. Ramsey, *Phys. Rev.*, **78**, 699(1950)
11) O. Millet, J. P. Loria, C. D. Kroenke, M. Pons, and A. G. Parmer, III, *J. Am. Chem. Soc.*, **122**, 2867(2000)
12) C. E. Jonson and F. A. Bovey, *J. Chem. Phys.*, **29**, 1012(1958)
13) R. L. van Etton and J. M. Risley, *J. Am. Chem. Soc.*, **103**, 5633(1981)
14) D. S. Wishart and B. D. Sykes(T. L. James and N. J. Oppenheimer ed.), *Method in Enzymology 239*, Academic Press(1994), Chapter 12
15) G. Cornilesu, F. Delaylio, and A. Bax, *J. Biomol. NMR*, **13**, 289(1999)
16) R. R. Ketchem and W. Hu, *Science*, **261**, 1457(1993)
17) アルマナク 2002, ブルカーバイオスピン
18) R. K. Harris, *Nuclear Magnetic Resonance Spectroscopy*, Pitman Books Limited(1983)

19) 廣田 穰，分子軌道法，裳華房（1999）
20) 柿沼勝己，エッセンス NMR，廣川書店（1990）
21) N. Bloembergen, E. M. Purcell, and R. V. Pound, *Phys. Rev.*, **73**, 679（1948）
22) P. J. Hore, *Nuclear Magnetic Resonance*, Oxford University Press（1995）
23) T. Ohmura, E. Harada, T. Fujiwara, K. Watanabe, and H. Akutsu, *J. Magn. Reson.*, **131**, 367（1998）
24) M. Goldman, *J. Magn. Reson.*, **60**, 437（1984）
25) K. Pervushin, R. Riek, G. Wider, and K. Wüthrich, *Proc. Natl. Acad. Sci. USA*, **94**, 12366（1997）
26) J. Cavanagh, W. J. Fairbrother, A. G. Palmer, and N. J. Skelton, *Protein NMR Spectroscopy*, Academic Press, San Diego（1996）
27) W. R. Croasmun and R. M. K. Carlson, *Two-dimensional NMR Spectroscopy*, VCH Publishers, Inc., New York（1994）
28) C. P. Slichter, *Principles of Magnetics Resonance, 3rd Ed.*, Springer, Berlin（1990），Chapter 3-7
29) M. Mehring, *Principle of High Resolution NMR in Solids, 2nd Ed.*, Springer, Berlin（1983），Chapter 1, 7
30) K. Schmidt-Rohr and H. W. Spiess, *Multidimensional Solid-State NMR and Polymers*, Academic Press, London（1994），Chapter 2
31) 日本化学会 編，実験化学講座 5：NMR，丸善（1991），第 1 章
32) B. C. Gerstein and C. R. Dybowski, *Transient Techniques in NMR of Solids*, Academic Press, Orland（1985）
33) R. G. Griffin, *Nature Struct. Biology*, **5**, 508（1998）
34) 林 繁信，中田真一，チャートで見る材料の固体 NMR，講談社（1993）
35) L. Frydman and J. S. Harwood, *J. Am. Chem. Soc.*, **117**, 5367（1995）
36) Z. Gan, *J. Am. Chem. Soc.*, **122**, 3242（2000）
37) B. F. Chmelka and A. Pines, *Science*, **246**, 71（1989）
38) T. Maly, G. T. Debelouchina, V. S. Bajaj, K. N. Hu, C. G. Joo, M. L. Mak-Jurkauskas, J. R. Sirigiri, P. C. A. van der Wel, J. Herzfeld, R. J. Temkin, and R. G. Griffin, *J. Chem. Phys.*, **128**, 052211（2008）

第3章　NMR 測定のための　ハードとソフト

3.1 ■ 分光計およびマグネット

　現在の NMR 分光計は，超伝導マグネット，分光計およびコンピュータからなる．近年のマグネットは自己遮蔽型となっており，以前に比べて比較的狭いスペースでも設置が可能である．分光計は，ほとんどの部分がデジタル化されており，高感度・高安定性を実現している．一方，最近のコンピュータの高性能化により分光計の制御およびデータ処理についても1台のパソコンで対応することができる．この章ではこれらの新しい技術を中心に NMR 分光計の仕組みとメンテナンスについて概説する．

3.1.1 ■ 分光計

　デジタル化された分光計のブロック図の一例を図 3.1.1 に示した．デジタルシグナルプロセッサ(digital signal processor, DSP)を中心としたデジタル回路からなる NMR 分光計では，位相のずれなどがまったくない「デジタルフィルター(digital filtering)」が可能である．あらかじめオフセットをもたせた，つまりゼロ点をずらして検波した信号を高速な A/D 変換器でデジタル化し，デジタルフィルターを施

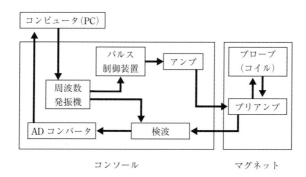

図 3.1.1　NMR 分光計のブロック図

第 3 章　NMR 測定のためのハードとソフト

すことによって，DC ノイズやクアドレチャーイメージを完全に消去することができる．このようなデジタル化された位相検出（digital quadrature detection）により，アナログ回路を用いていたときには問題であった検出系を 2 つ用いることによるノイズ，あるいは 2 つの高周波の位相の違い（位相シフト）の不完全性などによるゴーストノイズなどが完全になくなった．以下ではそれぞれのユニットについて見ていく．

A.　発振系

多次元 NMR 測定に対応するため，4 種類以上の周波数を同時に発振できるような装置が普及している．周波数および発振のタイミングの制御を確実に行うため，デジタルシンセサイザー，波形成型器，アンプなどのそれぞれのユニットが，用いる周波数の数だけ独立に用意されており，これらの接続は高周波ルーターで切り替える．各ユニットのモジュール化が進んでいるために，修理においてもモジュール交換で行われることが多くなっており，故障の際も原因の特定ができれば復旧はたやすい．

B.　検出系

上で述べたように検出系は高度にデジタル化されている．これは，高速 A/D 変換器によるオーバーサンプリング（後述）と DSP によるリアルタイムのデジタルフィルターおよびデジタル位相検出によって実現されている．プローブによって検出されたシグナルは，前段増幅器（プリアンプ；preamplifier）によって増幅され分光計に送られる．分光計では，シグナルを検波した後，例えば 16 bit の高速 A/D 変換器（200 kHz）によってデジタル化する．この段階では，1 秒分のデータを取り込むだけで 400 KB の記憶容量が必要となり，単純な 2 次元測定でもすぐに 100 MB を超えてしまう．そのため，これを記録することなく DSP に送り，リアルタイムで数値計算を行うことで，通常のデータサイズとしている．デジタル検出系では，先に述べたようにゴーストや位相のずれなどはなく，機器の調整作業などはまったく不要である．一方，オーバーサンプリングには分光計の記憶容量による制約があり，^{13}C NMR 測定などの広い周波数範囲をカバーする必要がある場合には適用できない．このような目的のためにオーバーサンプリングを行わない測定も可能となっている．

C.　周波数ロック系

ロック系もデジタル化されている．従来のアナログ回路のロック系では追従できなかったような外部環境による磁場の速い変動にも対応でき，安定した測定が可能

である．そのため，従来は設置に不適当と考えられていた道路や線路の近くなどの環境においても安定した測定が可能となっている．同時にデジタル化によって一時的にロックシグナルの観測を止めることもできるようになった(lock hold)．これを利用することにより，パルス磁場勾配(PFG，後述)法においても見かけ上ロックを維持したまま測定を継続することが可能になっている．

3.1.2 ■ マグネット

NMR用の超伝導マグネットについては，絶えず高磁場化が進んでいる．

A. マグネットの概要

図 3.1.2 にNMR用の超伝導マグネットの模式図および断面の写真を示す．マグネットの本体は，超伝導線材で作られたコイルである．現在主として利用されている材料(NbTiおよびNb_3Sn)の場合には，超伝導状態を実現するために液体ヘリウムで冷却することが必要である．液体ヘリウム槽は，液体窒素槽のさらに内側にあり，それぞれの槽の間は高真空に保たれている．超伝導材に不完全性があると抵抗が発生し，それによって超伝導電流が消費される．これにより磁場のドリフトが生じる．マグネットを励磁した直後から数週間程度の間には，コイルそのものの物理的移動・変形などに基づく大きなドリフトが観測されるが，その後は数Hz/日程度のドリフトが起こる．これが約100 Hz/日程度の大きさになってしまった場合

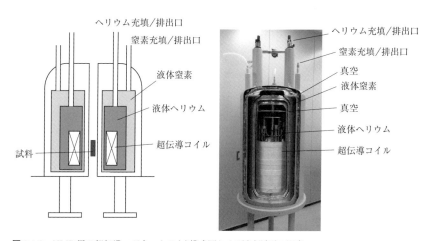

図 3.1.2 NMR用の超伝導マグネットの(a)模式図および(b)断面の写真
超伝導磁石は液体ヘリウム槽の中にあり，その外側に液体窒素槽がある．それぞれの槽は，真空層で熱的に絶縁されている．写真は500 MHzのマグネットである．

には，1〜数年ごとにマグネットに電流を追加し，適正な磁場強度を維持する必要がある．マグネットのドリフトは，重水素ロックの周波数を記録することで確認できる．マグネットには，主磁場形成のためのコイルのほか，磁場補正のためのコイル（クライオシムコイル）が設置されている．これらのコイルにより磁場の均一性をある程度まで調整しておくことによって，通常の調整に使う室温のシムコイルに流す電流を小さくできる．クライオシムコイルも超伝導線材で作られているため，主磁場用のコイルと同様に急激な磁場の消失（クエンチ，quench）の可能性があり，これが起こると突然NMRシグナルの線形が悪くなる．コイルが収まっている低温槽の液体ヘリウムおよび液体窒素は定期的な補充が必要であり，ヘリウムは数カ月ごと，窒素は約1〜2週間ごとが標準的である．特に液体ヘリウムについては，一定量以下になるとコイルの超伝導状態が保てなくなりクエンチが起こるため，ヘリウム量の確認はとても重要である．真空槽の真空度が下がると冷媒の蒸発が速まるため，ヘリウム量の推移にも注意すべきである．

B. 自己遮蔽型マグネット

以前は，マグネットからの磁場の漏洩のために，NMR分光計の設置場所に大きな制約があった．しかし，自己遮蔽型マグネット（self-shielding magnet）の登場により，この状況は一変した．**図 3.1.3**に自己遮蔽型マグネットの概略を示した．主磁場を形成するコイルと漏洩磁場を遮蔽するコイルは1つの回路を構成しており，全体として超伝導コイルとなっている．遮蔽用コイルは全体としての漏洩磁場ができるだけ小さくなるようにあらかじめ配置されているので，マグネットを励磁

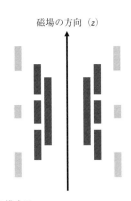

図 3.1.3　自己遮蔽型マグネットの模式図
　　　　　内側のコイルで中央に強い磁場（濃いグレー）を発生させ，外側のコイル（薄いグレー）で漏洩磁場を打ち消している．

すると，同時に自己遮蔽も達成される．したがって，設置場所での遮蔽磁場の調整といった作業は一切必要ない．自己遮蔽型マグネットからの漏洩磁場はきわめて小さいため，狭いスペースに設置することが可能になった．300～400 MHz 程度のマグネットであれば，通常の実験室の実験台の横に置いてもまったく問題なく測定が可能である．自己遮蔽型マグネットは，外部磁場の影響も受けにくい．自己遮蔽型マグネットの登場によって NMR の設置場所の可能性は飛躍的に増大したのである．現在は，950 MHz までの自己遮蔽型マグネットが利用可能である．

C. 超高磁場マグネット

ほとんどのマグネットは，超伝導コイルが液体ヘリウムによって 4 K に保たれており，超伝導状態を維持している．このようなマグネットに使用されている線材は，磁場強度が 750 MHz 程度以上になると超伝導状態が破れる可能性がある．そこで，超伝導状態を安定化させるため，750 MHz 以上の超高磁場マグネットでは，熱力学的な手法で液体ヘリウムをさらに冷却し，λ 点(2.1 K)以下の状態を実現している[1]．このためには気体ヘリウムを常時排出する(pumping)必要があり，液体ヘリウムの消費量は数倍となる．なお，現在用いられているコイルの材料では，pumping を利用しても 1.1 GHz の磁場強度が理論的限界となる．したがって，さらに高磁場のマグネットを開発するためには，新しい超伝導材の開発が不可欠である．

3.1.3 ■ プローブ

プローブは，試料からの微弱な信号を検出する NMR 分光計においてもっとも重要な部分であり，各メーカーが技術を結集して作製している．同時に，試料へパルス電磁波を送り込む窓口でもある．近年，このプローブに革命的な技術が導入された．クライオ技術である．

A. 検出コイルの構造

プローブの先端には検出コイルが設置されている．検出コイルの概略を図 3.1.4 に示した．原理的には，巻き数の多いソレノイド型のコイルのほうが感度が高いが，超伝導コイルを用いた磁石の場合には，試料の設置の簡便さからサドル型が用いられている．微量サンプルの高感度測定用の特殊プローブや固体の高分解能測定用のプローブには，ソレノイド型のコイルが用いられる．三重共鳴実験用のプローブ(例えば ^{1}H, ^{15}N, ^{13}C)の場合には，2 つのコイルが用いられ，^{1}H, ^{15}N, ^{13}C に ^{2}H (周波数ロック)を加えた 4 つの周波数のうちの 2 つの組にそれぞれ対応できるような回路となっている．したがって，1 つのコイルに割り当てられている 2 つの周波数

第3章 NMR測定のためのハードとソフト

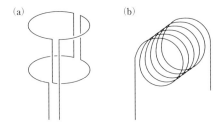

図 3.1.4 検出コイルの模式図
(a)サドル型コイル，(b)ソレノイド型コイル

について周波数チューニングなどを行う場合には，互いに影響することがあるので注意が必要である．このような場合，感度向上のため観測核用のコイルが内側に設置される．なお，以前は感度の低いプロトン以外の核種用のコイルが内側に設置されていたため，最近のプロトンの周波数で観測するプロトン観測多核種デカップリングプローブは「インバース」配置とよばれる．

B. クライオ技術

NMRの弱点は，感度が悪いことである．これは，核スピンの状態間(スピン量子数1/2の場合には，+1/2と-1/2の2つの状態)のエネルギー差がきわめて小さいことに起因する．したがって，感度の向上は常にNMR分光法の主要な課題である．これまでNMRの感度の向上は，主として磁場強度の増大によって達成されてきた．このため近年の高磁場用のマグネットはとても巨大となり，また高額となっている．これに対し，クライオ技術を応用したプローブでは，ノイズを軽減することによってSN比の向上を達成しており，数千万円の投資で数億円に匹敵するSN比を得ることができる．

この原理は次のとおりである．室温における測定では，熱によるランダムなノイズがコイル自身から発生している．このノイズはプリアンプによって増幅され，A/D変換器によってNMR信号とともに取り込まれてしまう．そこで，クライオ技術により検出コイルを20 K，またプリアンプを70 K程度に冷却することで熱ノイズを著しく減少させる．その結果，SN比を著しく向上(4倍程度)させることができる．なお，最近では検出コイルを液体窒素温度(約77 K)に冷却するタイプのプローブも利用可能である．

C. 特殊なプローブ

プローブは分光計の要であり，実験の可否を決める．生体分子を扱う場合には，

測定する核種は ^{1}H，^{13}C，^{15}N，^{31}P にほぼ限られる．したがって，この 4 核に同時に同調したコイルをもつプローブ(4 核プローブ)を用意することにより，プローブ交換やチューニングの手間を省いて日常的に測定を行うことができる．この方法は多人数の学生がそれぞれの試料について多くの測定を行う場合などに，威力を発揮するだろう．また，測定パラメータなどをあらかじめ決めておけば，生体分子の多核種多次元測定を自動化することも可能である．

　生体高分子の場合，軽水中での測定が日常的に行われる．軽水などがもつ大きな磁化ベクトルが横磁化となって回転する場合，よくチューニングされたコイルには誘導電流が誘起される．これによって磁化ベクトルには回転を止める方向の力が働き，横緩和が促進される．これは，放射減衰(radiation dumping)とよばれる現象である．放射減衰によって水のシグナルの線幅が広がり，その周辺でのシグナルの観測が困難となることもある．この現象を抑えるために開発されたのが，Q スイッチプローブである．Q スイッチのプローブでは回路の性質を切り替えることができ，パルスを照射したり，シグナルを観測する瞬間は Q 値(quality factor)が高い状態とし，それ以外は Q 値が低い状態に切り替えることによって，放射減衰を最小限にとどめている．

　固体高分解能 NMR 測定では，試料をマジック角で回転させる機能と強いパワーに耐えられる回路およびコイルが必要となる．マジック角における回転は，抵抗を減らすための試料管をわずかに浮かせる軸受けとなる気流と試料管を回転させるための気流によって実現される．これらの気流はそれぞれ試料管の軸方向に平行および垂直である．固相合成用ビーズに結合したままの試料の測定などに用いられる HR-MAS プローブの場合にも同様である．

　最近では，液体クロマトグラフィーと NMR を組み合わせて連続的な分析を行うことも可能である．このような目的のために，試料を連続的に導入できるフロープローブも開発されている．

3.1.4 ■ パルス磁場勾配法

　パルス磁場勾配(pulsed field gradient, PFG)法は，現在の分光計になくてはならないものとなっている．磁場勾配を発生させるコイルには，漏れ磁場を少なくするようにコイルが巻かれている．また，コイルに強い直流電流を与えて，局所的な磁場勾配を発生させた場合，コイル周辺の金属部品に渦電流(eddy current)が誘起される．この電流は PFG を止めた後もしばらく流れ続けるため，そのままでは測定

が継続できない．現在は，PFG パルス停止後 100 μs 程度で磁場の乱れがなくなり，測定を継続することができるようになっている．

3.1.5 ■ ロックと磁場補正

A. 周波数ロック

先に述べたように，最近の分光計は，その多くの部分がデジタル化されている．これにより，発振する周波数の安定性は向上するが，周波数の内部基準であるロックシステムは依然として必要である．特に，生体高分子についての多次元測定を行う場合，長時間の間，周波数およびパルスの位相（表 3.2.1 注参照）とパワーの安定性が安定していることがきわめて重要である．測定試料の温度が均一であることの重要性はいうまでもないが，分光計本体の温度変化によって，これらの値にずれが生じることも忘れてはならない．ロックシステムでは，少なくとも周波数に関してはこれらの変化を補正できる．

PFG 法が最近の測定法において欠かせないものであることは前述のとおりである．しかし，PFG 法を使用しているときには全体として磁場は不均一であり，ロックシグナルを観測することはできない．したがって，PFG 法を用いる場合には，1 つのパルス系列の中で，ロックシグナルの観測の一時的な停止と再開を行う必要がある．これは，ロックのデジタル化によって可能となっている．デジタルロックシステムでは，グラジエントパルス照射時にロックシグナルの観測を停止し状態を維持する (lock hold)．そして，パルス照射の後すぐにロックシグナルの観測を再開するのである．また，このメカニズムは最近開発された重水素デカップリングの手法においても重要である．Lock hold を行うことによってはじめて重水素デカップリングが可能となる．

B. プローブの調整

NMR 測定用の試料は，溶媒の違いあるいは緩衝液の組成（特に塩濃度）の違いによって誘電率が異なるため，検出コイルの周波数特性が変化する．したがって，最良の感度を得るためには試料を入れるたびに周波数チューニングおよびインピーダンスマッチングを行うことが必要である．主として周波数チューニングによって回路の共振周波数を観測する周波数に合わせ，インピーダンスマッチングによって回路の Q 値を上げる[2,3]．Q 値は，回路の共振曲線の鋭さを示すものであり，最近の分光計では共振曲線を表示しながら周波数チューニングおよびインピーダンスマッチングを行うことができるので，Q 値の向上をその曲線の形から判断することがで

きる.

　さらに，測定時には試料部分の温度調節もきわめて重要である．特に試料が水溶液の場合には温度によってH_2O（あるいはHDO）のプロトンシグナルの化学シフトが大きく変化するため，0.1度程度の微小な温度変動でもスペクトルに影響を与える．二次元NMR測定の場合には，温度変動が著しい展開期（t_1）のノイズの原因となる．多くの分光計では，冷却・除湿した空気をプローブの下から送り込み，試料部の下に設置されたヒーターで目的の温度に調整し，試料管のまわりに流すことによって試料の温度を調節している．安定した温度調節を行うためには，乾燥空気の温度は測定温度よりも10度以上低い温度にすべきである．温度の測定は，試料のすぐ近くに設置されている熱電対によって行われる．したがって，計測している温度は試料の温度ではなく，「試料のすぐ近く」の温度であることには注意すべきである．したがって，多核デカップリングの際の試料の発熱については正確に知ることはできない．なお，マグネットの中の試料の温度は，スペクトル上にある特定の2つのシグナルの化学シフト差によって決定することが可能である．このような目的で調製された試料は，NMR thermometer とよばれる．

C. 磁場補正

　磁場補正は，高分解能NMRにおいて質の良いデータを得るために最も重要な作業となる．500 MHz の周波数での測定において 0.5 Hz の分解能が必要であれば，誤差 $1/10^9$ という驚くべき磁場均一性が必要なのである．試料が置かれている空間の磁場均一性を高めるために，クライオシムコイルおよび室温のシムコイルが設置されているが，通常調整できるのは室温のシムコイルのみである．クライオシムコイルは，超伝導磁石の立ち上げの際に調整を行った後の調整は行わない．ただし，この場合もごくまれに超伝導状態が破れる，いわゆる quench が起こる可能性はあるので，室温のシムコイル調整の数値が大きく変化したような場合には注意が必要である．

　通常の調整作業（シミング）では，主として磁場軸（z）方向の3次程度まで（z, z^2, z^3）のコイル（図 3.1.5）について調整を行った後，磁場に垂直な方向（x, y）方向の2次（あるいは z を含めた3次）程度までのコイルを調整する．zの4次のシム値は，試料の量，すなわち液高に大きく左右される．したがって，液高と z^4 値との関連性を把握しておくことが調整時間の短縮につながる．液高あるいは試料管の種類に応じたシム値のファイルを作成しておき，適当なものを読み込んでからシム調整を行うのが賢明であろう．

第 3 章　NMR 測定のためのハードとソフト

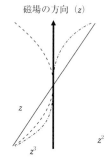

図 3.1.5　シムコイルによる補正磁場の形(z〜z^3)

　近年の分光計では 3 軸磁場勾配装置を装備しているものが多く，この場合にはグラジエントシミングが可能である．グラジエントシミングでは，巨大な水のシグナルについてコイル内空間のイメージングを行い，得られた磁場の不均一性に基づいて補正シム値を算出する．この手法により，数分間で実用上問題がない程度にまで磁場補正を行うことが可能になった．また，この手法の導入によって NMR の自動化が可能になった．

3.2 ■ シグナルの検出とデータの処理

　NMR 解析において，的確なシグナルの検出とそれに対応した適切なデータ処理はきわめて重要であり，時には解析の可否を決める要因ともなる．シグナルの検出においては，必要なデータが効率よく得られるようにパラメータを設定する必要があり，またデータ処理を行う際には，そのデータの特徴や用いた測定法の特徴を十分に考慮することが必要である．解析に適した美しいスペクトルを得るためには，測定条件を最適化することはいうまでもないが，データ処理も軽視できない．また，測定時に不具合があったデータが適切な処理によって解析可能となることもある．

　NMR におけるデータ処理は大きく分けて，(1) フーリエ変換前の処理，(2) フーリエ変換，(3) フーリエ変換後の処理の 3 つのステップからなる（図 3.2.1）．多次元 NMR の場合には，これらをそれぞれの次元に対して行うことになる．フーリエ変換前の処理としては，主にウインドウ関数処理とゼロ付加（ゼロ・フィリング）が行われる．ウインドウ関数は，得られた自由誘導減衰（FID）の中から解析に必要な情

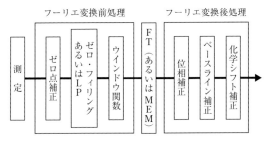

図 3.2.1 NMR におけるデータ処理の流れ

報を際立たせ，ノイズを抑えるためにきわめて重要な要素である．ゼロ・フィリングは，スペクトルの点の補完を行うためのものであるが，最近ではゼロ値の付加の代わりに，数学的に予測した値を加えることによってスペクトルの分解能を著しく向上させる線形予測（linear prediction, LP）法もよく用いられる．フーリエ変換としては，高速フーリエ変換（fast Fourier transform, FFT）のアルゴリズムが用いられることが一般的であるが，最大エントロピー法（maximum entropy method, MEM あるいは MaxEnt）などの応用も試みられている．フーリエ変換の後の処理としては位相合わせ（実数部と虚数部のデータを使ってスペクトルの位相を吸収波形に合わせる作業）およびベースラインの平坦化が重要である．この他には，データ量を減らすためのトリミングや虚数部の除去が行われる．なお，多次元 NMR 測定において利用される非線形サンプリングの場合には，通常の FFT での処理はできない．非線形サンプリング法とそのデータの処理については，3.4 節を参照されたい．

3.2.1 ■ デジタルフーリエ変換（DFT）の基礎

A. FID とスペクトル

自由誘導減衰（FID）は，2.4.1 項で述べたように静磁場に垂直な磁化ベクトルの回転によって検出コイルに引き起こされる誘導電流の信号のことであり，現代のすべての分光計において，電圧は A/D 変換器によってデジタル信号に変換されて記録される．このデジタル FID データをコンピュータ上でフーリエ変換することで周波数スペクトルが得られる．時間の関数である FID に含まれる多数の周波数成分を分離抽出し，周波数に沿って強度分布を示したものが NMR スペクトルであるともいえる．

B. DFT

上述のように，FID はデジタルデータ，具体的には 32 ビットの整数の列として記録されている．なお，最近のパソコンは 64 ビットが一般的であり，データのオーバーフローを避けるため，32 ビットのデータを適時 64 ビットのパソコンに転送するシステムもある．このような不連続データのフーリエ変換は離散フーリエ変換（discrete FT, DFT）とよばれる．ほとんどの場合，高速フーリエ変換（FFT）のアルゴリズムで処理される．2 次元 NMR 測定が普及し始めた 30 年ほど前には，小さな 2 次元データのフーリエ変換に一晩を要することもあったが，計算機能力の進歩により，現在では 32 MB 程度の 3 次元データのフーリエ変換も数分で終わるようになった．FFT のアルゴリズムについては，他の成書を参照されたい．

C. サンプリング定理

FID 信号をデジタル化した場合には，その時間間隔によって記録できる周波数範囲が制限される．つまり，点と点の間で何回振動したかはわからないため，高周波数側に限界値が存在するのである．このサンプリング間隔 Δt とスペクトル周波数幅 SW との間には，

$$\Delta t = \frac{2}{\mathrm{SW}} \tag{3.2.1}$$

の関係がある．これをサンプリング定理という．この SW を超える周波数成分が存在する場合には，見かけ上 SW より低い周波数をもつ成分として記録され，スペクトル上には，いわゆる「折り返し（aliasing）」のシグナルが現れる．通常の測定においては，オーバーサンプリングとデジタルフィルターによってこうした問題は起こらなくなっている．しかし，多次元 NMR 測定の間接観測軸においては注意しなければならない．逆に，データ量を減らすために折り返しを利用することもある．これらについては，後述する．

3.2.2 ■ NMR における DFT

A. アポダイゼーション

静磁場中で横磁化は横緩和時間 T_2 に従って減衰する．したがって，FID が十分に減衰するためには，T_2 の 5 倍程度の時間が必要である．高分子であるタンパク質や核酸の場合には T_2 は十分に短く，0.5 秒程度で FID は消えてしまう．しかし，例えば水溶液を考えた場合，溶媒である水のシグナルは 1 秒後にも残っていることが多い．このような場合，必要なデータははじめの 0.5 秒分であるが，観測をここ

でやめると FID の水に由来する成分は途中で打ち切られることになる．このようなデータをフーリエ変換すると，水シグナルの位相が合わなくなり，水シグナルの近くのシグナルが解析しにくくなる．また，このようなデータについてゼロ・フィリング（後述）を行った後にフーリエ変換すると多くの周波数成分が現れ，波打ったスペクトルが得られる．これらを避けるために，次のようにウインドウ関数処理によって，見かけ上，水由来の成分も減衰してしまうようにすることが多い（図 3.2.2）．このような操作はアポダイゼーション（apodization）とよばれている．

B. ウインドウ関数処理

FID に何らかの関数をかけるとき，この関数をウインドウ（窓）関数という．上述のように，アポダイゼーションを行うためにはウインドウ関数処理が重要であるが，それよりもむしろ，ウインドウ関数処理は解析に必要な信号を際立たせるために非常に重要である．

指数関数は，SN 比を向上させるためにもっともよく用いられるウインドウ関数である．もともと FID の各成分は，横緩和時間 T_2 に従って指数関数的に減衰する．

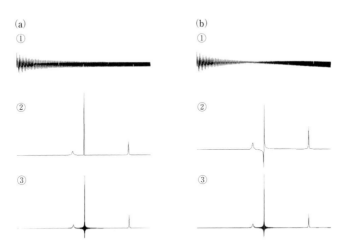

図 3.2.2 (a)タンパク質および(b)核酸水溶液における FID とアポダイゼーション
①スペクトルの(a)中央および(b)中央から 2 Hz だけ高周波数側に水シグナルがある場合の FID，②データポイント 1024（実数データ 512 ポイント）で FFT して得られたスペクトル，③ゼロ・フィリングによりデータポイント 4096 ポイントで FFT して得られたスペクトルについて，以下の条件を用いてシミュレーションしたもの：スペクトル幅は 3000 Hz，クアドレチャー位相検出，データポイントは 1024（チャンネルあたり 512 ポイント），スピン①（水）：1500 Hz，T_2 = 1.0 s，スピン②：500 Hz，T_2 = 0.04 s，スピン③：1750 Hz，T_2 = 0.01 s．

したがって，指数関数を乗じてもシグナルの形は変わらない．解析したいシグナルの半値幅と同程度の値を指数関数の係数のパラメータとして用いたとき，よい SN 比と分解能を得ることができる．これ以上の値を用いた場合には，見かけの SN 比は向上するが，分解能が悪くなってしまう．

　$\sin$ 関数あるいは $\sin^2$ 関数は，多次元データの間接観測軸によく用いられるウインドウ関数である．間接観測軸では，多くの場合データ数が少ない，すなわち短い時間で測定をうち切っているため，指数関数をウインドウ関数として用いた場合には，FID の最後の点がゼロにならず，アポダイゼーションの効果が得られない．$\sin$ 関数あるいは $\sin^2$ 関数では，最後の点が必ずゼロになるため，確実にこの効果を得ることができる．もっとも良く用いられるのは，$\sin$ 関数の 90° から 180° の部分であるが，90° より小さい位置から用いることにより FID のはじめの部分を抑えることができ，その結果，分解能を上げることができる．$\sin^2$ 関数では，この効果がより大きく，90° の位置の FID が最も強調されることになる．しかし，強いウインドウ関数，すなわち小さい値から始まる $\sin$ 関数を用いた場合には，シグナルの前後に負のピークが現れる．この問題を改善できるのが，ガウス関数である．ガウス関数のフーリエ変換はやはりガウス関数であるため，$\sin$ 関数のときのような線形の問題は起こりにくい．さらに，最適なパラメータを選ぶことが容易であるので，FID において強調する位置と強調する度合いを独立に変えられる．

C．ゼロ・フィリング

　多くの場合，ウインドウ関数を乗じた後の FID には FID 信号数と同数のゼロ点を付加する．このゼロ・フィリングの操作によって，分解能を向上させることができる．この理由は FFT の仕組みにある．FFT では，2^n 個の点からなる FID から 2^n 個の点からなるスペクトルを生成する．このスペクトル点のうちの半分は虚数あるいは分散形のスペクトルであり，解析には用いられない．このことは，観測した情報のうち半分を無駄にしていることを意味する．ゼロ・フィリングによって 2^{n+1} 個に増やした FID から 2^n 個の実数あるいは吸収形のスペクトルを得ることにより，観測した情報すべてを反映させることができ，その結果として，分解能の向上が実現される．ただし，2^{n+1} 個よりも多くゼロ・フィリングを行っても，もはや情報が増えることはなく，分解能の向上はない．ただし，点を増やせば増やすほど，スペクトルはなめらかになり，例えばピーク頂点の位置の読みとりは容易になる．

　なお，FFT のアルゴリズムでは，FID が 2^n 個の点からなることが要求されるため，2^n に満たないデータの場合にゼロ・フィリングによってこれを達成すること

がある．

3.2.3 ■ シグナルの検出

データ処理の方法は，シグナルの検出方法に大きく依存している．特に，位相検出法がこれに該当する．ここでは，いくつかの方法について，対応するデータ処理方法とあわせて説明する．

A. 直接観測軸の位相検出：クアドレチャー位相検出方式（QPD）

FID は磁化ベクトルの回転運動を観測電磁波（キャリアー高周波）の周波数との差として特定方向から記録したものである．1 方向からの観測だけでは，両者の周波数の差はわかるが，前者の周波数が観測周波数より大きいのか小さいのかはわからない．これは観測周波数で回転する座標系の z 軸のまわりを磁化が時計回りに回転しているのか，反時計回りに回転しているのかわからないことと同じである．そこで，回転座標系の直交する 2 つの方向から観測すると，各時間における磁化ベクトルの回転角（位相）を検出することができ，回転の向きを確定させることができる．この方法がクアドレチャー位相検出 (quadrature phase detection, QPD) である．ただし，検出コイルを 2 つ配置するわけではない．実際の磁化ベクトルの回転は磁気回転比で決まる一定の向きであり，この段階では，コイルは 1 つで問題ない．回転の向きが問題となるのは，数百 MHz の「生の」FID 信号をスペクトル中心からの前後数千 Hz の「加工」FID に変換した後に起こる．この変換は，高周波回路においてキャリア高周波と検波することによって行われる．通常の装置ではまず，数百 MHz から数十 MHz の中間周波数に変換される．この段階でも回転は 1 方向である．なお，最近の装置では，720 MHz という高い中間周波数を用いることもある．次に，数千 Hz に変換される際に，周波数が同じで位相が 90° 異なる 2 つのキャリア高周波によって 2 セットの FID を作成する．これをそれぞれ A/D 変換器でデジタル化することにより，「2 つの方向から見た」FID データを得ることができるのである．この方式では，2 つのキャリア高周波の位相の正確さ，および，2 つの A/D 変換器の感度の等しさという 2 種類の要因で測定誤差が生じる．これらは，ハードウエアの調整と，位相サイクル（表 3.2.1 注参照）によって解消することができる．なお，後述のオーバーサンプリング法では，中間周波数に近い段階で A/D 変換を行い，デジタルデータとした後で，数学的処理によって最後の検波（デジタルクアドレチャー位相検出，DQD）を行う．この場合には，先ほどあげた測定誤差の要因はまったくない．

QPD あるいは DQD によって測定したデータは，そのまま FFT のアルゴリズムを適用することができる．

B. 間接観測軸の位相検出

2 次元 NMR 測定の展開期(t_1 期)においても，同様な位相の区別が必要となる．この区別を行う方法として，TPPI 法，States 法および States–TPPI 法がある(3.4 節参照)．2 次元 NMR 測定の際の，最初の 4 つの FID 信号の取り込みにおける，t_1 期の長さ，パルスの位相および検出期の位相を**表 3.2.1** に示した．5 つ目以降の FID の取り込みもこれに準拠する．なお仮に，t_1 期に ^{15}N 核の信号を検出する場合には，パルスプログラム上で t_1 期の直前に位置する ^{15}N 核に対するパルスの位相を，表 3.2.1 の「パルスの位相」に従って変化させていく．同様に t_1 期に ^{1}H 核の信号を検出するのであれば，t_1 期の直前に位置する ^{1}H 核に対するパルスの位相を，表 3.2.1 に従い変化させていく．

TPPI 法と States 法とでは，折り返し様式(次項)が異なるが，実用上多くの場合，States 法における折り返し様式の方が好ましい．一方，アキシャルピークとよばれるある種のアーティファクトが，TPPI 法では 2 次元スペクトルの端に現れるが，

表 3.2.1 t_1 期におけるクアドレチャー検出(間接観測軸位相検出)法の比較

間接観測軸の位相検出法	準備パルスの位相(y)	展開時間	レシーバーの位相	フーリエ変換の種類	アキシャル・ピークの位置
TPPI 法	x	$t(0)$	x		スペクトルの端
	y	$t(0)+\varDelta$	x	Real	
	$-x$	$t(0)+2\varDelta$	x		
	$-y$	$t(0)+3\varDelta$	x		
States 法	x	$t(0)$	x		スペクトルの中心
	y	$t(0)$	x	Complex	
	x	$t(0)+2\varDelta$	x		
	y	$t(0)+2\varDelta$	x		
States–TPPI 法	x	$t(0)$	x		スペクトルの端
	y	$t(0)$	x	Complex	
	$-x$	$t(0)+2\varDelta$	$-x$		
	$-y$	$t(0)+2\varDelta$	$-x$		

パルスの位相：図 2.4.4 に示すように，静磁場に直交する電磁波の周波数に固定した回転座標系では電磁波の磁場(B_1)が唯一の静磁場となる．この磁場の方向を回転座標系の X 軸方向に固定した電磁波のパルスを X 位相パルスとよび，電磁波の位相をシフトして Y 軸方向に固定したものを Y 位相パルスとよぶ．
検出期(レシーバー)の位相：検出期の位相はパルスの位相と同期されているのでパルス位相との関係で正確に定義することができる．
目的のスペクトルを得るために，表のようにパルスとレシーバーの位相を順に変えながら積算していく際の最小単位(表では 4 回)を位相サイクルとよぶ．$\varDelta = 1/(2SW)$ である．

States 法ではスペクトルの中心に現れてしまう．この点では TPPI 法の方が好ましい．折り返し様式は States 法と同様だが，アキシャルピークは TPPI 法と同様にスペクトルの端に現れるように工夫したものが，States-TPPI 法である．

C. 折り返し

データのデジタル化を行う際に，サンプリング周波数が信号に含まれる最高周波数より低い場合には，シグナルの折り返し (aliasing または folding，3.4.2 節 B 項を参照) が起こる．折り返しの原因は，サンプリング間隔がシグナルの周期よりも広いために，異なる周波数をもつシグナルと区別がつかなくなることである．この「間違え」は，位相検出の方法によって異なる．図 3.2.3 には，その様子を示した．

多次元 NMR 測定において，間接観測軸方向の分解能を上げるために，積極的に折り返しを用いることがある．2 次元平面上の空いたスペースに折り返しシグナルをうまく入れることによって，狭いスペクトル幅で広い周波数幅のデータを得るこ

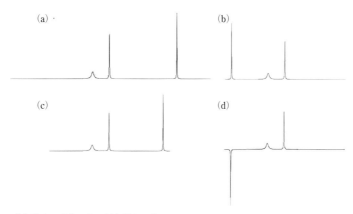

図 3.2.3 位相検出の方法による折り返しの違い
(a) 通常のスペクトル．シグナルの周波数：500，1500，1750 Hz，スペクトル幅：3000 Hz，スペクトルの中心：1500 Hz，クアドレチャー位相検出．励起パルスの後，最初の点を取り込むまでの待ち時間を 0 としてシミュレーションしたもの．
(b) スペクトル幅を 1800 Hz としたもの．スペクトルは 2400～600 Hz であり，周波数 500 Hz のシグナルは折り返って見かけ上 2300 Hz に現れている．位相検出を States-TPPI 法によって行った場合にも同様なスペクトルが得られる．
(c) 位相検出を Redfield 法によって行い，それ以外は B と同じ条件で測定したもの．周波数 500 Hz のシグナルは，見かけ上 700 Hz に現れている．TPPI 法を用いた場合にも同様なスペクトルが得られる．
(d) 励起パルスの後，最初の点を取り込むまでの待ち時間を取り込み間隔の半分としてシミュレーションしたもの．それ以外の条件は B と同じ．周波数 500 Hz のシグナルは，見かけ上 2300 Hz の位置に 180°位相が異なるシグナルとして現れている．

とができる．このとき，データの最初の点の時間を調整することによって，折り返しシグナルの位相を 180° 変えることができ，もとのシグナルと明確に区別することが可能である（図 3.2.3）．

D. オーバーサンプリング

近年の A/D 変換器の高速化により，オーバーサンプリング（oversampling）という新しい手法が可能になった．この手法では，スペクトル幅から決まるサンプリング周波数より高い周波数でサンプリングを行う．この場合には，1 チャンネルでサンプリングを行った後，デジタル処理によってクアドレチャー位相検出（もしくはデジタルクアドレチャー位相検出）が可能である．また，デジタル処理によって，きわめてシャープな周波数フィルター処理を行うこともできる（デジタルフィルター）．ただし，受信レベルそのものは，A/D 変換時に決まるため，デジタルフィルターによって軽水シグナルの除去を行うことはできない．

3.2.4 ■ アーティファクトの除去

装置あるいは測定パラメータの調整において「完璧」ということはありえず，得られたデータには，程度の差はあるものの常にアーティファクトが含まれている．これらを除去することは，美しい，すなわち解析しやすいスペクトルを得るために重要である．このため，アーティファクトの除去は重要な問題であった．しかし，近年のデジタル化によって通常の観測におけるアーティファクトの問題はほとんどなくなり，測定はきわめて簡単になったといえる．しかし，多次元 NMR 測定における間接観測軸では，アーティファクトの問題は依然として存在している．

A. ゼロ周波数ノイズの除去

間接観測軸において位相検出を行ったときに，実数部と虚数部に対応する 1 つのデータの組において信号の値のゼロ点からのずれ（オフセット）が異なる場合には，見かけ上，T_2 が無限に長い周波数ゼロの FID シグナルが記録されたことになり，得られるスペクトルの中央に鋭いノイズ（zero-frequency spike またはクアドレチャーグリッチ）が観測される．これは，パルスの位相を変えた実験を行い積算すること，すなわち「位相回し」によって除去することが可能であるが，測定後のベースライン補正などのデータ処理によっても除去が可能である．

B. ベースライン補正（first point correction）

間接観測軸においては，FID 信号の最初の 1 点には，測定条件に由来するずれが持ち込まれることがある．これは，最初の点を取り込むタイミングがそれ以降の観

測間隔のちょうど半分ではないときに起こる．すなわち，フーリエ変換において，各点の値には観測間隔 Δt が乗じられ，強度×時間として用いられるが，第 1 点の観測時間が正確に観測間隔の半分でないと，この積分値が正しくなくなり，そのずれの分がベースラインのオフセットとして現れる．このオフセットは明らかにシグナルの大きさに依存している．したがって，溶媒シグナルのような大きなシグナルに依存してオフセットが変動することとなる．これにより，ある周波数の強いシグナルが尾根のようなシグナルになってしまう．このような場合には，最初の点に適当な係数を乗じて補正した後にフーリエ変換を行う．あるいは，LP 法によって異常な数点を予測・補正することも可能である．

3.3 ■ 試料調製

3.3.1 ■ NMR 試料管

　高分解能 NMR スペクトルの測定には，高精度に成形された試料管を用いることが必要である．見た目でゆがみがわかるような試料管は論外であるが，できるだけ高い分解能を得たい場合には，真円度の高い試料管を選ぶべきである．また，NMR によって絶対定量を行う場合には，試料管内の体積が一定である必要がある．したがって，成形精度の高い試料管を使わないと，試料管ごとに結果がばらつく可能性がある．

　一般のガラス製メスフラスコなどと同様に，試料管を高温で乾燥するとガラスが変形するので避けるべきである．試料管にはさまざまなグレードのものがあるが，きわめて安価なものは温度変化などで破損する危険性もある．また，高感度の測定では，夾雑物の混入を避けるために試料管の洗浄も重要である．NMR 試料管の洗浄は，一般のガラス製品と同様に，塩酸あるいはクロム混酸液で洗浄することが望ましい．さらに，水蒸気洗浄を行うことが理想的である．なお，水溶性の高い試料のみを対象としている場合には，洗浄にあまり気を使う必要はないと思われるが，脂質などを利用した場合には注意が必要である．

　高橋らによって開発された対称式ミクロ試料管[4]は，生体高分子の NMR 測定において必要不可欠となっている（この試料管は国内では「高橋チューブ」とよばれ，一方海外では製造元に由来する「SHIGEMI tube」という名前でよばれることが多い）．これは，試料の上下を試料と誘電率が同じであるガラスではさみ，試料はコイルの内側のみに位置するようにしたものである（図 3.3.1）．これによって，試料

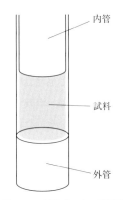

図 3.3.1 対称式ミクロ試料管

の濃度を最大限に上げることができ，一方，試料とガラスには誘電率の差がないため磁場の均一性が損なわれない．なお，理論的には試料の高さをコイル幅と同じにしたときに最も感度が高い．この試料管では，試料とガラスの誘電率が同じであることが重要であるため，各溶媒用の試料管が市販されている．対称式ミクロ試料管には，NMR 分光計のメーカーごとに外管の底部の長さが異なる専用の製品が存在する．プローブ内において試料管の下側には温度測定用の熱電対があるため，間違った長さの試料管を用いるとこれに接触する可能性がある．

　DOSY 法などによって分子の拡散係数を測定するような場合には，グラジエントパルスによる温度勾配が問題になることがある．したがって，そのような測定の場合には，対称式ミクロ試料管あるいは先細の試料管など，試料容積の小さい試料管を利用すると良い．試料容積の小さい試料管は，溶媒の体積の減少によって，溶媒からのシグナルの減少にも役立つことがある．

　高塩濃度の試料を扱う場合には，コイル内の特定の位置に試料を配置することによって，高い感度での測定が可能になることがある．そのような目的のために楕円形試料管あるいはスロット型の試料管が開発されている．

3.3.2 ■ 基準物質と溶媒

　NMR スペクトルの重要な指標である化学シフトを決定するためには，基準物質が必要である．^{1}H NMR の場合，一般には TMS(テトラメチルシラン)を基準とするが，TMS は水溶性が低いため，水溶液では TMSP(3-トリメチルシリルプロピオン酸ナトリウム；DSS ともいう)を基準物質として使うことが多い．DSS と TMS

は，化学シフトが 0.015 ppm だけ異なるため，DSS を基準として用いた場合には，そのことを明記する必要がある．ただし，タンパク質の NMR スペクトルの場合，0 ppm にシグナルがあることが多く，また DSS がタンパク質に吸着することも考えられるため，実際に試料に DSS を加えることはまれである．このため，生体高分子の場合には，H_2O（重水溶液の場合には HDO）のシグナルの化学シフトをあらかじめ調べておき，それを利用することもある．なお，水の化学シフトは，温度や溶液の条件などによって大きく変わるので注意が必要である．

^{13}C 核については，^{1}H 核と同様に TMS が基準物質（0 ppm）として用いられる．一方，^{15}N 核の場合には，25℃における無水液体アンモニアのシグナルを 0 ppm とすることが多いが，通常の補正の場合には，例えば飽和塩化アンモニウム水溶液における ^{15}N 核のシグナルを 27.34 ppm とする．また，^{31}P 核については，85％のリン酸水溶液におけるシグナルを 0 ppm とする．

溶液における高分解能 NMR では，分子の等方的な回転運動によりスピン間の双極子相互作用がキャンセルされていることを前提としている．一方で，磁場に対してわずかに配向させることによって，双極子相互作用を回復させ，これを構造解析に利用する手法も開発されている[5]．このような「残余」双極子相互作用を観測するために，溶液にバイセルや Pf1 ファージなど，磁場中で配向する分子を加えて測定が行われる．バイセルとは dimyristoyl-phosphatidylcholine（DMPC）と dihexanoyl-phosphatidylcholine（DHPC）などの混合物からなる円盤状の粒子で，磁場に対して垂直に配向する．これを 5％ w/v 程度含む溶液中では，タンパク質もわずかに配向する．DMPC/DHPC からなる bicelle は，使用可能な温度や pH 範囲が限られるため，さまざまな改良がなされている．一方，核酸については，繊維状ファージである Pf1 ファージが用いられることが多い[6]．

3.4 ■ 測定法および測定パラメータ

「測定法および測定パラメータ」として記述すべき事項は膨大な量になるはずである．NMR にはさまざまな測定法があり，各々の測定のための多種多様なパラメータが存在するためである．しかし，筆者が NMR を始めたおよそ四半世紀前に比べて，最近の装置では「ブラックボックス化」が進んでおり，測定法を選択してパラメータを呼び込むだけで，望みの測定ができてしまうという状況になりつつある．一方で，測定感度の限界に近い試料や，長期的な安定性に欠ける試料を用いて

実験を行う研究者にとっては，測定法やパラメータについての知識と経験が，解析可能なデータを得るためにきわめて重要となる場合もあるだろう．そのような現状をふまえ，この節では網羅的な記述を避け，いくつかの重要な測定法を取り上げたうえで，その中で基本的であるか，もしくは重要性が高いと思われるパラメータを選択して述べていくこととしたい．

本節では，対象として「タンパク質の解析を目標とする生化学者」を想定し，三重共鳴の実験を行うことで解析を進めていこうとしている状況を考える．参考文献としては，タンパク質のNMRの教科書として定評があるCavanaghらによるものを第一にあげ[7]，この中に含まれない事項については個別に紹介する．

本節の構成としては，まず，試料を装置に入れて，1次元の測定を行うときのパラメータについて述べる．続いて主として ^{1}H–^{15}N HSQC 実験を例にとって2次元NMR測定の際のパラメータを概説する．その後に行う三重共鳴の実験のパラメータについては重水素化試料の測定をモデルとし，測定の際に必要とされるパラメータを考えていく．また，ここでは読者が対象とするサンプルは，90％軽水＋10％重水に溶けているタンパク質試料であると仮定する(タンパク質試料を扱っていない読者は，「タンパク質」という記述を自分の試料に読み替えていただきたい)．また，①試料を装置にセットする，②ロックをかける，③シミング(磁場補正)を行う，④プローブヘッドのチューニングとマッチングを行う，という点については本書の他の部分においてすでに解説されているため，読者は十分に習熟したという前提に立って話を進める．

3.4.1 ■ 1次元 NMR 測定

A. 1次元 ^{1}H NMR 測定に必要なパラメータ

いまNMRチューブに詰めたタンパク質試料を手にしているとして，1次元 ^{1}H NMR スペクトルを測定する際に必要なパラメータについて考えてみる．まず図 3.4.1(a)に示したような最も単純な1次元NMRスペクトル測定に必要と思われるパラメータを表 3.4.1 に，図 3.4.1(a)のパルス系列で必要とされるパラメータを表 3.4.2 に示す．パラメータは図中の記号で示す．

B. ^{1}H 核の 90°パルス幅の決定

表 3.4.1 および表 3.4.2 に示したパラメータのうち，積算回数，スペクトル幅，レシーバー・ゲイン，パルス P1 のパワー PL1，パルス幅 P1 は，測定を行いながら，試料に合わせて設定していく必要がある．

3.4 測定法および測定パラメータ

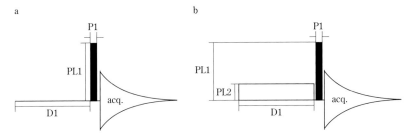

図 3.4.1 (a)通常の 1 次元 ^{1}H NMR スペクトル測定に用いられるパルス系列と(b)pre saturation 法によって溶媒シグナルを飽和させて 1 次元 ^{1}H NMR スペクトル測定する際に用いられるパルス系列

横軸は時間の経過(左から右に),縦軸はパルスのパワーを模式的に表している.図中の縦棒はパルスを,acq. と略記した部分は FID の観測時間を,(b)において時間 D1 の部分の四角は pre saturation パルスを表している.図中にはそれぞれの測定に必要なパラメータを示した.パルスの位相は,特に指定していない場合は x 方向からである.

表 3.4.1 1 次元 NMR スペクトル測定において一般的に必要とされるパラメータ

パラメータ	説　明
タイム・ドメインにおけるデータ・サイズ	NMR シグナル(FID)はデジタル化されて取り込まれるが,その際のポイント数.測定試料の横緩和時間(T_2)を参考に設定する.通常のタンパク質試料の 1 次元 ^{1}H NMR スペクトル測定の際は,典型的な値として例えば 16 K(real 8 K + imaginary 8 K)ポイントを用いる.
積算回数	通常の NMR 測定では,十分なシグナル強度を得るために同様のデータ取り込みを複数回行い,データを加算した後に処理を行うが,その際の積算の回数.積算回数は試料の濃度や測定の種類による.
ダミー・スキャン回数	積算の際には,厳密に言えば,最初のスキャンと 2 回目のスキャンでは測定条件が異なる.なぜならば,1 回目のスキャンでは完全に平衡状態に達した状態から実験を行うが,2 回目以降はそうではないからである.したがって,通常は系が定常状態に達するまでに,積算をともなわないダミーの実験を行う.この際のダミー実験の回数.
スペクトル幅	観測するスペクトルの幅.スペクトル幅の内側のシグナルは観測されるが,外側のシグナルはフィルターによって落とされる.通常は大きめに設定し,実際のスペクトルを見てから適正な大きさに縮める.フィルター幅,サンプリング間隔,取り込み前時間などのパラメータも存在するが,これらは通常,スペクトル幅から自動的に設定される.
トランスミッター周波数	スペクトルの中心周波数.
データ取り込みモード	クアドレチャー検出検波のモード設定.
レシーバー・ゲイン	シグナルに対するレシーバーの増幅率.

表 3.4.2　図 3.4.1(a)のパルス系列で必要とされるパラメータ

パラメータ	説　　明
ディレイ(D1)	1回の取り込みから次の取り込みまでの時間．試料の縦緩和時間(T_1)に依存しており，タンパク質の場合，通常は 1〜2 秒に設定する．
パルスのパワー(PL1)	図 3.4.1(a)のような測定の場合，25 kHz 程度のパワーのパルスを用いる
パルス幅(P1)	PL1 のパワーで出力するパルスの幅．

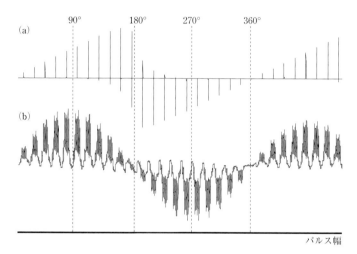

図 3.4.2　(a) 90%軽水，10%重水溶液のサンプルについて与えるパルスの長さを少しずつ変えていったときの軽水シグナルの挙動
(b) 図 3.4.1(b)に示したパルス系列を用いて，与えるパルスの長さを少しずつ変えていったときの，タンパク質のアミドプロトン領域の挙動
横軸はパルス幅．90°，180°，270°，360°パルス幅のポイントをそれぞれ縦の点線で示してある．

まず，パワー PL1 であるが，図 3.4.1(a)のような測定の場合，推奨されている最も強いパワーを用いるのが普通である．続いて，パルス幅 P1 を少しずつ増やしていって，このパワー設定における 90°パルス幅を決定する．90°パルスとは巨視的な磁化を 90°回転させるパルスのことである．ここでは，測定試料として 90%軽水＋10%重水溶液を想定しているので，軽水シグナルに注目して 360°パルス幅を決定し，その 4 分の 1 を 90°パルス幅とするのが一般的である．**図 3.4.2**(a)に 90%軽水＋10%重水溶液のサンプルに対して与えるパルスの長さを少しずつ変えていったときの軽水シグナルの挙動を示した．巨大な軽水シグナル（およそ 100 mol/

L）は，放射減衰のために sin 曲線ではなく図 3.4.2(a) のような挙動を示すため，180°パルス幅から 90°パルス幅を求めるのは困難である．参考までに図 3.4.2(b) には図 3.4.1(b) に示したパルス系列（後述）を用いて，パルス幅 P1 を少しずつ変えていったときの，タンパク質のアミドプロトン領域の挙動を示した．アミドプロトンシグナルは与えたパルス幅に対して sin 曲線様の挙動をとっていることがわかる．

上記のように軽水シグナルを指標にしてパルス幅の決定を行う場合には，レシーバー・ゲインは巨大な軽水シグナルが観測されることを想定して，適正な値に設定する必要がある．またここでは，強いパワーでの 90°パルス幅を決定したが，さまざまなパワーにおける 90°パルス幅についても同様の方法で決定する．

ここで，得られた 90°パルス幅の値を P1 に代入してスペクトルをとってもよいが，巨大な軽水シグナルが障害となる．通常は種々の手法を用いて軽水シグナルの強度を下げ，相対的に小さい「見たい」試料のシグナルを際立たせて観測を行う．最も簡便な水シグナルの消去方法は pre saturation 法である．これは図 3.4.1(a) のパルス P1 の前に，弱いパルスを連続的に軽水シグナルに照射し，軽水シグナルを飽和させる方法である．このパルス系列を図 3.4.1(b) に示す．このパルス系列を用いて測定を行う場合，図 3.4.1(a) のパルス系列で設定したパラメータに加えて，ディレイ時間 D1 に照射するパワー（図中では PL2）を設定する必要がある．通常は 250 Hz 程度の弱いパワーを用いる（250 Hz のパワーの場合，90°パルスが 1 ms となる）．

次はレシーバー・ゲインの設定であるが，最近の装置にはレシーバー設定を自動で行うコマンドがあるのでこれを用いるのがよいであろう．ただし，ダミー・スキャンを行った後の値を調べるという点に留意する必要がある．

この状態で，試料の濃度に応じた適当な積算回数を設定し，比較的広めにスペクトル幅を設定して，一度測定を行ってみる．そして，得られたスペクトルを見て，適切なスペクトル幅を設定し直す．**図 3.4.3** には，$^{13}C/^{15}N$ 標識ユビキチン試料について図 3.4.1(b) のパルス系列を用いて測定した 1 次元 ^1H NMR スペクトルを示す．このようなスペクトルが読者の試料においても観測されるはずである．

C. ^{15}N 核のパルス幅の決定

続いて，^{15}N 標識した試料について，^1H–^{15}N 二重共鳴の実験を行う際に必要な ^{15}N 核のパラメータについて述べる．^1H–^{13}C 二重共鳴実験の際に必要な ^{13}C 核のパラメータについては，ほぼ同様の方法で決定できるので省略する．適宜文中の ^{15}N 核を ^{13}C 核に読み替えていただきたい．

第 3 章　NMR 測定のためのハードとソフト

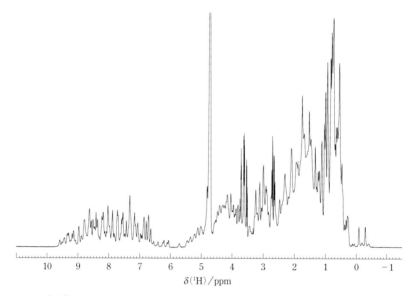

図 3.4.3　^{13}C/^{15}N 標識ユビキチン試料について図 3.4.1(b) のパルス系列を用いて測定した 1 次元 ^{1}H NMR スペクトル

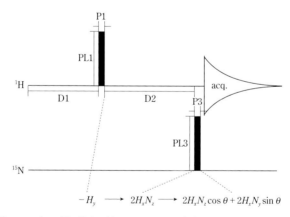

図 3.4.4　^{15}N 核の 90° パルス幅の決定に用いられるパルス系列
　　　　それぞれの測定に必要なパラメータを図中に示した．パルス系列の下には直積演算子で記述した磁化の移動を示してある．

　^{15}N 核は天然存在比が 0.37％であり，かつ測定感度が悪いので，通常は ^{1}H 核のときのような直接観測による 90° パルス幅の決定は行わない．代わりに用いられるのが図 3.4.4 に示すようなパルス系列である．図の下には直積演算子で記述した磁

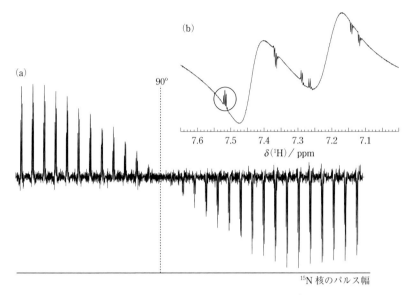

図 3.4.5 図 3.4.4 に示したパルス系列を用い，90%ホルムアミド，10% ^{2}H–DMSO の試料について ^{15}N 核のパルス幅を少しずつ増やしていった際に得られるシグナルの挙動(a) ここでは 1 次元 ^{1}H NMR スペクトル(b) 上の円で囲んだシグナルの挙動に注目している．横軸は ^{15}N 核のパルス幅．90°パルス幅のポイントを縦点線で示してある．

化の移動を示してある．最初の ^{1}H 核への 90°パルスによって $-H_y$ の磁化が生じるが，これは $1/(2^1J_{HN})$ の長さのディレイの間に ^{1}H 核と ^{15}N 核の間のカップリングによって $2H_xN_z$ の磁化に変わる．ここで ^{15}N 核にパルスを与えるのであるが，その角度を θ とすると $2H_xN_z\cos\theta + 2H_xN_y\sin\theta$ なる磁化に変わる．このとき，$2H_xN_z\cos\theta$ は逆位相のプロトンシグナルとして観測されるのに対して，$2H_xN_y\sin\theta$ は観測されない．したがって，$\theta = 90°$ では磁化は $2H_xN_y$ になりプロトンシグナルは消失する．このときのパルス幅をもって ^{15}N の 90°パルス幅とする．**図 3.4.5**(a) には図 3.4.4 に示したパルス系列を用いて 90%ホルムアミド + 10% ^{2}H–DMSO 中の試料について ^{15}N 核のパルス幅を少しずつ増やしていった際に得られるシグナル(図 3.4.5(b) 上の円で囲んだシグナル)の変化を示した．実際に図 3.4.4 のパルス系列を用いて実験を行う際には，表 3.4.1 および表 3.4.2 で示した ^{1}H 核についてのパラメータに加えて，^{15}N 核についてのパラメータを設定する必要がある(**表 3.4.3**)．

^{1}H–^{15}N HSQC の実験においては，^{15}N 核について 2 種類のパワーを設定する必要がある．1 つ目は高いパワーで 90°パルスのためのもの，2 つ目は 1 kHz 程度の弱

表 3.4.3　図 3.4.4 のパルス系列における ^{15}N 核についてのパラメータ

パラメータ	説　　明
2 番目のチャンネルの観測核	この場合は ^{15}N.
2 番目のチャンネルの中心周波数	観測する ^{1}H 核に直接結合している ^{15}N 核の化学シフトに設定する.
ディレイ (D2)	$1/(2 \cdot {}^1J_{HN})$ の長さのディレイ.
パルスのパワー (PL3)	^{15}N パルスのパワー.
パルス幅 (P3)	PL3 で指定される ^{15}N パルスの幅.

いパワーでブロードバンド・デカップリング(次項)に用いるものである.

D. ブロードバンド・デカップリング

タンパク質を ^{13}C 核や ^{15}N 核で均一に標識した場合，これらの核と直接結合している ^{1}H 核のシグナルは単結合のスピン-スピン結合のために 2 つの共鳴線に分裂する．通常はスペクトルの単純化のために，^{13}C 核や ^{15}N 核にパルスを照射し，1 つの共鳴線にして観測する．この操作をデカップリング(decoupling)という．デカップリングは ^{13}C 核もしくは ^{15}N 核のすべての領域にわたって行う必要がある(これをブロードバンド・デカップリングという)．ラジオ波照射による試料の温度上昇を抑え，かつできるだけ広い周波数帯域をデカップリングするために，現在はWALTZ-16，GARP-1 などのさまざまなコンポジットパルス・デカップリング(composite pulse decoupling, CPD)系列が提案されている．^{13}C の広い帯域をデカップリングするために断熱パルスを用いた CPD も使用されるが，これについては後述する．

GARP1 や WALTZ-16 などを用いて CPD を行う場合，^{1}H-^{13}C 相関スペクトル測定においては 2.5〜3.5 kHz, ^{1}H-^{15}N 相関スペクトル測定においては 1〜1.2 kHz 程度のパワーを用いるのが普通である.

3.4.2 ■ 多次元 NMR 測定

A. 多次元 NMR 測定におけるパルス系列の概念

ここでは多次元 NMR 測定において必要とされるパラメータについて考える．図 3.4.6(a)には，2 次元，3 次元，4 次元 NMR 測定におけるパルス系列の概念図を示した．パルス系列は最初の準備期，化学シフトでの展開期，混合期，そして観測期からなる．^{1}H-^{1}H NOESY 測定をこの中の 2 次元 NMR 測定のスキームに対応させて考えてみると，最初の ^{1}H の 90° パルスが準備期，NOE の混合時間が混合期

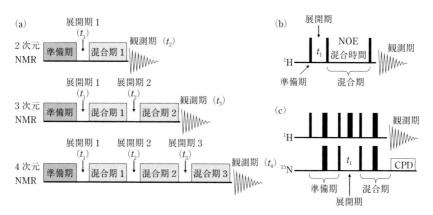

図 3.4.6 (a) 2 次元 NMR, 3 次元 NMR, 4 次元 NMR のパルス系列の概念図. 準備期, 展開期, 混合期, 観測期から構成されている. (b) 2 次元 ^{1}H–^{1}H NOESY のパルス系列. (c) 2 次元 ^{1}H–^{15}N HSQC のパルス系列.

となる(図 3.4.6(b)). 後述する 2 次元 ^{1}H–^{15}N HSQC の実験では, ^{1}H–^{15}N INEPT (intensive nuclei enhanced by polarization transfer) とそれに続く ^{15}N の 90° パルスが準備期に対応し, ^{15}N の化学シフトで展開した後の ^{15}N–^{1}H reverse INEPT が混合期となる(図 3.4.6(c)). 2 次元スペクトルは, 準備期の特定のパルスの位相と, 展開期のディレイの長さを系統的に変化させていくことによって得られる. 通常は位相検出法で 2 次元スペクトルを測定するが, その際のパルスの位相および展開期のディレイを増大させるにはいくつかの方法がある.

1 次元 NMR 測定の際には, 通常直交する 2 つの成分を同時に観測することで位相を検出している(QPD). しかし, 多次元 NMR スペクトルの展開軸(間接観測軸)の場合は, 直交する 2 つの成分を同時に観測することはできないため, 純吸収 2 次元スペクトルを得るためには, 直交する 2 つの成分に対応する FID をそれぞれ個別に測定する必要が生じる.

このための手法として, 分光計に標準搭載されている最近のパルス系列では States–TPPI 法とよばれる手法と, 後述する sensitivity enhancement(もしくは preservation of equivalent pathways, PEP)が用いられている. このうち States–TPPI 法およびその長所を理解するためには, 過去に用いられてきた他の方法(TPPI 法, States 法)についても触れる必要がある. 表 3.2.1 には, これら 3 種類の測定法について, 2 次元 NMR 測定における最初の 4 つの FID(それぞれ, 間接観測軸 1 ポイント目の実数部, 虚数部, 2 ポイント目の実数部, 虚数部に対応する)の取り込み

に関する，準備パルスの位相の設定，t_1 展開時間の増やし方，レシーバーの位相の設定，フーリエ変換の方法（実 FT か複素 FT か）について比較して示した．間接観測軸のいわゆる「0 Hz」の位置に出現するアーティファクトであるアキシャル・ピークの位置についても同様に比較してある．5つ目以降の FID の観測についてもこの法則性に従う．

TPPI 法は，基本的には1次元 NMR における Redfield の FID 観測法（詳細は省略）を2次元 NMR の間接観測軸に応用したものである．この方法では間接観測軸方向のデータポイントを増やすごとに，準備パルスの位相を 90° 変化させつつ，さらに展開時間を 1/(2SW) ずつ増大させていくという点が特色である．これに対して States 法と States-TPPI 法は一次元 NMR における QPD に対応しており，間接観測軸の同一展開時間あたりの実数部および虚数部に相当する2つの FID を準備パルスの位相を 90° 変えて観測し，2つの FID を観測し終わったところで，展開時間を 1/SW ずつ増大させる．TPPI 法で測定したデータは実フーリエ変換とよばれる方式でフーリエ変換を行うのに対し，States 法と States-TPPI 法で測定したデータは複素フーリエ変換とよばれる方式でフーリエ変換を行う．いずれの方法を用いて測定を行っても，測定パラメータが同一であれば，数学的には同一の結果が得られる．

最後に，States 法の改良版として，States-TPPI 法が提案された理由について簡単に述べたい．間接観測軸の位相検出法として，以前は TPPI 法と States 法が主に用いられていた．この2つの方法では間接観測軸の 0 Hz の位置が異なり，TPPI 法ではスペクトルの一方の端にあるのに対して，States 法ではスペクトルの中心に存在する．多次元 NMR 測定において，間接観測軸での化学シフトによる展開を経ない磁化が生じた場合，スペクトルの 0 Hz の位置にアキシャル・ピークとよばれるアーティファクトが現れる．TPPI 法ではアキシャル・ピークはスペクトルの端に現れるため解析に与える影響は少ないが，States 法ではスペクトルの中心に現れるため大きな影響を与える場合がある．States-TPPI 法は，States 法に対して，準備パルスとレシーバーの位相を間接観測軸の1複素ポイントごとに反転させている．この工夫によって，アキシャル・ピークの位置を間接観測軸のスペクトル幅の半分だけずらして，スペクトルの両端に現れるようにすることができる．

B．スペクトル幅（折り返し）と中心周波数の最適化

ここでは，間接観測軸のスペクトル幅について注目する．間接観測軸のスペクトル幅は，実際にシグナルが存在するギリギリの幅まで狭めても何の問題もない．3

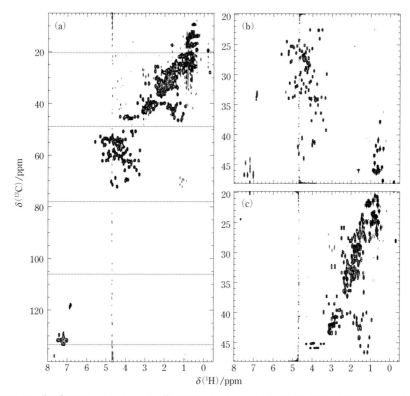

図 3.4.7 $^{13}C/^{15}N$ 標識ユビキチンの $^{1}H–^{13}C$ HSQC スペクトル．(a) では ^{13}C 方向に 140 ppm のスペクトル幅をとった．(b) では ^{13}C 方向に 28.35 ppm のスペクトル幅をとり，$^{1}H^{\alpha}–^{13}C^{\alpha}$ 交差ピークが正になるように位相を合わせた（正の交差ピークのみ表示してある）．(b) のスペクトルの負の交差ピークは (c) に示した．(a) のスペクトルにおいて点線で分割された領域が，(b) および (c) のように符号を変えながら折り返しているのがわかる．

次元や 4 次元 NMR では，これを押し進めてスペクトル幅をさらに狭く設定し，スペクトル幅の外にあるシグナルを折り返して観測する方法がよく用いられる[8]．**図 3.4.7** にその例を示した．

均一に ^{13}C 標識された試料について $^{1}H–^{13}C$ HSQC スペクトルを測定すると図 3.4.7(a) のようになる．^{13}C シグナルは広い帯域に現れるため，良好なシグナルの分離を得るためには間接観測軸方向に十分なデータポイントが必要になる．しかし実際には $^{1}H–^{13}C$ 相関ピークが現れる領域は限られているため，データポイントはある意味で「ムダ」になってしまう．このことは，3 次元や 4 次元 NMR においては切実な問題である．ここで，図 3.4.7(b) のようにスペクトル幅を狭く設定すると，

このスペクトルの範囲より高磁場側および低磁場側のピークは折り返されて，うまい具合に収まるため，少ないデータポイントでもシグナル分離の良いスペクトルが得られる．

スペクトルの折り返しを用いる際には，折り返されていないピークの位相に対して折り返されてきたピークの位相が同位相もしくは180°ずれたものになるように注意をする必要がある．このためには1ポイント目の正味の展開時間 $t(0)$ を厳密に決定しなければならない．$t(0)$ が次のような式を満たせば，折り返されたピークは正しい吸収波形になる．

$$t(0) = 0.5n\Delta, \quad \Delta = \frac{1}{\mathrm{SW}} \quad (n = 0, 1, 2, \cdots) \tag{3.4.1}$$

n が偶数ならば，折り返されていないピークに対して折り返されたピークは常に同符号であるが，n が奇数であれば，何回折り返されたかによって負になったり（1回，3回，…），正になったり（2回，4回，…）する．ここで注意しなければならないのは，$t(0)$ はパルス系列上で定義した1ポイント目のディレイ（d_0 とする）の和に，展開時間に存在する180°パルスの長さや90°パルスを照射している間に展開する時間（$2\tau_{90}/\pi$ で近似）をすべて加えたものであるということである．したがって $t(0)$ の値をまず定めて，それから d_0 を計算する．単純な $^1\mathrm{H}$–$^1\mathrm{H}$ NOESYスペクトルを States法もしくは States–TPPI法で測定する場合には d_0 は次のように算出される．

$$d_0 = t(0) - \frac{4\tau_{90}}{\pi} \tag{3.4.2}$$

τ_{90} は $^1\mathrm{H}$ 核の90°パルス幅である．$^1\mathrm{H}$–$^{15}\mathrm{N}$ HSQCを States法もしくは States–TPPI法で測定する場合には，d_0 は次のように算出する．

$$d_0 = \frac{1}{2}t(0) - \frac{4\tau_{90}(^{15}\mathrm{N})}{\pi} - \tau_{180}(^1\mathrm{H}) \tag{3.4.3}$$

ここで，$\tau_{90}(^{15}\mathrm{N})$ は $^{15}\mathrm{N}$ 核の90°パルス幅，$\tau_{180}(^1\mathrm{H})$ は $^1\mathrm{H}$ 核の180°パルス幅である．この式で，$t(0)$ の前に1/2がかけてあることに注意しよう．これは通常のHSQCスペクトルの場合，展開時間の中間点に $^1\mathrm{H}$ 核の180°パルスがあるためにパルス系列上の d_0 は2つに分けられているからである．

気を付けなければならないのは，States法，States–TPPI法とTPPI法では間接観測軸のスペクトル周波数幅より外側のシグナルの折り返し方が異なるということである．States法もしくは States–TPPI法では，例えばスペクトルの低磁場側の端から Δ（Hz）だけ外側にあるシグナルは，「高磁場側」の端から Δ だけ内側の位置に

出現する("aliasing")のに対し，TPPI 法では「低磁場側」の端から Δ だけ内側の位置に出現する("folding")．折り返し方としては，多くの場合前者の "aliasing" の方がより実用的であるため，3 次元，4 次元 NMR においては States-TPPI 法もしくは States らの方法が用いられる．

C. Sensitivity enhancement 法

A 項で述べた方法に加えて，最近 sensitivity enhancement 法とよばれる方法が一般的に用いられるようになっている．この方法は，理想的には，A 項で述べた諸方法に比べて $\sqrt{2}$ 倍程度の感度上昇が期待できる．

この方法の原理を簡単に説明する．例えば次項で詳しく取り扱う ^{1}H–^{15}N HSQC 測定の場合，展開時間後の磁化は 2 つの成分 $2H_zN_y\cos\omega_\mathrm{N}t_1 - 2H_zN_x\sin\omega_\mathrm{N}t_1$ からなる．前項で述べた諸方法では，この 2 つの項のうちの一方のみを選択して観測する．これに対して sensitivity enhancement 法では，追加されたパルスによって両方の項を取り出して観測する．しかし得られたデータは通常の複素データ型(complex 型)ではないので，さらに数学的な処理をして通常の complex 型のデータを再構成する．最近のほとんどのデータ処理ソフトウエアでは sensitivity enhancement 法で観測したデータを処理できるようになっている．

D. ^{1}H–^{15}N HSQC のパルス系列

ここでは 2 次元 NMR の代表例として ^{1}H–^{15}N HSQC 測定を取り上げ，測定法とパラメータを概説する．^{1}H–^{15}N HSQC 測定のための最も単純なパルス系列を図 3.4.8(a)に示した．それに対して図 3.4.8(b)には，Grzesiek と Bax によって水シグナルがなるべく飽和しないように改良されたパルス系列を示した．また図 3.4.8(c)には，sensitivity enhancement 法を用いた ^{1}H–^{15}N HSQC 測定のためのパルス系列を示した．

まず図 3.4.8(a)と図 3.4.8(b)のパルス系列を比較してみよう．2 つのパルス系列は ^{1}H 核と ^{15}N 核の強いパワーのパルスについてはまったく同一であることがわかる．異なる点は，合計 4 つのグラジエント・パルスが与えられている点と，^{1}H 核に対して 4 つの弱いパワーの 90° パルス(図中の背の低いパルス)が与えられている点である．この弱いパワーのパルスは水選択的なパルスである．

E. パルス磁場勾配法

パルス磁場勾配(PFG)法は 1990 年代の半ば頃から非常によく使われるようになってきた技術である．そのメカニズムを簡単に述べると，PFG 法に用いるプローブには通常のコイル部の外側に PFG 用のコイルが巻かれており，このコイルに直

第 3 章　NMR 測定のためのハードとソフト

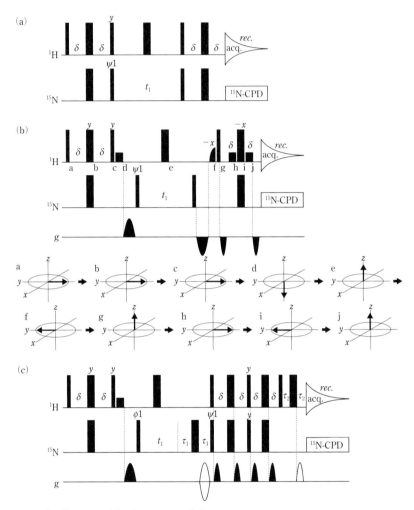

図 3.4.8　^{1}H–^{15}N HSQC 測定のためのパルス系列
(a) は最も単純で基本的なパルス系列．(b) は Grzesiek と Bax によって改良されたパルス系列．(b) の下側にはこのパルス系列における軽水シグナルの挙動を模式的に示した．(c) は sensitivity enhancement 法を用いた ^{1}H–^{15}N HSQC 測定のためのパルス系列．図中 δ，τ_1，τ_2 はそれぞれ約 2.3 ms，1.5 ms，0.5 ms のディレイである．図中で位相が示されていないパルスは位相 x で与える．位相回しは以下のとおり：(a) および (b) $\psi_1 = x, -x$；$rec = x, -x$；(c) $\psi_1 = x$；$\phi_1 = x, -x$；$rec = x, -x$．(a)，(b) では ^{15}N 軸の展開は States–TPPI 法に従って ψ_1 の位相をシフトすることで行う．(c) では 1 つの t_1 ポイントについて，τ_1 時間の間のグラジエント（白抜き）の符号を変えた 2 種の FID を観測する（同時に ψ_1 の位相も反転させる）．また t_1 ポイントのインクリメントにともなって ϕ_1 とレシーバーの位相を反転させる．

流電流を流すことによってパルス的に傾斜磁場をつくり出すというものである.

PFG 法の主な使用目的は，①不要なシグナルの除去(スポイル：spoiling)，②エコー時に生じる 180°パルスの不正確性に起因する不要なシグナルの除去，③特定のコヒーレンスの選択，の 3 つに大別される.

図 3.4.8(b)の 1 番目および 2 番目のグラジエント・パルスが①の「不要なシグナルの除去」に該当する. グラジエント・パルスによってつくり出される傾斜磁場のために，磁化はその位置によって異なる周波数で歳差運動を行う. したがって，十分な強度のグラジエント・パルスを十分な時間与えた場合, xy 平面上の磁化は相殺されてゼロになってしまう. このグラジエント・パルスを与える際に，必要な磁化を z 方向に向かせていれば，その磁化は PFG の影響を受けないため，結果的に xy 平面上の不要な磁化を消去できるのである. 図 3.4.8(b)の例で考えてみると，必要な磁化 $2H_zN_z$ は最初のグラジエント・パルスの直前に z 方向を向いているため, このグラジエント・パルスの影響を受けない. 一方，軽水シグナル以外の ^{15}N に直接結合していない ^{1}H 核の磁化は(軽水シグナルの挙動については次項で述べる)，そのとき $-H_y$ になっており y 方向を向いているためにグラジエント・パルスによって消去される.

図 3.4.8(b)の 3 番目と 4 番目のグラジエント・パルスは②の「エコー時に生じる 180°パルスの不正確性に起因する不要なシグナルの除去」に該当する. ^{1}H–^{15}N HSQC の測定において必要な磁化は 3 番目のグラジエント・パルスの直前では $2H_yN_z$ になっている. この磁化は 3 番目のグラジエント・パルスによって位相差を生じるが，次の ^{1}H 核の 180°パルスによってコヒーレンス・オーダーが反転($-1 \to 1$ もしくは $1 \to -1$)するため，4 番目のグラジエント・パルス(3 番目のグラジエント・パルスと同符号で同強度，同時間)によって位相は「再結像(refocus)」する. ^{1}H と ^{15}N の 180°パルスの不正確性によって生じる磁化は 180°パルスの前後でコヒーレンス・オーダーが反転しないため，再結像せず消去される.

③の「特定のコヒーレンスの選択」の例は図 3.4.8(c)のパルス系列の 2 番目および 7 番目のグラジエント・パルス(白抜き)である. ここでは，測定に必要なコヒーレンスは t_1 展開時間に ^{15}N の磁化になっていて，かつ観測直前には ^{1}H の磁化になっているものである. このコヒーレンスに対して 2 番目および 7 番目のグラジエント・パルスが引き起こす位相差は $\pm \gamma_N G^2$, $\gamma_H G^7$ と表される(γ_N, γ_H はそれぞれ ^{15}N 核, ^{1}H 核の磁気回転比. G^2, G^7 はそれぞれ 2 番目, 7 番目のグラジエント・パルスの強度の積分値). $\pm \gamma_N G^2 = \gamma_H G^7$ のとき，すなわち $G^7/G^2 = \pm \gamma_N/\gamma_H$ のときは

位相が再結像し，かつ不要な磁化は消去される．

　PFG が導入される前は，不要な磁化を消去するために位相回しが用いられていた．PFG による不要な磁化の消去は位相回しを必要としないため，試料濃度が十分であればさらに短時間で測定を行うことができる．したがって，3次元・4次元 NMR 測定のように，時間的な制約から1つの FID について多数の積算を行うことができない測定においては，PFG 法は非常に強力である．また，次項で述べる軽水選択的パルスと PFG の組み合わせによって，水シグナルをきれいに消去することが容易になった．

F. 軽水シグナルの取り扱い

　^{1}H–^{15}N HSQC は，例えばタンパク質中の主鎖のアミド基や側鎖のアミノ基などの ^{15}N 核に ^{1}H が直接結合している化学構造について，^{1}H と ^{15}N の相関を2次元で測定する方法である．しかし，これらのアミド・アミノプロトンは溶媒である水と交換するため，軽水中で測定する必要がある．前述のように，その際には 100 mol/L もの濃度の軽水シグナルをどう取り扱うかが重要になってくる．最も簡単な水シグナル消去の方法は pre saturation 法であると前に述べたが，pre saturation を行うと飽和した軽水のシグナルが交換によってアミドプロトンやアミノプロトンに伝達されるために，これらのプロトンシグナルの強度は著しく低下してしまう．またグラジエント・パルスを用いて軽水シグナルをスポイルしても，アミド・アミノプロトンの感度低下を招くことが報告されている．

　図 3.4.8(b) のパルス系列では，軽水シグナル選択的なパルスを導入することによって軽水の磁化がコントロールされており，グラジエント・パルスによってスポイルされないようにしてある．特にパルス系列の後半部分は WATERGATE というパルス系列として知られている．

　ここで，図 3.4.8(b) の軽水選択的パルス系列には，① 125～250 Hz 程度の弱い矩形波のパルスと，② half gaussian という波形の shaped パルスの2種類が使用されている．矩形波のパルスでは，パワー ν(Hz) の 90°パルスを照射したときに，中心から $\sqrt{15}\,\nu$(Hz) の位置は励起されないことが知られている．したがって，パルス長を長くしていけば（つまりパワーをどんどん弱くしていけば），励起される範囲は狭まっていく．例えば，250 Hz のパワーの矩形波 90°パルスは周波数中心から約 1000 Hz の位置（600 MHz の装置では約 1.6 ppm）にはもはやほとんど影響を与えない．

　続いて half gaussian の shaped パルスについて考える．Shaped パルスとは1つ

のパルスの中で強度(および位相)の変調をともなうものをいう．Shaped パルスの多くは主として帯域選択的に 90° パルスや 180° パルスを与えるために考案された．Shaped パルスについては後で述べる．この場合の half gaussian shaped パルスは軽水シグナル近傍のみに 90° パルスを与えるために用いるものである．

図 3.4.8(b) の下にはこのパルス系列を用いた際の軽水の磁化の挙動を示した．最初の 2 つのグラジエント・パルスの際には，軽水の磁化はそれぞれ $-z$，$+z$ 方向を向いており，グラジエント・パルスによってスポイルされないこと，また観測直前には軽水磁化は $+z$ 方向を向いていることがわかる．

^{1}H–^{15}N HSQC 測定では，^{1}H 核の化学シフトによる展開を行わないために，軽水シグナルの取り扱いは容易である．ところが，例えば軽水シグナルをスポイルしないバージョンの HBHA(CBCACO)NH や H(CCCO)NH などの，^{1}H 核での展開時間をもつパルス系列の場合には状況は複雑になる．^{1}H 核での展開にともなって，^{1}H 核の特定のパルスの位相が(例えば States–TPPI 法によって)間接観測軸のデータポイントごとに異なっており，そのため水選択的パルスの位相もこれに従って変化させていく必要がある[9]．

G. ディレイの最適化

さまざまなパルス系列におけるディレイの長さについても最適化が必要な場合がある．例えば，図 3.4.8(b) の原著論文ではディレイ δ の長さを 2.3 ms としている．これは INEPT のパルス系列で要求される $1/(4^1J_{HN})$ の約 80% の値である．^{1}H–^{15}N HSQC パルス系列において，^{1}H–^{15}N INEPT および ^{15}N–^{1}H reverse INEPT の間，磁化は ^{1}H 核の磁化になっており，そのため ^{1}H 核の横緩和によって減衰していく．したがって，^{1}H–^{15}N HSQC スペクトルが最大の感度を与えるときのディレイ δ の値は $1/(4^1J_{HN})$ よりも小さくなる．ただし，試料の分子量(回転相関時間)によって ^{1}H 核の横緩和時間が異なるために，最大の感度を与えるディレイ δ の値は少しずつ異なり，場合によってはディレイを最適化する必要がある．

H. Shaped パルス

Shaped パルスとは一般に 1 つのパルスの中で強度(時には位相)を変化させたものをいい，選択的励起をはじめとするさまざまな用途のために多種多様なパルスの波形が開発されてきた[10]．現在の NMR 測定用プログラムを見ても，標準パルス系列に多くの shaped パルスが用いられているうえ，NMR 測定用プログラムのユーティリティの中で種々の波形の shaped パルスを作成できるようにもなっている．ここでは，実際の励起プロファイルを示すことで選択的励起における shaped パル

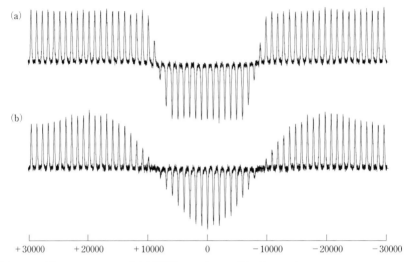

図 3.4.9 (a) RE-BURP パルスと (b) 矩形波 180° パルスの励起プロファイル
それぞれオフセットを $^{13}C^\alpha$ と $^{13}C^\beta$ の中心においた場合. $^{13}C'$ 核を励起しないように設定したもの.

スの有用性を示す. **図 3.4.9**(a)には $^{13}C^\alpha$ および $^{13}C^\beta$ の周波数帯域をカバーする 180° パルスとして用いられる RE-BURP パルスの励起プロファイルを, 図 3.4.9(b)にはオフセットを $^{13}C^\alpha$ と $^{13}C^\beta$ の中心として, $^{13}C'$ 核を励起しないように設定した矩形波 180° パルスの励起プロファイルを示した. Shaped パルスが選択的励起にすぐれているのは一目瞭然である.

　三重共鳴 NMR においては特に ^{13}C 核について多種の shaped パルスが使用される. Shaped パルスを適切に用いることは高感度でスペクトル測定を行うために非常に重要である. そのためには, どのような理由でそれぞれの shaped パルスが用いられるのかを理解することが必要である. Shaped パルスの応用例として, **図 3.4.10**(a)には側鎖 ^{13}C シグナルと 1 残基後ろのアミド ^1H シグナルを相関させる CC(CO)NH 測定のパルス系列を示した (試料のタンパク質は重水素化されているとする). この場合, 図中の P_1 から P_2 の間は, C_x^α の磁化を $2C_y^\alpha C_z'$ に変えるのが目的であるが, 同時に C^α には $^1H^\alpha$, ^{15}N, $^{13}C^\beta$ と単結合のスピン–スピン結合が存在しているため, これらの核とのカップリングによって磁化の伝達が起こる. 実際には $^1H^\alpha$ および ^{15}N とのカップリングは再結像するために考慮する必要はないが, A のパルスが $^{13}C^\beta$ 核も励起してしまうと, $2C_y^\alpha C_z^\beta$ の磁化が生じてしまうため, C_x^α か

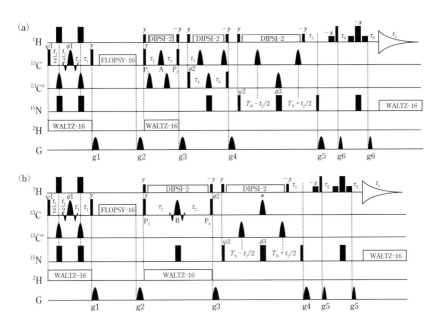

図 3.4.10 筆者らが使用している ^{2}H/^{13}C/^{15}N 三重標識タンパク質用の(a)CC(CO)NH および(b) CCNH のパルス系列

磁化移動は ^{13}C 核からスタートする．Water-flip-back パルスとグラジエント・パルスで溶媒飽和を避けつつ溶媒消去を行っている．2 つのパルス系列の中で位相 $\phi 1$ で与えられる shaped パルスと CCNH における B の shaped パルスは，RE-BURP の波形を用いた 180° パルスである．^{13}C チャンネルの他の shaped パルスは rSNOB の波形を用いた 180° パルス．^{13}C' チャンネルの shaped パルスは SEDUCE1 の波形を用いた 180° パルスである．^{13}C チャンネルのオフセットは，CC(CO)NH においてははじめにアリファティック領域の中心に置き，FLOPSY-16 の直後に ^{13}C$^\alpha$ 領域の中心にシフトさせる．CCNH においてはアリファティック領域の中心に固定し，*印の rSNOB パルスは位相変調によってオフ・レゾナンスで与える．CC(CO)NH における各ディレイの長さは次のとおり．$\delta_1 = 24$ μs, $\delta_2 = 3.7$ ms, $\delta_3 = 4.4$ ms, $\delta_4 = 12.4$ ms, $\delta_5 = 5.4$ ms, $\delta_6 = 2.3$ ms, $T_N = 12.0$ ms. CCNH においては δ_1, δ_5, δ_6 は CC(CO)NH と同じで，$\delta_2 = 14.3$ ms, $T_N = 11.2$ ms. CC(CO)NH の位相回しは次のとおり：$\psi 1 = y, -y$; $\psi 2 = 4(x), 4(-x)$; $\phi 1 = 4(y), 4(-y)$; $\phi 2 = 2(x), 2(-x)$; $\phi 3 = 8(x), 8(-x)$; $rec = x, 2(-x), x, -x, 2(x), -x$. CCNH の位相回しは次のとおり：$\psi 1 = y, -y$; $\psi 2 = 2(x), 2(-x)$; $\phi 1 = 2(y), 2(-y)$; $\phi 2 = 4(x), 4(-x)$; $\phi 3 = 4(x), 4(-x)$; $rec = x, 2(-x), x, -x, 2(x), -x$. ^{13}C 軸，^{15}N 軸での展開は States-TPPI 法に従って $\psi 1, \psi 2$ の位相をシフトしていくことによって行う．

ら $2C_y^\alpha C_z'$ への磁化の伝達効率が低下してしまう．こうした理由から，A のパルスはできるだけ ^{13}C$^\alpha$ 選択的である必要がある．図 3.4.10(a)では ^{13}C$^\alpha$ 選択的 180° パルスとして r-SNOB を用いている．

図 3.4.10(b)には側鎖 ^{13}C シグナルと残基内および 1 残基後ろのアミド ^{1}H シグナ

ルを相関させる CCNH のパルス系列を示した．この場合は，図中の P_3 から P_4 の間は，C_x^α の磁化を $2C_y^\alpha N_z$ に変えることが目的である．ここでも，C_x^α には $^1H^\alpha$，$^{13}C^\beta$，$^{13}C'$ と単結合のスピン－スピン結合が存在しているため，これらの核とのカップリングによって磁化の伝達が起こる．CC(CO)NH の際と同様に $^1H^\alpha$ および $^{13}C'$ とのカップリングは再結像するために考慮する必要はないので，$^1J_{C^\alpha C^\beta}$ による磁化の伝達のみを考慮する．ここで都合のよいことに，$^1J_{C^\alpha N}$ は 11 Hz 程度であり，一方 $^1J_{C^\alpha C^\beta}$ は 35 Hz 程度であるので，B のパルスを $^{13}C^\alpha$ 核と $^{13}C^\beta$ 核の両方を励起するように設定し，かつ $^1J_{C^\alpha C^\beta}$ によって C_x^α がいったん $2C_y^\alpha C_z^\beta$ になった後さらに C_x^α に再結像するようにうまくディレイを設定すると，効率よく C_x^α の磁化を $2C_y^\alpha N_z$ に伝達することができる．同様の磁化の伝達は，B のパルスを CC(CO)NH の際と同様に $^{13}C^\alpha$ 選択的にすることでも行うことができるが，実際には $^{13}C^\alpha$ 核と $^{13}C^\beta$ 核を完全に区別して励起することは困難であるので，$^{13}C^\alpha$ 核と $^{13}C^\beta$ 核の両方を励起するパルスを用いる方が効果的である．

これまでは，^{13}C 核に対する shaped パルスを見てきたが，^1H 核に対して shaped パルスを用いて選択的励起を行うことで ^1H–^{15}N 相関スペクトルをきわめて短時間で測定する方法（band-sensitive optimized flip-angle short-transient HMQC, SOFAST-HMQC[11,12]）についても簡単に紹介したい．NMR 測定においては，1 回のスキャンが終了してから，次のスキャンまでの間に磁化が平衡状態に戻るための時間（relaxation delay）が必要である．通常は測定核の縦緩和時間 T_1 の 1〜数倍の値を設定する．タンパク質試料の場合、1〜2 秒程度とするのが普通であるが，実は観測する ^1H 核の実効的な T_1 は，まわりに励起されていない多数の ^1H 核が存在する場合，著しく短縮されることが知られている[13]．したがって，観測したい ^1H 核のみを選択励起することが可能ならば，relaxation delay はもっと短くできるはず，というのが SOFAST-HMQC のコンセプトである．Brutscher らの報告では，^1H–^{15}N HMQC 中の ^1H 90° および 180° パルスをそれぞれ polychromatic PC9 と RE-BURP で置き換え（図 3.4.11），アミドプロトンのみを励起するようにしている．この結果，relaxation delay を著しく短縮することができ，きわめて短時間での測定に成功している．

I. ^2H デカップリング

タンパク質の分子量の増大にともなって顕著に大きくなる ^1H 核間の双極子緩和を抑えるために，タンパク質をランダムに重水素化するというアプローチは以前から存在していた．いま問題にしている三重共鳴 NMR においては，タンパク質の分

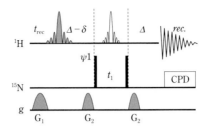

図 3.4.11 SOFAST-HMQC のパルス系列
^{1}H 核に対する最初の shaped パルスは選択励起のための PC9 パルス，t_1 展開時間の真ん中 shaped パルスは選択的再結像のための RE-BURP (もしくは rSNOB) パルスである．Δ は $1/(2^1J_{HN})$, δ は PC9 パルスの間の磁化の展開を近似した時間である．

子量の増大にともなって，それぞれの核の横緩和時間 T_2 (特に ^{1}H 核が直接結合している ^{13}C 核の T_2) が著しく短くなり，結果として三重共鳴 NMR スペクトル測定の感度が極端に低下してしまうことが知られている．^{13}C 核の T_2 を短くしている最も大きな要因は直接結合している ^{1}H 核との双極子相互作用である．^{2}H 核の磁気回転比は ^{1}H 核のそれのおよそ 1/6.5 倍であるため，タンパク質を重水素化すると異種核間の双極子相互作用は顕著に小さくなり，結果として ^{13}C 核の T_2 緩和時間は著しく長くなる[14,15]．このようにして，分子量 20 kDa を超えるタンパク質についても，重水素化によって感度良く異種核多次元 NMR スペクトルが測定できるようになるのである．一方で，重水素化によって第 2 種のスカラー緩和による ^{13}C シグナルのブロードニングが起こるため，パルス系列の中で ^{2}H 核のデカップリングを行う必要がある[14]．通常の NMR 測定は ^{2}H 核でロックを行っているため，^{2}H デカップリングを含む NMR 実験は一般に特殊なハードウエア設定が必要である．ロックの出力と ^{2}H デカップリングの出力を切り替えるスイッチや，^{2}H デカップリングを行っている間はロックを休止するようなシステムを導入することによって ^{2}H デカップリングを含んだ三重共鳴 NMR 測定を安定に行うことができる．

以下では ^{2}H デカップリングとその設定方法について述べる．^{2}H 核の 90°パルス幅を決定するために，筆者らは重クロロホルム試料を用いている．この試料について ^{13}C 核のスペクトルを測定すると，^{13}C 核はスピン量子数 $I=1$ の ^{2}H 核とのカップリングで三重線を示す (**図 3.4.12**(b) 参照)．ここで図 3.4.4 のパルス系列で ^{1}H 核，^{15}N 核を，それぞれ ^{13}C 核，^{2}H 核に置き換え，D2 を $1/(2^1J_{HN})$ から $1/(2^1J_{CD})$ に代えたものを用いて測定をしてみると，^{2}H 核のパルスを与えないときに ^{13}C 核の三重線シグナルは図 3.4.12(c) のようになる．詳しい理論は省略するが，与える ^{2}H 核パ

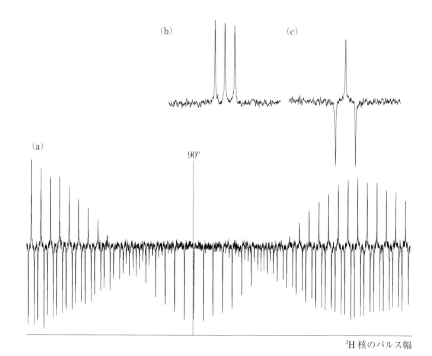

図 3.4.12 図 3.4.4 と同様なパルス系列(図中の ^{1}H 核, ^{15}N 核を,それぞれ ^{13}C 核, ^{2}H 核に置き換え,D2 を $1/(2^1J_{HN})$ から $1/(2^1J_{CD})$ に代えて測定する)を用い,重クロロホルム試料について ^{2}H 核のパルス幅を少しずつ増やしていった際に得られるシグナルの挙動(a)重クロロホルムの ^{13}C シグナルの三重線は(b)のようになる.(a)における最初の点の ^{13}C 核シグナルは(c)のようになっている.(a)において両側のピークが消失し,真中のピーク強度が負で最大になった時点が 90°パルス幅である.横軸は ^{2}H 核のパルス幅.90°パルス幅のポイントを縦の点線で示してある.

ルス幅を徐々に長くしていったときの,重クロロホルムの ^{13}C 核シグナルの挙動を図 3.4.12(a)に示した.両側のピークが消失し,真ん中のピーク強度が負で最大になった時点が 90°パルス幅である.通常は 1〜1.6 kHz 程度のパワーで ^{2}H デカップリングを行う.

J. 数学的処理による間接観測軸の分解能向上

3 次元 NMR データは,観測軸以外の軸のデータポイント数が十分多くないため,ゼロ・フィリングなどを用いて普通にフーリエ変換した場合には,解析に必要な十分なシグナルの分離が得られない.そのため通常は観測軸以外の軸について線形予測(LP)法や最大エントロピー(MEM あるいは MaxEnt)法などの数学的処理を施してシグナル分離の向上を図る.4 次元 NMR データにおいては 1 軸あたりのデータ

3.4 測定法および測定パラメータ

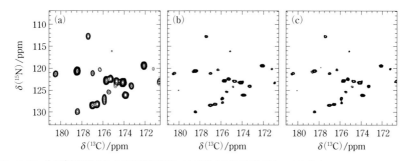

図 3.4.13 ^{13}C/^{15}N 標識された高度好熱菌 RecO 試料の 3 次元 HNCO スペクトル
(a)ゼロ・フィリングの後，フーリエ変換したスペクトル．(b)^{13}C，^{15}N 軸とも linear prediction を行い，ゼロ・フィリングの後，フーリエ変換したスペクトル．(c)2 次元 MaxEnt 法で処理したスペクトル．それぞれ同一 ^{1}H 化学シフト(8.38 ppm)で ^{13}C－^{15}N 平面のスライスをとっている．LP 法および 2 次元 MaxEnt 法を含めたデータ処理は Azara v2.7 ソフトウエア(Wayne Boucher and Department of Biochemistry, University of Cambridge)を用いた．

ポイント数がさらに減少するため，LP 法や MaxEnt 法による操作はいっそう重要になる．**図 3.4.13** には，3 次元 HNCO スペクトルの間接観測軸について，ゼロ・フィリングの後にフーリエ変換したもの(a)と，LP 法の後にフーリエ変換したもの(b)，2 次元 MaxEnt 法で処理したもの(c)を比較して示した．それぞれ 3 次元スペクトルを同一の ^{1}H 化学シフトでスライス(^{13}C－^{15}N 平面)したものとして示してある．LP 法および 2 次元 MaxEnt 法によってシグナル分離が著しく改善されていることがわかる．

3.4.3 ■ 短時間で測定する多次元 NMR の原理

A. 多次元 NMR 測定を迅速に行うための方法

NMR 法は感度の良い分光法ではなく，1 次元 NMR 測定の際にも十分なシグナル強度を得るために積算を行う必要が生じる場合がある．またシグナルの分離のために多次元化を行えば，測定時間は間接観測軸のデータポイントの積に比例して著しく増大してしまう．このため，これまでは多次元 NMR による詳細な NMR 解析が可能な試料は，比較的高濃度にすることが可能でかつ長時間の測定に耐える安定なものに限られていた．タンパク質試料に関して言えば，約 1 mmol/L の濃度に濃縮が可能でかつ数週間もの測定に耐える試料は限られており，このような要件を満たさないタンパク質の詳細な NMR 解析は事実上困難である．したがって，従来の多次元 NMR 測定法に比べて著しく測定時間を短縮できる方法が常に求められてき

た．仮に従来の 1/10 の測定時間で同等の感度・分解能のスペクトルが得られるならば，従来は解析不能であった「不安定」な試料が解析可能になるだろうし，「低溶解度」の試料については測定時間の「節約分」を積算に充てることによって解析が可能になるであろう．いずれにせよ，迅速な多次元 NMR 測定法が確立されれば，詳細な NMR 解析が可能なタンパク質試料の数は劇的に増大すると考えられる．

このような流れを受けて，近年，多次元 NMR の迅速な測定を可能にするさまざまな手法が報告されるようになった[16]．前述の SOFAST-HMQC や，この手法を応用した BEST（band-selective excitation short-transient）三重共鳴法[17,18]も迅速な測定のために有効な方法の 1 つである．以下では，さまざまな手法の中でも特に，non-uniform sampling（NUS）[19-22]を用いた方法について，概説を試みる．

B. Non-unifrom sampling（NUS）

NMR データの処理に通常用いられる離散フーリエ変換（DFT）においては，データが等間隔に（線形に）サンプリングされていることが求められる．また，多次元 NMR スペクトルの場合，間接観測軸における良好なシグナル分解能を得るためには，十分なデータポイントを観測する必要が生じてくる．このような「データ処理上の要請」から，多次元 NMR 測定は「測定感度から要請される回数」以上の積算を行っている場合が多い．特に constant-time ではない通常の間接観測軸においては，シグナルの分解能を得るために観測しているインターフェログラムの後半部分では，試料由来のシグナルがすでに大きく減衰してしまっており，実はノイズを積算しているという事態が起こりうる．このことは測定時間の観点からも，測定感度の観点からも望ましくない．もし，「等間隔なサンプリング」という条件を除外し，例えば試料由来のシグナルが相対的に大きな比重を占めているインターフェログラムの前半部分できちんとサンプリングを行い，シグナルの減衰にあわせてサンプリングを「間引く」ことが可能であれば，測定感度を損なうことなしに測定時間を減らすことが可能になるはずである．しかし，データは等間隔にはサンプリングされないので通常の DFT のアルゴリズム以外の方法でデータ処理を行う必要がある．このようなサンプリング法を non-uniform sampling（NUS）（もしくは nonlinear sampling, sparse sampling ともよばれる）とよび，DFT に変わるデータ処理法としては前述の MaxEnt 法などのフーリエ変換ではない数学的手法が用いられる．

NUS と MaxEnt 法によるデータ処理の組み合わせは，実は 1980 年代後半に Cambridge 大学の Laue らのグループから 1 次元 NMR に対する方法として提案されていた[19,20]．この文献では，FID の減衰に対応して指数関数的にサンプリング・

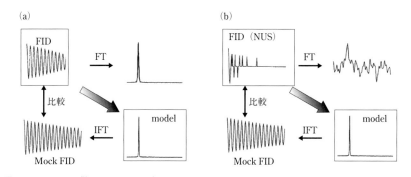

図 3.4.14 NUS で得られたデータの処理の流れ
(a)通常の FID の場合．(b)NUS 法によって得られた FID の場合．MaxEnt などの手法は実データと mock FID の比較の際に用いられる．

ポイントを減少させるサンプリング法が用いられていた．**図 3.4.14** には，NUS と MaxEnt 法によるデータ処理の概要を模式的に示した．等間隔にサンプリングした FID を DFT で処理するとスペクトルが得られる．しかし，もしスペクトルのモデルを予想し，このスペクトルの逆フーリエ変換(inverse FT, IFT)で得られた「mock FID」が実測の FID と非常によく一致しているならば，DFT で得られたスペクトルの代わりにモデルのスペクトルを用いたとしても大きな問題にはならないはずである．このように，実測の FID によく一致する mock FID を反復的に計算する際に MaxEnt 法などのアルゴリズムが用いられる．もし，実測の FID に欠けたポイントがあった場合には，DFT では正しいスペクトルを得ることができない．しかし，MaxEnt などでデータ処理をする限り，mock FID の中で，実測の FID でサンプリングしたデータポイントのみを比較することにすれば，「正しい」モデルのスペクトルを得ることができる．このアプローチを多次元 NMR の間接観測軸に適用することによって，多次元 NMR 測定に要する時間を著しく短縮することが可能になる．NUS の多次元 NMR への応用に関しては，1990 年頃からハーバード医科大学の Wagner らのグループが精力的な研究を行っており，異種核 3 次元 NMR への応用は完成したといってもよい[21,22]．

次に 3 次元 NMR の間接観測軸におけるサンプリング・スケジュールについて述べる．われわれが通常測定するデータの間接観測軸には，展開時間の増大にともないシグナルが緩和によって減衰する場合と，constant-time の展開時間を採用しているためにシグナルが減衰しない場合の 2 種類がある．これまでの研究によって，

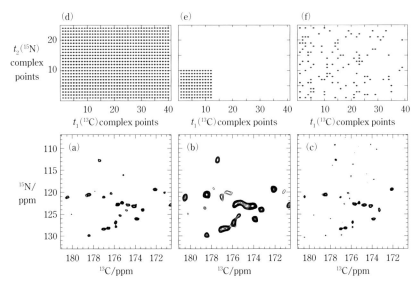

図 3.4.15 NUS の効果
　図 3.4.13 に示したものと同じ 3 次元 HNCO スペクトルについて，(a)t_1, t_2 方向にそれぞれ 40，24 の複素ポイントを等間隔にサンプリングした場合のスペクトルと(b)データポイントを等間隔にサンプリングした 120 複素ポイント(a の 1/8)とした場合のスペクトル，(c)(b)と同じ 120 複素ポイントを NUS によって広いサンプリング空間からサンプリングした場合のスペクトル．それぞれ 2 次元 MaxEnt 法で処理してある．(d), (e), (f)は，(a), (b), (c)それぞれの場合のサンプリング・スケジュールを示してある．

　前者の間接観測軸に対しては，インターフェログラム全体に対するシグナルの寄与が大きい前半部分を集中的にサンプリングし，データの後半部分は指数関数的にデータポイントを省略するようなアプローチが効果的であることがわかっている．一方で constant-time の間接観測軸に対しては，展開時間全体に対してランダムにサンプリング・ポイントを定めるのが効果的である．
　図 3.4.15 には，NUS の効果を実際のスペクトル(3 次元 HNCO)を用いて示した．スペクトル(a)を与えるデータの間接観測軸のサンプリング点(d)を 1/8 に間引く場合，同様のサンプリング間隔で等間隔にサンプリングした場合(e)は，著しくシグナル分解能が低下したスペクトル(b)が得られる．ところが，同じ 1/8 のデータポイントであっても，NUS を用いてより広いサンプリング空間を実現した場合(f)，スペクトル(a)に匹敵するシグナル分解能と感度のスペクトル(c)を得ることができる．この測定の場合，t_1 方向はシグナルが緩和によって減衰する展開時間，t_2 方向

は constant-time の展開時間であるので，t_1 方向はインターフェログラムのはじめに比重を置いて，t_2 方向についてはランダムにサンプリングするように設定してある．

このように，NUS は，迅速な多次元 NMR 測定に有効な方法である．MaxEnt 法をはじめとするフーリエ変換以外のデータ処理法については，それぞれの交差ピークの強度と位置についての再現性が問題視されるが，三重共鳴 NMR のように，交差ピークの強度がほぼ均一なスペクトルについてはスペクトルの再現性は一般にきわめて良好である．しかし，一方で例えば NOESY のように交差ピーク強度のダイナミック・レンジが広い測定においては，MaxEnt 法などの処理による交差ピーク間の相対強度の変化や交差ピークの消失などのアーティファクトに注意を払う必要があるだろう．

3.4.4 ■ おわりに

これまで，1 次元 NMR から多次元 NMR と順を追って，それぞれいくつかの重要な要素に注目して NMR 測定のパラメータの説明を行ってきた．NMR 測定の種類は実に数多く存在しているため，それぞれの測定において重要であるにもかかわらずここでは書ききれなかったものも多い．特にこの章で紹介したタンパク質の NMR においてもさまざまな新しい方法が報告され続けており，それぞれの測定に重要なパラメータが存在している．測定をよりよい条件で行うために各パラメータの背景を理解し，実際に自分が測定を行う試料にあわせて最適化を試みていくことが大切であろう．

3.5 ■ 固体 NMR 測定のためのハード・ソフトと試料調製

3.5.1 ■ 分光計システム

高分解能固体 NMR 装置が溶液 NMR 装置と異なる点は，固体 NMR の大きい相互作用を制御するためより高出力のラジオ波アンプをもつことと高速 MAS を行うためにより大量の乾燥高圧ガスを供給できるコンプレッサーなどをもつことである．高速 MAS にともなう温度上昇を抑えるために，しばしば強力なチラーも備えている．また，試料回転を安定化させるガス圧・流量制御機構をもつ．プローブは高出力ラジオ波に対する耐圧性やマジック角に傾けた試料回転，温度可変機構をもつためその径は一般に大きく，固体 NMR 専用機ではボア径の大きなワイドボア・

135

マグネットを用いる．また，高出力でパルス幅の短いラジオ波を多用するので，より応答の速いラジオ波制御ができるシステムが要求される．誘電率の高い試料の測定では，ラジオ波照射による発熱を防ぐため電場成分を抑制できるプローブも開発されている．

3.5.2 ■ ローターサイズの選択

高分解能固体 NMR では，試料を強い磁場の下，100 Hz から 100 kHz 程度の範囲でマジック角回転させる．このため，ジルコニアや窒化ケイ素などの非磁性体で回転に耐えられる強度をもつ材料でできたローターに試料を入れる必要がある．ローターの大きさは回転させる機構をもつハウジング，つまり検出コイルのサイズやプローブによって決まり，その容量はおよそ 1000 から 1 μL 程度である．一般にローターは小さいほど高速の回転が可能で，より強いラジオ波で照射できるようになり，試料の重量あたりの感度も増加する．したがって，必要な試料回転数や試料量に応じて最適なローターおよびプローブを使うことが望ましい．

3.5.3 ■ ローター内の試料

安定に試料を回転させるために，試料は回転中心に対して対称になるよう均一にローター内に詰める必要がある．また，液体を含むような試料については，O リングのパッキンを用いるなど，高速回転しても液体がもれないようにする必要がある．試料回転には一般に乾燥させた空気を用いるため，ローターにわずかでも通気性があると，測定中に試料の水和状態などが変化するので注意する．測定感度やラジオ波強度は回転軸方向の試料位置に大きく依存する．試料がローターの試料容量より少ないときには，スペーサーなどを用いて試料が最適な位置になるよう調整する．観測に関わる核磁化と同一の核種がローター，スペーサー，ローターキャップ，ハウジングなどに含まれるときには，測定スペクトルにそれがバックグラウンドとして現れることがある．この点からもローターなどの種類は適切に選択する必要がある．一般に回転数が上昇するほど，気体との摩擦によりローターの温度も上昇する．したがって，正確な試料温度を知るためには，前もって温度に敏感な化学シフトや緩和時間をもつ物質の測定を行い，試料温度と回転数，温度制御用ガスの温度および流量の相関を調べておくことが必要である[23,24]．化学シフトの基準には，外部基準を用いることが多い．^{13}C の場合ではテトラメチルシラン（TMS）を基準に用いるときでも，アダマンタンなど線幅が狭く測定の容易な物質が 2 次基準として

よく用いられる[25,26]．多重共鳴プローブを用いる場合には，1つの核種で基準を求めるとほかの核種の基準周波数は2つの核種の磁気回転比の比から求めることができる．

3.5.4 ■ 高磁場動的核分極法

　高磁場において動的核分極（DNP）法で固体NMR感度を向上させるためには，数百GHzに相当する電子スピン遷移を共鳴させて飽和できるほど強力なサブミリ波の光源および100 K以下で電子スピン緩和を抑えてDNP効率を向上させる低温MASプローブシステム，試料系に適した常磁性化合物などを必要とする．10 T以上の高磁場では，サブミリ波光源としてジャイロトロン発振機を用いるのが一般的である．この発振機はNMRマグネットと同一あるいはその1/2の磁場強度のマグネットと，そこに挿入する1 mほどの真空管であるジャイロトロン管からなる．DNPに最適な電子スピン飽和条件は静磁場強度かサブミリ波周波数を変化させて選ぶ．また，電子スピン共鳴条件を核のゼーマン分裂に相当するエネルギー幅で変化させるために，磁場可変機構をもつ超伝導マグネットか周波数可変ジャイロトロンを用いる．低磁場でのDNPではガンダイオードを用いることもできる．コヒーレントな光として発振されたサブミリ波は，ガウス波モードに変換した後，波長程度の溝のあるコルゲート導波管か空間を伝搬させる準光学系システムを利用して損失を最小にして，試料まで伝送させる．なお，サブミリ波ビームは無色で，レーザー光同様の高いエネルギーもつので取り扱いには注意を要する．

　100 K程度でMASを行うためには，低温窒素ガスを試料ローターのドライブ・ベアリングに用いる．低温窒素ガスは大気中からフィルターで抽出してチラーで冷却し，液体窒素と熱交換させて作ると経済的である．DNP効率が高まるさらに低温の70 K以下でMAS実験を行うためには，ヘリウムガスを用いる．経済的に長時間実験を行うために，ヘリウムの消費をなくし効率的に冷却が行えるガス循環閉鎖系のプローブシステムが開発中にある．また常磁性分子としては高磁場での効率的なDNP機構であるクロス効果を増大させるビラジカル化合物を用いる[27]．対象試料に親和性が高い，親水性・疎水性をもつラジカルを選ぶと超偏極磁化をスピン拡散で試料まで有効に伝搬させて大きな信号増幅率を得られる．また，超偏極した磁化を媒質にある^{1}Hの磁化増大に使わないために，^{1}Hスピン拡散が働く程度に媒質に重水素化物を導入することも有効である．

文　献

1）荒田洋治，NMR の書，丸善（2000）
2）E. Fukushima and S. B. W. Roeder, *Experimental pulse NMR*, Addison-Wesley publishing Company（1981）
3）R. Freeman 著，坂口　潮，嶋田一夫，荒田洋治 訳，NMR ハンドブック，共立出版（1992）
4）S. Takahashi and K. Nagayama, *J. Magn. Reson.*, **76**, 347（1988）
5）N. Tjandra and A. Bax, *Science*, **278**, 1111（1997）
6）M. R. Hansen, L. Mueller, and A. Pardi, *Nature Structural Biology*, **5**, 1065（1998）
7）J. Cavanagh, W. J. Fairbrother, A. G. Palmer, III, M. Rance, and N. J. Skelton, *Protein NMR Spectroscopy, Principles and Practice, Second Edition*, Elsevier Academic Press（2007）
8）A. Bax, M. Ikura, L. E. Kay, and G. Zhu, *J. Magn. Reson.*, **91**, 174（1991）
9）D. Nietlispach *et al.*, *J. Am. Chem. Soc.*, **118**, 407（1996）
10）L. Emsley, *Methods in Enzymology*, **239**, 207（1994）
11）P. Schanda and B. Brutscher, *J. Am. Chem. Soc.*, **127**, 8014（2005）
12）P. Schanda, E. Kupce, and B. Brutscher, *J. Biomol. NMR*, **33**, 199（2005）
13）K. Pervushin, B. Vogeli, and A. Eletsky, *J. Am. Chem. Soc.*, **124**, 12898（2002）
14）D. M. Kushlan and D. M. LeMaster, *J. Biomol. NMR*, **3**, 701（1993）
15）S. Grzesiek, J. Anglister, H. Ren, and A. Bax, *J. Am. Chem. Soc.*, **115**, 4369（1993）
16）R. Freeman and E. Kupce, *J. Biomol. NMR*, **27**, 101（2003）
17）P. Schanda, H. Van Melckebeke, and B. Brutscher, *J. Am. Chem. Soc.*, **128**, 9042（2006）
18）E. Lescop, P. Schanda, and B. Brutscher, *J. Magn. Reson.*, **187**, 163（2007）
19）J. C. J. Barna, E. D. Laue, M. R. Mayger, J. Skiiling, and S. J. P. Worrall, *J. Magn. Reson.*, **73**, 69（1987）
20）J. C. J. Barna and E. D. Laue, *J. Magn. Reson.*, **75**, 384（1987）
21）P. Schmieder, A. S. Stern, G. Wagner, and J. Hoch, *J. Biomol. NMR*, **4**, 483（1994）
22）D. Rovnyak *et al. J. Magn. Reson.*, **170**, 15（2004）
23）B. Langer, I. Schnell, H. W. Spiess, and A.-R. Grimmer, *J. Magn. Reson.*, **138**, 182（1999）
24）K. R. Thurber and R. Tycko, *J. Magn. Reson.*, **196**, 84（2009）
25）林　繁信，中田真一 編，チャートで見る材料の固体 NMR, 講談社（1993）
26）C. R. Morcombe and K. W. Zilm, *J. Magn. Reson.*, **162**, 479（2003）
27）T. Maly, G. T. Debelouchina, V. S. Bajaj, K. N. Hu, C. G. Joo, M. L. Mak-Jurkauskas, J. R. Sirigiri, P. C. A. van der Wel, J. Herzfeld, R. J. Temkin, and R. G. Griffin, *J. Chem. Phys.*, **128**, 052211（2008）

第4章 有機化学・分析科学・環境科学への展開と産業応用

4.1 ■ 有機化学で果たす役割

　有機化学におけるNMRの役割は，主に以下の3つに集約できる.
(1) 未知化合物の構造決定
(2) 部分構造決定（合成品の構造確認など）
(3) 既知化合物の同定
それぞれの目的で測定方法が少しずつ異なるが，この章では，主に(1)未知化合物の構造決定法に焦点を絞りたい．ここでの「有機化学における」という言葉の意味は，タンパク質などの生体高分子を除く低分子化合物が対象であると考えていただきたい．したがって，有機化学に直接関連のない分野でも，低分子炭素化合物の構造を調べるには，この章の内容が参考になるであろう．

　現在，有機化学においてNMRは最も重要な機器分析法である．有機化学は炭素化合物を扱う分野であり，これらの構造を知るためには核スピン量子数が1/2である水素や炭素（安定同位体^{13}C）を観測できるNMRが最も適しているからである．NMRの高い分解能により，有機化合物中の個別の炭素の観測が実現され，また水素についても2次元スペクトルを用いて大部分の信号を分離することが可能である．このようにNMRは有機化合物の構造解析になくてはならない分光法であり，有機化学実験を行っている大学や研究所には必ずNMR装置が備え付けられている．

　次章で述べられる構造生物学と比較して，有機化学におけるNMRの役割はどのように異なるのであろうか．もちろん，炭素や水素（窒素やリン）のNMR信号を用いて構造解析を行うという点ではまったく同じである．しかし，扱う化合物は異なり，構造生物学では主にタンパク質や核酸などの生体高分子の3次元構造が主題となる．また，生体高分子の研究では分子の平面構造の決定や立体配置（主に不斉炭素）の帰属は不要である．なぜなら，生体高分子については，NMRを測定する前に他の情報からアミノ酸やヌクレオチド単量体の構造や配列はすでにわかっており，NMR測定の主目的は分子の折り畳まれ方（立体配座）を知るためである．一方，

有機化学で扱う化合物は低分子量ではあるが，その構造は多様で生体高分子と比べて規則性は少ない．そこで，NMRから得られる情報を頼りに，まったく構造がわからない化合物のNMRシグナルを帰属して，構造を決定しなければいけない場面に出くわすこともある．そのような場合，まず，炭素原子のつながりを決めて平面構造を得た後に，各不斉炭素原子の立体化学を決定して分子全体の立体配置を決定する．立体配座(3次元構造)を問題にする場合もあるが，立体配置の決定をもって構造決定を完了とするのが一般的である．この章で取り上げる構造決定においても，まず炭素同士や炭素－水素のつながりを見出すことによって，その他の酸素や窒素，硫黄やハロゲンといった元素の配置を決め，その後で，炭素の不斉を帰属するといった手順になる．

NMRを用いた有機化合物の構造決定は，4つの段階に分けることができる．(1)試料の調製，(2)平面構造の決定，(3)立体配置の決定，(4)立体配座の推定．以下の各節では，この順番に，実際に有機化合物の構造決定を行うことを想定し，実験手法を中心に解説する．

4.1.1 ■ NMR試料の調製

まず，NMRを用いた構造解析に使用するための試料溶液を調製するときの注意点から述べる．汎用のNMR装置を用いて，分子量500程度の有機化合物の構造解析をする場合，種々のNMR測定を行って良好なスペクトルを得るためには，約10 μmolの試料量を用いることが望ましい．すなわち通常の直径5 mmの試料管を用いた場合には，およそ500〜600 μLの溶液を用いるので，20 mM程度の濃度で溶かす．ただし，フラーレン C_{60} のように有機溶媒に溶けにくい化合物もあるので注意が必要である．多環芳香族などを除き，分子量が500以下の低極性の分子は，まず重クロロホルムに溶解させる．もし，試料量と溶解度が十分であるならば，試料溶液を100 mMくらいの濃度で調製すると測定時間が短縮できる．これにより，構造決定に必要な2次元スペクトルを各々1〜2時間で測定することができる．

重クロロホルムでは十分な溶解度が得られない試料に対しては，重アセトン (acetone-d_6)，重ピリジン(pyridine-d_5)，重ベンゼン(benzene-d_6)，重メタノール(methanol-d_4)などの重水素化溶媒を試すとよい．これらの溶媒は，99.9%以上の高い重水素化率のものが比較的安価に入手できる(重ピリジンは少し高価)．これらの溶媒でも溶けない場合，試料が高極性もしくはイオン性であれば，重水(D_2O)，重ジメチルスルホキシド(DMSO-d_6)や重ジメチルホルミアミド(DMF-d_7)を用い

る．DMSO や DMF は揮発性が低いので NMR 測定後に試料を回収するときに手間がかかる．たいていは大過剰の水を加えて凍結乾燥を行い，溶媒が残った場合には再び水を加えて凍結乾燥を行うという作業を繰り返すことで不揮発性溶媒を留去できる．また，単一溶媒に溶けなかった場合には，2 種類の溶媒を混合する方法もある．例えば，ピリジンとメタノールの混合溶液は酸性物質を溶かすのにすぐれ，クロロホルムでは極性が低すぎる場合には，少しずつメタノールを加えていくと適当な極性の溶媒を調製できる．このような混合溶媒を用いる場合は，溶媒の化学シフトが標準の値から頻繁にずれるため注意が必要である．混合溶媒を用いた測定において化学シフトの値を正確に読むためには，0.03％程度の割合で内部基準物質を加えておくとよい．有機溶媒であれば ^{1}H と ^{13}C の化学シフト基準物質（0 ppm）として，テトラメチルシラン（TMS），重水であれば 4,4-ジメチル-4-シラペンタン-1-スルホン酸ナトリウム（DSS）が推奨されている．あらかじめ基準物質が含まれている溶媒も市販されており，それらを利用してもよい．

NMR の試料は，十分に溶解していなければならない．重溶媒を加えた試料溶液中に少しでも溶けていないものがあった場合には，重溶媒のままでろ過をする．0.1 mM 以下の低濃度の試料を用いて NMR 測定を行う場合には，溶媒の選択と軽水の除去が重要である．メタノールやピリジンなどの水分を含みやすい溶媒を用いる場合にはドライボックス中で試料調製を行う．また，溶媒のシグナルや溶媒中における水由来のシグナルの位置に試料のシグナルが重ならないように溶媒を選択する．ベンゼンでは溶媒シグナルが 7 ppm 以上，水由来のシグナルが 1 ppm 以下に現れ，大部分のシグナルとは重ならないので極微量試料の測定には最もすぐれた溶媒である．また，重水素化率の高い溶媒を利用したり（価格も高い），シゲミ社から市販されているミクロ試料管（使用溶媒により種類が異なる）などの特殊な試料管を用いるなどして，できるだけ高濃度の試料とすることで，得られるスペクトルの感度を相対的に改善できる．

4.1.2 ■ 平面構造の解析

試料を調製した後は，いよいよ NMR 測定である．構造解析を行うためには，NMR 以外の情報も必要であり，特に分子式や IR スペクトル，分子の極性，TLC の呈色反応などは重要であるのでこれらの情報をあらかじめ収集しておく．

以下に述べる測定手順は，天然有機化合物などで行われている典型例である．もちろん，これらの手順は構造によって少しずつ変わってくるが，一般的な有機化合

物（ある程度水素が置換した炭素を含む化合物）には基本的に適用可能と考えてよい．まず，水素核と炭素核の1次元 NMR（^{1}H NMR と ^{13}C NMR）測定を行う．試料の量が少ない場合などは，^{13}C シグナルを直接観測することは難しいが，そのような場合は水素核観測の2次元法（HMQC や HSQC）で代用することもある．NMR シグナルの感度は磁場強度の1.5乗に比例するといわれており，したがって 100 MHz と 400 MHz では8倍の感度差がある．400 MHz の装置で測定した場合の測定時間は，100 MHz と比べて単純計算では 1/64 で済むことになるため，高い共鳴磁場を有する装置で測定したほうがよい．また，装置に備えつけられているプローブの種類や新旧によっても性能が異なるため，確認しておく必要がある．1次元 ^{1}H NMR と ^{13}C NMR 測定からはいろいろな情報が得られるが，特に試料が既知物質もしくは既知物質の類縁体かどうかを判断する場合には重要な情報が得られる．2次元測定やそのデータ解析の前に，既知の物質に近いかどうかを知るためには，データベースと比較するのが合理的であるが，この目的には Sadtler 社や Aldrich 社などから出版されているスペクトル集などが参考になる．炭素核の化学シフトを用いたデータベース（SpecInfo®など）も市販されている．特に Chemical Abstracts Service（CAS）は化学物質情報や文献情報の網羅性が高く，CAS 内をオンラインで検索する SciFinder は，利便性も良いため広く普及している．その構造検索機能は有用で，例えば，2次元スペクトルを測定することによって部分構造を推定してから，それを手がかりに部分構造検索や類似構造検索を行うことで，既知の類似化合物の構造と情報を網羅的に探すことができる．

また，^{13}C NMR シグナルは，官能基によって特徴的な化学シフトを示すことが多いので，1次元スペクトルの測定だけで官能基の種類が推定できる．例えば，カルボニル基については，炭素核の化学シフトによって，ケトン，アルデヒド，カルボキシル，カルバメートなどの区別ができ，アセタール炭素や二重結合の数を正確に決めることができる．およその官能基や炭素数（できれば分子式）がわかった後は，構造を組み立てる段階に入る．図 4.1.1 に示したのは，筆者らが行ったアンフィジノールの構造決定の例であるが，この場合には，まず分子量を質量分析から求め，それと ^{13}C NMR 測定から得られる炭素数と炭素上の水素の数（DEPT を測定すれば簡単に求まる）を合わせることで分子式を推定した．

平面構造解析のために最初に行う2次元スペクトル測定は，^{1}H–^{1}H COSY であろう．この方法は，2次元 NMR の開発の初期に発表され，測定も比較的簡単である．このスペクトルから，一般に 1 Hz 以上の結合定数をもつ水素－水素スピン結合を

4.1 有機化学で果たす役割

```
1次元 ¹H および ¹³C NMR の測定  ┐
                                  ├······ 分子式($C_{70}H_{118}O_{23}$)の推定
質量分析（FAB-MS）                ┘

COSY, TOCSY の測定 ············· 部分構造の推定

¹³C を強化した試料を用いた INADEQUATE の測定 ······· 全平面構造の決定

E.COSY, HETLOC によるスピン結合定数の測定 ·········· 相対立体配置の決定

分解反応および改良 Mosher 法の適用, 部分構造の合成 ···· 絶対立体配置の決定
```

構造決定の手順

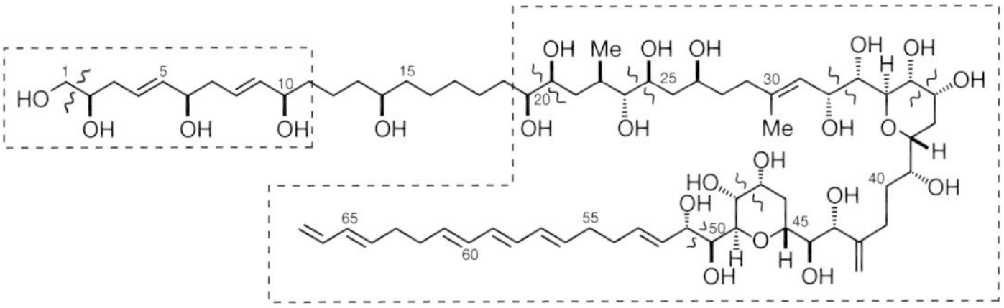

アンフィジノール 3 の構造

┌ ┐
└ ┘ COSY, TOCSY によって平面構造が決まった部分

〰〰 $NaIO_4$ によって切断される結合

図 4.1.1 天然有機化合物の構造決定の例（アンフィジノールの場合）
アンフィジノールは，植物プランクトンが生産する抗真菌物質である．構造決定は，主にNMRを用いて行われた[6]．まず，FABイオン化質量分析法で求めた分子量と ¹³C NMR スペクトルから求めた炭素数および DEPT スペクトルから求められる炭素上の水素数から分子式が推定された．その後，COSY と TOCSY によって平面構造の推定を試み，点線で囲った部分の平面構造が明らかとなった．しかし，C10～C20 部分には化学シフトが類似したメチレンが 8 個存在していたので，炭素間の結合を直接観測できる INADEQUATE 法を用いてこの部分の構造が解明された．また，立体配置を解明するために，通常の NOE による方法に加えてスピン結合定数を用いる方法が適用された[6]．¹³C の測定を容易にするために，均一に 25%¹³C 標識したアンフィジノール 3 が調製され，INADEQUATE と HETLOC（炭素－水素間のスピン結合定数）が測定された．絶対立体配置の決定には，過ヨウ素酸（$NaIO_4$）分解で得られた分解物（C2～C20，C21～C24，C33～C50 フラグメント）のヒドロキシ基をMTPA（後述）エステル化した誘導体を用いた．

検出することができる．ただし，シグナルが広幅化している場合やスピン結合の数が多くシグナル強度が弱い場合には 1 Hz 以上のスピン結合でも検出できないこともあり，逆にメチル基などシャープで強度の大きいシグナルに関しては 1 Hz 以下のスピン結合でも検出できる．COSY をはじめとして，DQF-COSY, TOCSY など

表 4.1.1 有機化合物の構造解析に頻用される 2 次元 NMR スペクトル

スペクトル法	観測核・照射核	得られる情報	試料量 (μmol)*	測定上の注意点
^{1}H–^{1}H COSY	^{1}H × ^{1}H	水素同士のつながり	0.2	
TOCSY	^{1}H × ^{1}H	水素置換炭素が連続する部分のつながり	0.5	位相検出法で測定する.
E.COSY	^{1}H × ^{1}H	水素–水素間のスピン結合定数	0.5	長時間測定が必要
NOESY	^{1}H × ^{1}H	核オーバーハウザー効果(NOE)による水素間の距離	1–5	位相検出法で測定する. NOE 強度はサンプル分子量, 溶媒, 温度に依存
ROESY	^{1}H × ^{1}H	ROE による水素間の距離	1–3	NOE が出にくい化合物に用いる. アーティファクトが出る.
HMQC, HSQC	^{1}H × ^{13}C/^{15}N	炭素–水素間の直接結合	1–3	HSQC のほうが炭素軸の分解能がよい.
HMBC	^{1}H × ^{13}C/^{15}N	2,3 結合隔てた炭素–水素間の結合	5–10	位相検出法を用いると炭素–水素間のスピン結合定数が求まる.

*通常の超伝導磁石 NMR 装置 (400～500 MHz) を用いた場合の必要試料量. 高磁場装置やクライオプローブなどの高感度検出器を用いた場合には, これよりさらに 1 桁以上の試料量の低減が可能である.

が有機化合物の構造解析に頻用されている. これらの特徴を**表 4.1.1** にまとめて示した. 通常の有機化合物に現れる構造で, スピン結合定数を示す水素の組としては, ジェミナル結合 $^2J_{H,H}$ (H–C–H), ビシナル結合 $^3J_{H,H}$ (H–C–C–H), 遠隔結合 $^{4,5}J_{H,H}$ (H–C–C–C–H, H–C–C–C–C–H) があるが, このなかで特に重要なものがビシナル結合である. すなわち, 隣り合う炭素同士に結合した水素間にはビシナル結合が存在するので, これを検出すれば炭素間のつながりがわかる (**図 4.1.2**). その他に構造情報として利用できるのは遠隔結合である. 炭素–炭素二重結合の水素には通常, 遠隔結合が観測されるので, 二重結合上に水素が 1 つしかなくても炭素のつながりを決めることができる. これらのスピン結合を迅速に解析するためには, COSY スペクトルと TOCSY (total correlation spectroscopy) スペクトルを同時に用いるとよい. TOCSY では, 1 つの水素シグナルから隣の水素, その隣, またその隣とスピン結合している水素同士の相関の連鎖が得られるのが特徴である. 混合時間を長めに設定すると, より遠くの水素までの連鎖が観測できる. COSY スペクトルではスピン結合をもつ水素同士の結合は, 2 次元スペクトル上の交差ピークとして検出されるが, この交差ピークが対角線に近いときには解釈が難しくなる. このようなときには, TOCSY によって得られるひとつながりの水素スピン結合配列を

4.1 有機化学で果たす役割

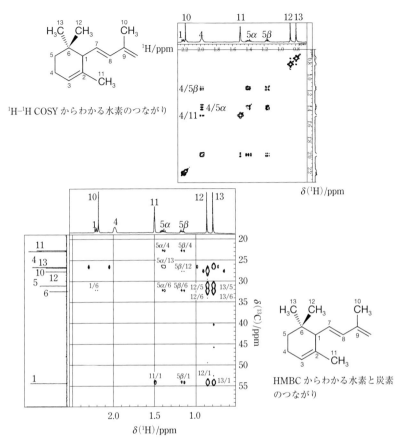

図 4.1.2 α-イオノンの ^1H–^1H COSY と ^1H HMBC スペクトル
^1H–^1H COSY では，11 位，3 位，4 位，5 位などの水素間のスピン結合が観測されており，図に示した部分の構造がわかる．これに HMBC から得られる C–H 遠隔結合を組み合わせれば，C2 や C6 など第 4 級炭素周囲の結合が明らかとなり α-イオノンの全構造が決定できる．

参照するとよい．シグナルがブロードな系では，DQF-COSY を用いると通常の COSY では得られない弱い相関を検出できることがある．
　一方，飽和の第 4 級炭素や酸素，窒素などがある場合には，ビシナル結合のつながりが切断されるため，構造情報が途絶えてしまう．COSY や TOCSY では，水素同士のつながりしかわからないので，炭素骨格を組み上げていくときには，他のスペクトルを測定する必要がある．なかでも最も有用なものは，HMBC (heteronuclear

multiple bond correlation）であろう．HMBC では表 4.1.1 に示したように，炭素と水素間の 2 結合以上隔てたスピン結合（主に 2 または 3 結合：$^{2,3}J_{C,H}$）による相関が観測できる．すなわち，第 4 級炭素やヘテロ原子(X)に結合した炭素と，もう一方の炭素上の水素との結合(C–X–CH)が検出できるので，これらを隔てて炭素をつなげることができる（図 4.1.2）．すなわち，COSY などの $^3J_{H,H}$ を検出する方法と HMBC を用いれば，大部分の有機化合物について平面構造が決定できることになる．例えば，有機化合物の構造決定でしばしば問題となる，エステルやアミド，エーテル結合の位置，第 4 級炭素を含む縮合環の構造，もしくはアミノ酸や糖の配列などのような場合でも HMBC を用いれば解決することが多い．

このように，$^3J_{H,H}$ と $^{2,3}J_{C,H}$ を検出することによって大部分の構造は決まるが，実際にはそれでもわからない部分が残ることがしばしばある．その原因として，主に以下の 2 つの場合がある：(1) スピン結合定数が小さく，COSY や HMBC によってもつながりが検出できない場合，(2) 水素シグナルが重複している場合．(1) のような場合には，水素同士や水素と炭素の二面角が 90° に近くなっていることが多く，スピン結合を検出するのは困難である．そのような場合は，後述する NOE などのような空間を介した核間の距離情報が得られる測定を用いる．また，(2) の場合のように，水素シグナルの重なりが激しい場合には，溶媒を変えると改善できる場合もある．特に，ベンゼンやピリジンなどの芳香族溶媒はその異方性効果により，試料の化学シフトを大幅に変化させる．しかしながら，例えばメチレンが連続する場合など，構造上の理由からシグナル位置が重なっている場合には，溶媒を変えてもシグナルの分離は期待できない．このような場合には，まず，より高磁場の装置を用いてシグナルの分離を試みる．それでも分離できない場合には，NMR 以外の方法を用いることを考える．例えば，結晶性のよいものについては，結晶 X 線解析を用いることができ，平面構造については質量分析を適用できる可能性もある．

4.1.3 ■ 立体配置の決定

A. NOE を用いた立体配置の決定

立体構造の決定は，相対立体配置の決定と絶対立体配置の決定の 2 つの段階に分けることができる．相対立体配置の解析には，核オーバーハウザー効果(NOE)とスピン結合定数が最も頻繁に用いられる．NOE は，水素核が空間的に接近しているときに観測される．1 次元でも 2 次元でも測定できるが，その強度や符号が装置の磁場強度と，分子の回転相関時間すなわち試料の分子量や溶媒の粘性などに依存

する．これらが大きいほどNOEは負の方へ変化する．分子量が500以下の化合物を通常の条件で測定すると，NOEは正の値をとるが，分子量が大きくなっていくとNOEがまったく観測されなくなる場合がある(500 MHzの装置で分子量800〜1000くらいの化合物を測定するとNOEのシグナルが非常に弱いことが多い)．また，測定温度にも依存し，温度が高い，すなわち，分子の運動が活発なほどNOEは正の方に動く．また，1000以上の分子量の化合物やタンパク質では，高磁場NMRで測定すればNOEは常に負の値を示すので，低温で測定して分子の運動をより遅くすることによってマイナス側の強度を大きくすることもできる．

有機化合物の立体配座の決定にNOEを用いるときの注意点を以下にあげる．

(1) 試料の分子量がおよそ800〜1500の範囲である場合など通常の測定ではNOEを与えない領域に入ってしまった場合には，条件を変えて測定する必要がある．例えば筆者らは，ピリジンなどの極性溶媒中，プローブ内の温度を0から−20°Cにして測定することで得られる，負のNOE信号を解析している．また，常に正の値をとることが知られているROEを利用することによって，NOEと同質の情報を得ることもできる(そのための2次元スペクトルとしてはROESY(rotating frame Overhauser effect spectroscopy)が最も用いられている)．

(2) 水素原子間の距離が4から5Å以内にあればNOEは観測される可能性がある．これは，E型(トランス型)二重結合においても水素原子間にNOEが観測される可能性があることを示している(Z型(シス型)の20%程度のNOEが出る場合もある)．スペクトルの解釈をより厳密に行う場合は，NOEの有無ではなく強度を比較する必要がある．同じ化合物中ではZ型がE型より顕著に強いNOEを与えることは間違いないので，分子内で空間的距離のわかっている水素間のシグナル強度と比較するのが望ましい．適切な測定条件では，NOEシグナルの強度は距離の6乗に反比例する．NOESYを測定するときはスピン拡散の影響を抑えるため，適切な混合時間(通常は数百ミリ秒程度)を設定するように注意する．

(3) NOEにより立体配置を調べるときは，ある立体配置と立体配座を仮定して分子の3次元モデルを作り，観測されたNOEが矛盾なく説明できるかどうかで妥当性を判断することが多い．このとき，立体配座が固定している3〜7員環では問題がないが，大員環や非環状構造のように配座が多数存在する場合には，すべての立体配置と配座についてNOEデータを検証しなければな

らず，必ずしも容易ではない．この場合には，分子力場計算などの計算化学的手法を併用するとよい[1,2]．

(4) NOESYやNOE差スペクトルでNOEを観測する場合には，スペクトル上にNOE以外に飽和移動(saturation transfer)によるシグナルが共存していることがある．すなわち，試料が配座交換や互変異性を起こし，2組のシグナルが観測されている場合には，それぞれの配座もしくは異性体の同じ水素の間に負のNOEと同じシグナルが現れる．一般に，飽和移動によるシグナルはNOEに比べて強度が大きいので見分けることができる．また，1次元測定では，照射時間を延ばすと飽和移動によるシグナルの強度は著しく減少する．

B. スピン結合定数を用いた立体配置の決定

スピン結合定数は，NOEと同様に立体配置と立体配座の決定に用いられる．有名なKarplus式で知られるように，$^3J_{H,H}$はビシナル水素核の二面角に依存している．単純なアルキル鎖においては，0°と180°で極大，90°で極小(ほぼゼロ)を示すため，このことに基づいて，有機化合物の立体配置を知ることができる．例えば，イス型シクロヘキサンの2つの方向を向いた水素では，1,2-ジアキシアル水素の組はねじれ形配座のアンチ形になり大きな$^3J_{H,H}$を示すが，それ以外はゴーシュ形になり$^3J_{H,H}$の値は小さい．

素早く相互変換をする複数の立体配座が共存している場合には，NOEシグナルの強度から主要配座を特定することは難しい．これは，NOEシグナルの強度が水素原子間の距離の6乗に反比例するために，存在確率の低い配座でも強いNOEシグナルを与えている可能性があるためである．これに対してスピン結合定数Jを用いると，複数の立体配座が共存している場合にも主要配座を特定することができる．これは，観測されるJ値を複数の立体配座に由来するそれぞれのJ値が加重平均された値と考えてよいためである．したがって，鎖状化合物のように自由度が高く，さまざまな立体配座をとる化合物の場合には，スピン結合定数を用いた方がよいことが多い．同様の関係は炭素と水素についても知られており，立体配座の決定に用いられている[3]．

C. 絶対立体配置の決定

NMRスペクトルからは分子の相対的な立体配置を知ることはできるが，分子の絶対立体配置を直接的に知ることは原理的に不可能である．そこで目的の化合物の絶対立体配置を知るためには，絶対立体配置が既知の不斉炭素を手がかりとして外から導入すればよい．その代表的な方法は，Mosherにより開発され，後に改良さ

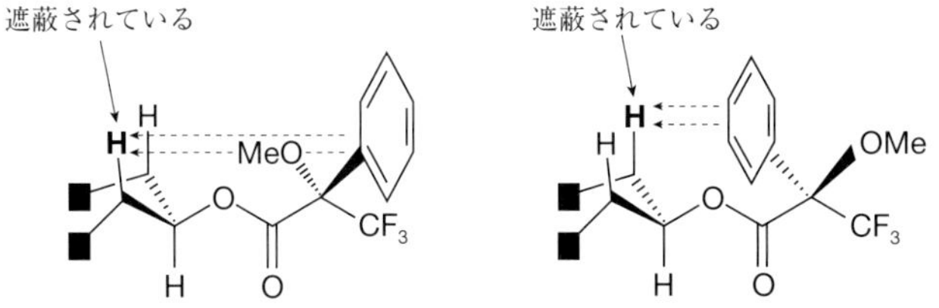

図 4.1.3 改良 Mosher 法の原理
ベンゼン環置換カルボン酸である MTPA の両鏡像体を天然有機化合物の第 2 級ヒドロキシ基に導入すると，異方性効果をもつベンゼン環からの距離が鏡像体間で異なることによって，ヒドロキシ基の右側と左側の水素が別々の化学シフトを与える．これを利用して絶対立体配置を決定することができる．

れた不斉カルボン酸 (α-methoxy-α-trifluoromethyl-α-phenylacetic acid, MTPA) を用いる新 Mosher 法である．このすぐれた方法は，対象となる分子に第 2 級ヒドロキシ基が存在すれば適用でき，天然物，合成品などの絶対立体配置の決定に，最も広く使われている[4]．その原理を**図 4.1.3** に示した．この方法では，(R)-MTPA と (S)-MTPA エステル誘導体の NMR スペクトルを比較して，水素核がフェニル基から受ける磁気異方性効果の違いを化学シフトの差 ($\Delta\delta$) として求める．複数の水素シグナルが利用できる点で，従来の CF_3 基を利用する (旧) Mosher 法よりもはるかに精度がよい．

4.1.4 ■ 立体配座（コンホメーション）の推定

有機化合物の構造決定は，絶対立体配置の決定をもって完成とするのが一般的である．一方，ケミカルバイオロジー分野の発展にともない，低分子化合物の立体配座と生理機能の関係に注目が集まっている．また，医薬品開発における構造と活性の相関や合成医薬品のデザインなどにおいても，低分子化合物の立体配座を正確に求める需要が高まった．最も一般的な方法は，NOE を用いるものである．前項 C. で述べた立体配置の決定では，すでに立体配座を仮定することによって立体配置の帰属を行っていたので，立体配座解析も基本的には同様の方法で行えばよい．しかしながら，立体配置の決定のみが目的のときには，逆の配置を否定すればよいので正確な配座が求まらなくてもよいが，立体配座を精度高く求めるためには計算化学的な方法の助けを必要とする．

こうした目的では，現在，すぐれたソフトが多数存在するが，Allinger らによる分子力場計算を発展させたものが主流であり，立体配座の精度も良好である．具体

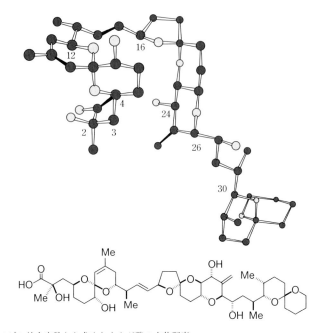

図 4.1.4 スピン結合定数から求めたオカダ酸の立体配座
分子力場計算によって求めたオカダ酸の立体配座は，スピン結合定数および結晶 X 線から求めたものとよい一致を示した．カルボキシル基と 24 位ヒドロキシ基が接近した配座をとっているが，これが生理活性の発現に必須であると考えられている．

的には，MacroModel, Cache などが市販されている．得られた計算結果を解釈するうえで重要なことは，計算によって求まった配座はあくまでも多数存在する中での相対的に安定な配座であって，それぞれの配座エネルギーの差はあまり正確ではない場合も多い．溶媒和などの NMR の測定条件を計算で厳密に再現するのはきわめて困難であるので，高極性やイオン性化合物に関しての精度は決して高くない．できるだけ良い計算結果を得るためには，適切な力場を選択することが重要である．その化合物の種類によって，専用に開発された力場があれば積極的に利用するべきである．試料が実際にとる配座が計算結果のなかに含まれている可能性は高いが，その溶液中での存在確率は NMR など実際の実験データから求める必要がある．図 4.1.4 に筆者らが行ったオカダ酸に関する構造決定例を示した．この場合は，計算結果と NMR による結果がよく一致している[5]．

文　献

1) M. Fork, P. F. Spierenburg, and J. A. Walter, *J. Comput. Chem.*, **17**, 409 (1996)
2) 藤田憲一ほか，第 38 回天然有機化合物討論会講演要旨集，仙台 (1996), p. 379
3) N. Matsumori, D. Kaneno, M. Murata, H. Nakamura, and K. Tachibana, *J. Org. Chem.*, **64**, 866 (1999)
4) I. Ohtani, T. Kusumi, Y. Kashman, and H. Kakisawa, *J. Am. Chem. Soc.*, **113**, 4092 (1991)
5) N. Matsumori, M. Murata, and K. Tachibana, *Tetrahedron*, **51**, 12229 (1995)
6) M. Murata, S. Matsuoka, N. Matsumori, and K. Tachibana, *J. Am. Chem. Soc.*, **121**, 870 (1999)

4.2 ■ 分析科学と諸産業での利活用

NMRは分光学(スペクトロスコピー)の一大分野を形成しており,他の多くの分光学的手法と同様に,分析科学とともに発展してきた側面がある.そして,分析科学での活用においては,他の追随を許さない「NMRならでは」の特質として,非破壊でしかも網羅的かつ選択的に,ある観測核種に的を絞り,遅い緩和を利用してさまざまな刺激による時間細工の後に最終的応答を検出できるという利点があげられる.すなわち,「網羅性」「選択性」「時間細工性」「非破壊性」の4つがNMRの特質としてあげられ,基本的役割の発揮においては,各々の特質は相互に切り離せない側面もあるが,本節では,諸産業での利活用視点に立ちつつ一応の分類を行い,それぞれ実例に即した解説を試みる.

4.2.1 ■ 網羅性を生かした例

成分組成の分析においては,モル比を忠実に再現でき,もれなく観測できるという特徴を有するNMRは,すぐれた定量性を示す.それに加え,観測可能な同位体の核種は限られるものの,種類ごと別々にもれなく観察できる点は含有成分の全体像を把握するうえで有利であるため,与えられた試料が極微量である場合を除き,今日未知試料の分析においては,最初に実施すべき第一項目ないしは欠くことのできない必須項目としてNMRが選択される.

A. 水分の定量分析への応用におけるすぐれた再現性

ここでは,NMRを用いた有機化合物の結晶の水分含量の定量を例として,その高い定量性ならびに再現性を確認する.有機化合物の水分含量を求める古典的な方法としてよく知られているのが,乾燥減量法(熱重量分析)とカール・フィッシャー(Karl-Fisher, KF)法[1]である.しかし,KF法では,試料である有機化合物自体が使用する試薬であるヨウ素との反応性を有する場合には,滴定の終点が定まらない.分析科学においては一般に,2種類以上の物理化学的原理に基づく結果を比較して数値の妥当性を評価する必要がある.そこで,一方には乾燥減量法を用いるとして,もう一方には,KF法の代替となる何らかの別の方法が必要となり,ここにNMRの活躍の場がある.NMRを用いて有機化合物や生体高分子を研究するうえでは,常に水シグナルによる妨害に悩まされるが,このことは,NMRが水の観測に適していることの裏返しでもある.

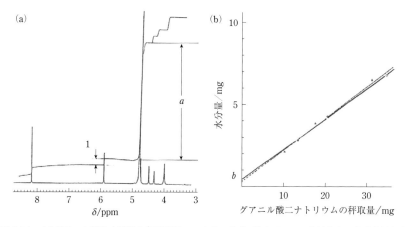

図 4.2.1 (a) グアニル酸重水溶液の ^{1}H NMR スペクトルおよび (b) グアニル酸結晶中の水分含量を求めるためのプロット

表 4.2.1 グアニル酸の結晶水の定量結果

	NMR 法／％	乾燥減量法／％
A	16.5	16.6
B	17.1	17.0
C	14.9	14.6
D	18.5	18.2

　実際，筆者らは，ヨウ素との反応性を有するグアニル酸の結晶水の定量において，KF 法の限界に直面したことがあり，その際に NMR を利用した[1]．**図 4.2.1**(a) にグアニル酸重水溶液の ^{1}H NMR スペクトル，図 4.2.1(b) に水分定量の手順を示す．そして，**表 4.2.1** には，4 つのロットについて調べた結果を示すが，乾燥減量法との間で互いに非常によく再現されていることがわかる．

　NMR の高い定量性は，スペクトルのシミュレーションを行うことで，いっそう明確になる．**図 4.2.2** からわかるように，実測スペクトルの各々のシグナルはローレンツ近似による計算で，ほぼ完全に再現できる．このように，一般に溶液 NMR は通常ローレンツ近似などの数学的処理で再現できるので，多次元展開の場合も含めて，理論計算によりスペクトルをシミュレーションしやすい性格を有している点にも留意したい．

B. 諸分析に先立つ分析の第一項目としての利用

　未知試料の分析を行う際には，糖分析，アミノ酸分析／有機酸分析，無機分析な

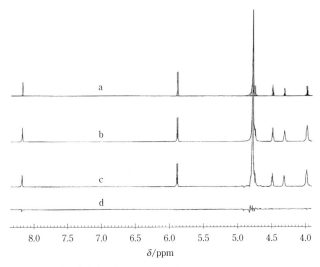

図 4.2.2 グアニル酸重水溶液の実測スペクトルとシミュレーション・スペクトルの比較
(a) 40 個のスペクトル成分の重ね書き，(b) シミュレーション・スペクトル，
(c) 実測スペクトル，(d) 差スペクトル (c − b)

どの個別項目の実施以前に，全体像の把握のために NMR スペクトルを測定することがきわめて有効である場合が多い．通常，ロックのために 5～10% の重水を加えて，^{13}C 核の各種のスペクトルを測定する．

例えば，アミノ酸生合成経路の解析などで発酵ブロスを測定すると，目的のアミノ酸を主とするきわめて明瞭なスペクトルが得られる．一般に目的のアミノ酸を生産する目的で育種された菌株を用いた場合，得られる発酵ブロスのスペクトルは当該アミノ酸が際立って支配的である．しかし，同じスペクトルのマイナー成分に着目すると，さまざまな副成分も効率的に観測できることがわかり，^{13}C–^{13}C カップリングをたどれるような 2 次元 NMR 測定 (INADEQUATE) を行うことで，それらの副成分の炭素骨格が描出できる．**図 4.2.3** に示すのは，開発途上にある段階でのイソロイシン生産性のある菌のブロスの ^{13}C NMR スペクトルである．代謝経路上で 5 段階ほど上流に位置するスレオニンの約 10% 相当量を ^{13}C 均一標識のスレオニンのいわば「トレーサー」として添加して得た ^{13}C NMR スペクトルであり，炭素骨格情報と代謝マップ上の構造式から上流成分を特定でき，イソロイシン：1 段上流の成分 (KMV)：2 段上流の成分 (DHMV) = 2 : 1 : 1 であることが明瞭であり[2]，その働きが不十分なため代謝が滞っている酵素を見出すことができる．このような

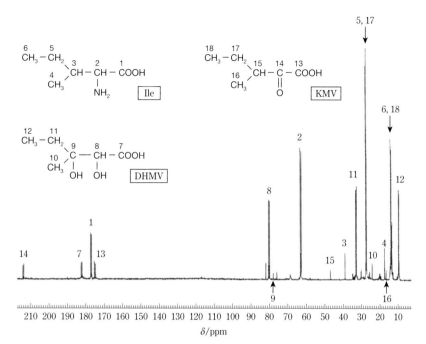

図 4.2.3　イソロイシン生産性のある菌のブロスの ^{13}C NMR スペクトル

トレーサーとしての安定同位体利用 NMR は，実に広範な分野を形成している．

なお，未知試料が固形物（不溶物）を含む場合には，試料全体を凍結乾燥した後に，固体 CP/MAS-NMR 測定を行うことで注目している都合の良い成分だけでなく，場合によっては不都合な成分も含めて構成成分組成の全体像を把握できる．

C. 試験法への利活用

ヘパリンは血液透析時の血液凝固の防止や血栓塞栓症の治療など，種々のケースで抗凝血剤として使用される医療現場に必須の医薬品であるが，2008 年頃，ヘパリンに混入した不純物（過硫酸化されたコンドロイチン硫酸）によるアナフィラキシー様症状が米国で多数報告された．その際，わが国では，**図 4.2.4** に示すように，観測周波数の異なる NMR 装置群の利用によって，この不純物のシグナルと同じ位置に観測されるシグナルが，不純物でなくヘパリン由来であることを確認するという試験が行われた．その結果，ヘパリンの安定供給が確保されるとともに，このような純度検定に対する NMR 装置の有効性が確認された．また，共同検定の結果，日本薬局方にヘパリンの NMR 試験法が収載された[3]．

第 4 章 有機化学・分析科学・環境科学への展開と産業応用

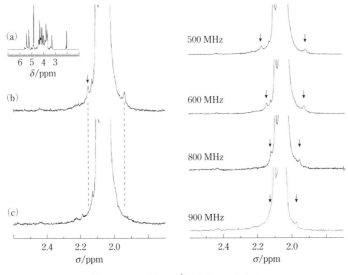

図 4.2.4 ヘパリンの ^{1}H NMR スペクトル
矢印はサテライトシグナル.

4.2.2 ■ 選択性を生かした例

分子構造の解析における NMR の意義は，部分構造（部品）の選択的検出に便利であるとともに，同位体標識と多次元化により全体構造に迫れる点にある．後者については別の章で解説されるので，ここでは分析科学において NMR 法が有する最大の利点の 1 つとなっている選択性に的を絞る．

A. タンパク質中の特定アミノ酸残基の抽出とそのミクロ環境, 特に露出性の評価

ヒスチジン（His）は，そのイミダゾール基の C2 位のプロトンシグナル（C2H）が他の芳香族由来シグナルから分離し，化学シフトで 8 ppm 付近の低磁場に観測されるので，古来真っ先にタンパク質の NMR 研究で扱われてきた．最近，サイトカイン類の一種であるインターロイキン（IL）-2 に存在する 3 つの His 残基の C2H の重水素への交換速度には速い，中程度，遅いという 3 段階の特徴があるが，このような特徴はタンパク質の分子表面への露出度（露出している，中程度，埋もれている）と密接な相関を有することが NMR により示された[4]．また，IL-2 には，チロシン（Tyr）も 3 残基存在するが，これらは，CIDNP（chemically induced dynamic nuclear polarization）によって識別可能であった．また，蛍光でも研究されているトリプトファン（Trp）は CIDNP でも内外を識別できる．X 線結晶解析の分解能が低く主鎖の

チェーン・トレースを間違いかねない場合などには，構造確認法として有用である．

B. 立体構造モデルの評価への活用

近年構造ゲノム科学研究が世界規模で大きく進展した結果，これまでに10万を超える実験構造(その約1割がNMRによる)明らかにされているが，全生物種に由来する膨大な数のタンパク質の立体構造のすべてを実験的に決定しつくすことは，短期間に達成できない．一方で，タンパク質のトポロジカルなフォールドのタイプはせいぜい数千に限られると目されている．あるいは，人体内部で働いている重要なタンパク質のフォールドのタイプは千種類よりもはるかに少ないのではないか，あるいはフォールドが同じでも，分子表面のアミノ酸残基の配置が違うことで働きの違いが出てくることこそが生物学上重要ではないか，などの意見もある．いずれにせよ，生物種横断的に可能な限り多くの新規ホールドが実験的に明らかになれば，それに基づき，より多くのタンパク質の立体構造が予測できることが期待される．具体的には，立体構造予測の対象となっているアミノ酸配列(1次元；1D)をPDBに登録されている実験構造(3D)に当てはめた場合，構成アミノ酸残基の位置取りに無理がないかどうかを評価する(例えば，疎水性アミノ酸は分子内部，親水性アミノ酸は分子表面が妥当)統計的手法である3D-1D法により，その評価値の高い立体構造既知のタンパク質を参照することで予測できるようになる．そのため，実験に対しては，作成したモデルを今以上に迅速に検証することや，機能の差異について構造面から明快に説明することが期待される．そのような場合には，アミノ酸選択的標識などの技法で見たいところだけを見ることのできるNMRを用いれば，迅速に情報が得られて便利である．

実際，筆者らは，サイトカイン類の一種であるインターロイキン(IL)-6で，3D-1D法で成績の良い2つの参照タンパク質を見つけて作成した各々のモデルの評価検証に，NMRによりアミノ酸選択的標識で取得した残基間距離の文献情報[5a]を用いたところ，GCSFモデルの方がLIFモデルよりも好成績であることが示され，その後発表された実験構造との一致も良いことがわかった[5b]．

IL-6に関する一連の構造予測研究では，そのような静的構造の予測だけでなく，サイトカイン類の立体構造の低周波振動モードを計算し，IL-6などの長鎖タイプのサイトカイン類に特有な分子変形運動を描出し，そのうえで，リセプター結合のメカニズムを予測しているが[6]，実験的証拠は得られていないので，いわゆる動的構造の予測を試みる立場からも，その実験的証拠を得る手段としてのNMRへの期待は今後ますます大きい．

C. SNP 情報の活用とアミノ酸選択的標識

膨大なヒト一塩基多型(single nucleotide polymorphism, SNPs)や変異タンパク質データベース(protein mutant database, PMD)の情報が蓄積されつつある現状は，分析科学やNMR分光学にとっても看過できない．すなわち，例えば，遺伝子の多形が病気の原因ないしは遠因になるメカニズムがタンパク質立体構造の視点に基づき解明されつつあるということだけでなく，NMRで解かれた立体構造がSNPs情報を説明できるかどうかをもとに，その実験構造の確からしさの評価・確認が可能であるという着眼点は，非常に重要であろう．

まず，SNPsが何であるかを知っていただくために，一例として，カリフォルニア大学サンフランシスコ校薬学部・医学部共同のタンパク質性感染粒子プリオン[7]に関するNMR研究を題材として取り上げ，遺伝子の個体差情報の重要性をタンパク質構造で図解したい．

プリオンに関しては，X線結晶構造解析に耐えうるような結晶化に成功していない．その原因と考えられるのが，構造の柔軟性(フレキシビリティ)により，分子形が1つに定まらないことである．事実，NMRデータから，例えば120番残基アラニン付近やC末端のコンホメーションの多形(いわゆる天然変性タンパク質の一形態)が認められている．図 4.2.5 に，NMRで解いたハムスターのプリオン(syrian hamster prion ; SHarPrP(アミノ酸残基番号：90〜231))の立体構造を示す．まず，概観として，90〜119が無定形，113〜128が疎水性クラスターを構成，129〜131がβシート1(S1)，144〜154がヘリックスA，161〜163がβシート2(S2)，172〜193がヘリックスB，200〜227がヘリックスCとなっている．

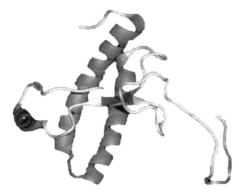

図 4.2.5　NMRで解いたハムスターのタンパク質性感染粒子プリオン(syrian hamster prion ; SHarPrP(アミノ酸残基番号：90〜231))の立体構造

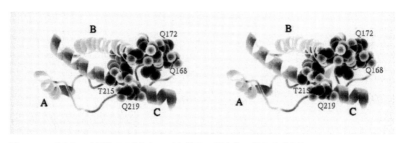

図 4.2.6 プリオン中間体 PrP* とタンパク質 X の複合体の結合サイト(スペース・フィル・モデル)

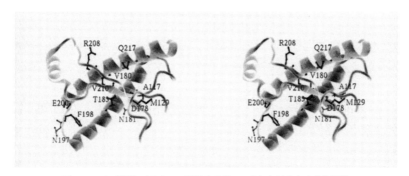

図 4.2.7 点変異とプリオンの関連する種々の病気と対応する残基側鎖

また，この研究からは，種特異的なタンパク質 X が正常型(α ヘリックスの割合が高い) → 異常型(β シートの割合が高い)のコンホメーション変換を誘導する分子シャペロンとして働くことが示唆されており，これが感染条件を決定するとされている．すなわち，コンホメーション変換の中間体 PrP* とタンパク質 X の複合体を想定した場合，結合サイトは，ヘリックス C(200〜227)とループ(165〜171)であり，Q168, Q172, T215, Q219 が，図 4.2.6 に示すように，結合領域に位置すると考えられる．これらの残基の中で，アルギニン(R)168 は羊では 171 に対応するが，羊には，染色体の対における R/Q のヘテロ接合性(heterozygosity)が見つかっているほか，病気(scrapie)の羊のほとんどが Q/Q であり R をもたない．また日本人の 12%は，219 番が一般にはグルタミン酸(E)である代わりにリシン(K)であり，アルギニンと同様塩基性アミノ酸であり，そのようなタイプには，これまでクロイツフェルト・ヤコブ病(CJD)が見つかったことがないとしている．

さらに，図 4.2.7 に点変異とプリオンの関連する種々の病気に対応する残基側鎖

を示す．すなわち，P102L, P105L, A117V, M129V, D178N, V180I, T183, F198S, E200K, R208, V210I, Q217R, M232R などの変異(X残基番号Zは，通常のアミノ酸XがZに変異していることを示す)は，ゲルストマン・ストロイスラー・シャインケル病(GSS)，CJD，致死性家族性不眠症(FFI)などと相関がある．また，D178NやM129V は FFI と相関があるが，このうちメチオニン(M)は，αヘリックス形成傾向が強いアミノ酸である．129 がバリン(V)の場合は，家族性 CJD と相関があるが，Vはβシート形成傾向の強いアミノ酸である．D178(ヘリックス B)のカルボキシル基は，S1 境界に位置する 129 の隣である 128 の Y のヒドロキシ基と水素結合を形成して安定化しているが，この 178 が変異(D→N)すると水素結合が壊れると予想される．また，臨床学的表現型(clinical phenotypes)の GSS の例がある．129 と 117 との組み合わせについて，129 が M で，A117V の場合，痴呆症(dementia)タイプの GSS であるのに対して，129 と 117 がともに V であると，運動失調症(ataxia)タイプの GSS になるという．

また，疎水性クラスター(113〜125)はβシート S1(129〜134)と相互作用しているが，これらは多くの哺乳動物で保存されている．さらに，N 末端とこの短寿命コンホメーションのアンサンブルを示す疎水性クラスターが，$\alpha \rightarrow \beta$変換とプリオン病の分子病理学(molecular pathology)に重要と考えられている．

このような場合，アミノ酸選択的に見たいアミノ酸だけに標識を入れ，溶液 NMR，固体 NMR の双方を測定すれば，各構成残基のミクロ環境に関する情報が得られ，それらのシグナルが存在環境の変化でどのような影響を受けるかを詳細に調べることで有用な解析ができるだろう．ただし，そのような研究を行う際に注意しなくてはならないのは，**表 4.2.2** に示したアミノ酸代謝(ここでは *E. coli* の例)に関する知識であり，標識したいアミノ酸だけに同位体を入れたとき，それ以外のアミノ酸へも同位体が流れてしまうこと(見たいアミノ酸以外も標識されてしまうこと)には気をつけたい．なお，最近，理研・木川のグループでは，無細胞培養系におけるこの種の問題を，標識の流出に関与する酵素の阻害剤を添加することで解決する[8]ことができるほか，標識の流出を遮断すべく，遺伝子破壊株を樹立するアプローチも進んでいると報告している．

D. タンパク質の化学修飾による同位体標識，ならびに，酵素による同位体置換標識

見たいところだけを見ることを目的としたタンパク質の標識は，原料となるグルコースやアミノ酸に標識体を用いることだけでなく，非標識タンパク質を調製した後，標識試薬を用いて化学修飾することによっても可能である．ここでは，リボ核

表 4.2.2 アミノ酸選択的標識を考えるうえで参考になる E. coli のアミノ酸代謝（Methods in Enzymology より）

アミノ酸	生育[a]	前駆体	窒素源 α-アミノ基	窒素源 側鎖	α-アミノ基窒素の行き先	有用ホスト遺伝子[b]
Glu	+	α-ケトグルタル酸；Gln	NH$_3$, Gln	−	すべて	gdhA, gltB(*aspC, avtA, ilvE, tyrB)
Gln	+	Glu	Glu	NH$_3$	すべて	glnA
Arg	+	Glu	Glu	Glu, Asp	−	argH
Pro	+	Glu	Glu	−	−	proC
Asp	+	オキサロ酢酸	Glu	−	Glu, Asn, Lys, Met, Thr, NH$_3$	*aspC, tyrB
Asn	+	Asp	Asp	NH$_3$, Gln	−	asnA, asnB
Lys	−	Asp	Asp, Glu	Glu, Asp	−	lysA
Met	+	Asp	Asp	−	−	metC
Thr	−	Asp	Asp	−	Gly, NH$_3$	thrC
Ile	−	Thr	Glu	−	Glu	*ilvE
Leu	±	ピルビン酸	Glu	−	Glu	*ilvE, tyrB
Val	−	ピルビン酸	Glu, Ala	−	Glu, Ala	*ilvE, tyrB
Ser	+	3-PG[c](Gly)	Glu, Gly	−	Gly, Cys, Trp, NH$_3$	serA
Gly	+	Ser(Thr)	Ser	−	Ser, NH$_3$	glyA
Cys	−	Ser	Ser	−	−	cysE
Trp	±	コリスミン酸, Ser	Ser	Gln	Ser	trpA, B
Phe	−	コリスミン酸	Glu	−	Glu	*aspC, ilvE, tyrB
Tyr	+	コリスミン酸	Glu	−	Glu	*aspC, tyrB
His	±	アデニン	Glu	Gln (アデニン)	−	hisD
Ala	+	ピルビン酸	Glu, Val	−	Glu, Val, NH$_3$	*avtA

[a] 当該アミノ酸だけを窒素源とした生育の可否（＋：生育する，±：生育の可能性あり，−：生育せず）
[b] 遺伝子型*：アミノトランスフェラーゼを欠損させてある
[c] 3-phosphoglycerate

酸（RNA）のグアノシン残基の 3′ 末端を選択的に切断する酵素であるリボヌクレアーゼ（RNase）T1 の研究例を示す．

RNase T1 をヨード酢酸で温和に処理すると，その活性部位を構成する第 58 番残基のグルタミン酸側鎖カルボキシル基だけがカルボキシルメチル化され失活する．このとき，ヨード酢酸にメチレン炭素が ^{13}C 標識されたものを用いると，そこだけが ^{13}C 標識された RNase T1 が生成する．図 4.2.8 に示すように，この ^{13}C フィルターの NOE スペクトル（^{13}C 標識した箇所近傍だけを観測することをフィルターという）には，メチレン・プロトンおよび近距離のプロトンとの間だけにシグナルが出現するので全体のスペクトル測定に比べ弱い強度の相関情報も他のシグナルに埋

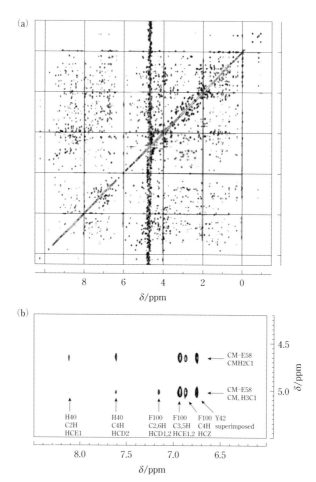

図4.2.8 メチレン炭素が^{13}Cラベルされたカルボキシメチル化RNase T1の(a)通常のNOESYスペクトルと(b)^{13}CフィルターNOESYスペクトル
(b)におけるプロトンの名称はPDB code 1DETに基づく．CM−E58はカルボキシメチル化された58番目のグルタミン酸の側鎖を表し，H2C1およびH3C1はカルボキシメチル基(CM)のメチレン炭素を表す．

もれることなく観測できる[9]．すなわち，標識試薬を用いた化学修飾は，見たいところだけを見る分析手法としてきわめて便利である．このように，生合成だけでなく有機化学を駆使した試料作製においても，同位体標識の利用が，きわめて効率的な情報取得を可能にすることが理解できる．

また，最近筆者のグループでは，タンパク質表面のグルタミン残基とリシン残基

の側鎖間の架橋反応を触媒する酵素(トランスグルタミナーゼ)を用いてタンパク質表面に位置するグルタミン残基のカルバモイル基の窒素だけを溶液中に溶かした^{15}N のアンモニウムイオンとの交換反応でエンリッチ(濃縮)する方法を開発した[10]。今後，このような酵素標識法ともいうべき手法が次々と見出されていくことを期待したい．

E. 多糖類の構成単糖残基の特定と配列解析（HOHAHA と同位体シフト）

NMR の活躍の場は，当然ながらタンパク質に限らない．ここでは，一例として，「芋ずる式」に見たいシグナル群だけを順次拾い出せる NMR の一手法の特質を利用して，多糖類を構成する残基タイプを非破壊的に分離・抽出した応用例を示す．

COSY 法の第二(90°)パルスをスピンロックパルスに変えたものを HOHAHA 法という．通常 75 ms から 110 ms ほど横磁化をロックすると，その間にスカラー結合の移動は，化学結合の数にして 5〜7 個離れたプロトンにまで到達する．ただし，一般に線幅の広いシグナルは横磁化の緩和が早く（減衰が速く），SN 比が低下するため，際限なく長いスピンロックでどこまでも遠く離れたスカラー結合の観測が可能ということにはならない．HOHAHA 法のメリットは，他が深刻なシグナルの重なりの中にあっても，1 つだけでも分離しているシグナルが見つかれば，（同一の残基由来の）ひと塊のシグナルをまとめて抽出できる点にある．具体的には，β-1,3 結合によりグルコースが直鎖状に連結した多糖（β-グルカン）であるカードランの硫酸化物(CRDS)や β-1,6 結合分岐をもつ β-グルカンであり，通称レンチナンとよばれる椎茸熱水抽出物由来多糖（β-1,6 分岐を有する β-1,3-グルカンとして理解されている多糖）の残基種類の特定とそれらの配列規則性の推定を行った例を示す[11a]．

図 4.2.9 に示した CRDS の場合，各構成グルコース残基の 1 位プロトンの磁化は 75 ms のスピンロックで 5 位に移動するところまでは，比較的簡単に観測できる．比較的 SN 比の良い図中②のタイプの構成残基の 2〜5 位は COSY 法で区別できる．これに基づき，他のタイプ①③④は，HOHAHA スペクトルの②の各交差ピークの特徴ある形状との相似性から推定できる．したがって HOHAHA 法はいわゆる残基抽出法としてきわめて有用である．さらに，硫酸エステル化がいっそう進んだ場合には，エステル化位置と残基配列の多様性を反映し，合計 9 種類のシグナル群が抽出できた．また，これらの残基の総計としての硫酸化度の値は，硫黄に関する無機分析より得た値と一致した．次に，同様にして，レンチナン(通称)の β-1,3 主鎖と β-1,6 側鎖の配列に関しても，きわめて明瞭な NMR データを得ることができたとともに，交差ピーク形がスピンロック時間に応じて変化する様子をとらえることが

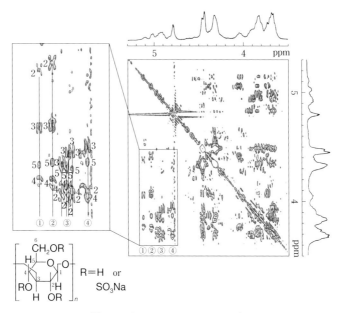

図 4.2.9　CRDS の HOHAHA スペクトル

できた[11b]．

　この事例は，見たいところだけ見ることから出発し，ほぼすべてを見ることができた例であるともいえる．

4.2.3 ■ 時間細工性を生かした例

　NMR は他の分光学的手法に比べて励起後の緩和が遅く，さまざまなパルステクニックを駆使することができ，各種の緩和パラメータを正確に得ることができる．そして NMR で得られる情報(化学シフトや各種緩和パラメータ)が，分子の局所的変動(反応，化学交換，ダイナミクス)や，さらには材料物性の違いなどに敏感である点が有利である．

　ここでは，これらの時間細工性と相まって，温度変化実験から得られる情報についても触れる．これ以外に，赤坂らによる高圧下での NMR 実験も今後の発展に大きな期待をもつことができる[12]．

A.　化学交換の解析(エネルギー計算)

　N-(4-methyl-5-oxo-1-imidazolin-2-yl)sarcosine(以下，MOIMYS と略す)はアラニン骨格を有する環状アミノ酸であり，結晶構造が知られている[13]．

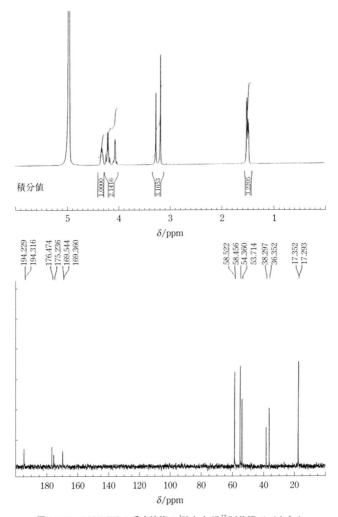

図 4.2.10 MOIMYS の重水溶液の ^{1}H および ^{13}C NMR スペクトル

この MOIMYS の重水溶液の ^{1}H および ^{13}C NMR スペクトルを**図 4.2.10** に示す．それぞれのプロトンが 2 つのシグナルを示すのは，結晶中では環のカルボニル基と環外のカルボキシル基が同じ側である *syn* 体で存在していたものが，溶液中ではその他に *anti* 体と想定される配座異性体(コンフォマー)も共存するためであると考えられる．このような場合，NMR により温度変化にともなうスペクトル変化(シグナル強度比の温度依存性)を測定すると，求められた両者のエネルギー差から，

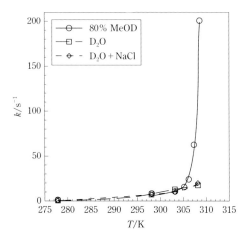

図 4.2.11　MOIMYS の *syn-anti* 平衡における交換速度の解析

この 2 つが *syn-anti* 平衡であることの合理性が確認できる．実際，5℃ から 60℃ までの範囲で，11 点の ^{1}H NMR 測定を行い，van't Hoff プロットから求めた ΔG は 3.8 kJ mol^{-1} である（$\Delta H = -2.7$ J mol^{-1}，$\Delta S = -12.9$ e.u.）．問題は，*syn* 体と *anti* 体のどちらが安定形であるかである．この環状化合物では，例えば N–CH$_3$ 基との NOE が期待されるグアニジウムの水素は交換性であり，*syn* 体と *anti* 体を NMR で識別することはきわめて難しい．そこで，エネルギー計算ソフト MOPAC を用いて計算したところ，両者の差は約 3.4 kJ mol^{-1} で，*anti* 体が安定であることが示唆された．この値は，NMR による実測のエネルギー差とほぼ等しい．

また，NMR により両者の交換速度を求めることもできる．実際，緩和解析から得られた交換速度の結果を 図 4.2.11 に示す．この結果から，2 種類の異性体が 600 MHz の観測周波数で分離観測されることが理解できる．つまり，シグナルの観測周波数差 $\Delta \nu$（化学シフト差（ppm）× 600 Hz），存在寿命（交換率の逆数）を τ とすると，$2\pi\tau\Delta\nu = \sqrt{2}$ 以上であれば，2 つのシグナルは分離して観測できるが，それ以下であると 1 本のシグナルになる．この化合物の場合，40℃ 以上で 1 本になる．

このように，NMR は，化学交換の解析に有用である．特に，ΔH だけでなく ΔS を直接的に求められる点で他の分光学的手法よりもすぐれている．すなわち，NMR ではスペクトル強度が存在量に正確に比例するのに対して，他の手法では，構造が変われば 1 モルあたりのスペクトル強度（吸収スペクトルであればモル吸光係数 ε）も異なるので，ΔH は求められても，ΔS は直接的には得られない．

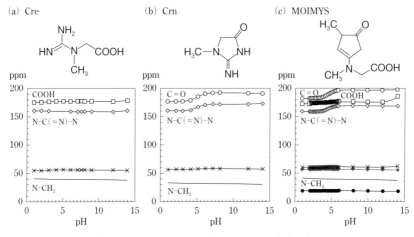

図 4.2.12　Cre, Crn および MOIMYS の pH 滴定曲線

B. 化学反応の解析
(1) クレアチンとクレアチニンの ^{13}C NMR による pH 滴定

古くより、クレアチン(Cre)とクレアチニン(Crn)は、可逆的に相互変換することが知られている[14]。

$$\mathrm{Cre} \rightleftarrows \mathrm{Crn} + \mathrm{H_2O}$$

この文献によれば、室温(25°C)では数ヵ月、50°Cでは約1週間、90～100°Cでは数時間で平衡に到達する。pH 2 付近を境に、酸性側では Crn が圧倒的に優勢、中性～アルカリ性側では Cre が相対的に優勢である。したがって、室温では相互変換の妨害を受けずに pH 滴定ができる。その結果を図 4.2.12 に示す。図から、Cre は広い pH 範囲で大きな化学シフト変化を示さないのに対して、Crn では、グアニジウムおよびカルボニル炭素が pH 5 付近を中心に同時に滴定されること、N–CH$_3$ が Cre で常に低磁場(約 40 ppm ; Crn では約 33 ppm)であることの 2 点がわかる。このように、pH 滴定をすることで、分子内における解離基の配置関係を明らかにすることができる。したがって、このような滴定は、古来 NMR を操る場合の常套手段であることを覚えておきたい。

(2) 類縁未知化合物の構造決定への応用

上述した MOYMIS 異性体の構造推定に応用した道筋を述べる。MOIMYS を室温で数ヵ月保存しておくと、図 4.2.13 のように、もう 1 成分(化合物 X)のスペク

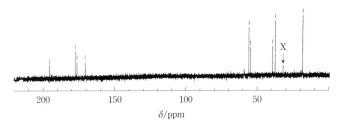

図 4.2.13　MOIMYS を数ヶ月保存した後のスペクトル

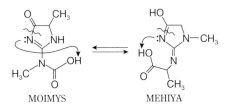

図 4.2.14　MOIMYS ⇌ MEHIYA の相互変換の機構

トルが出現する．これを液体クロマトグラフィーで分取して質量分析を行うと，MOIMYS と同一であることがわかった．また，NMR スペクトルも非常に類似しており，^{1}H と ^{13}C の相関解析などから，分子構造を構成する部品は同じであることがわかった．しかし，次の点で異なる．

- 滴定において，MOIMYS ではメチン基の隣のカルボニルが大きな pH 変化を示すのに対し，この化合物 X は，メチレンの隣のカルボニル由来シグナルの化学シフトが大きく変化する．
- N–CH$_3$ 基の ^{13}C 化学シフトは，MOIMYS では約 40 ppm であるのに対して，化合物 X では，約 33 ppm である．

上述(1)の Cre と Crn のスペクトル比較をもとに，これらの観測事実を満足する構造としては，N-(1-methyl-4-hydroxy-3-imidazolin-2,2-ylidene)alanine（MEHIYA と略す）が考えられる[15]．想定される相互変換の反応機構を図 4.2.14 に示す．次に，MOPAC による計算から，MEHIYA の場合，その syn-$anti$ の ΔG は，13.4 kJ mol^{-1} となり，$anti$ 体が圧倒的に安定であることが示唆され，実際，NMR スペクトルには，1 種類の成分のみ出現している事実と一致し，これもまた，この構造の確かさを裏づける．以上のように，NMR スペクトルは，溶液中の反応の追跡や，そのエネルギー機構の解析にきわめて便利である．

NMR は，上述のような変換反応の速度論を展開するうえでも有用である．そして，高温域での観測困難な速い速度を，低温域での測定から予測することができる．

(3) タンパク質の熱安定性評価への応用

　NMR スペクトルは，タンパク質の変性にきわめて敏感である．例えば RNase T1 とカルボキシル化 RNase T1 の NMR を比較すると，タンパク質内部に埋もれているときの近接する芳香族アミノ酸などの環電流効果により 0 ppm またはそれ以上に高磁場シフトしている Ile90 の δ メチル基のシグナルなどがランダムコイル状態になるにともない見かけ上消失していく様子から，もとのタンパク質よりもカルボキシメチル化したものの方が約 9°C ほど安定であることがわかる[16]．

C． NMR を中心とした生体高分子の構造ダイナミクス研究と産業展開

　NMR は，構造ダイナミクスを研究するうえで，他法との併用によりいっそう威力を発揮する．ここでは，今日 NMR とともに構造解析法として双璧をなす X 線構造解析，ならびに，計算科学的手法である基準振動計算との併用例を示す．

(1) X 線結晶構造解析との併用による考究

　原理的に見て，NMR と X 線は正反対のアプローチである．すなわち，X 線構造解析においては，通常結晶を対象とし，分解能の低い段階では分子全体の概形がわかるにすぎなかったものが，分解能が向上するにつれて構成原子の精密な位置決めが可能になる．これに対し，NMR では，通常溶液を対象とし，原子 1 個を選択的に観測できることに基づき，部分構造を出発点として，極力誤りの少ない原子間距離情報を集積することで全体構造に迫ることができる．したがって，両者は相補的であり，併用における利点が多い．一方，本来 NMR の主目的は，対象分子の分子内における「フレキシビリティ」の不均一性を抽出し，結晶中よりも生理活性を発現する現場に近い溶液中における機能を考察することにある．ところが，報告されている NMR による構造データの多くは，現状，数十個のディスタンス・ジオメトリー（DG；距離束縛下の分子動力学（restrained molecular dynamics, rMD）計算によるものも含めて象徴的にこうよぶ）計算の収束構造の重ね合わせとして提示されており，一見フレキシビリティが表現されているように誤解されるが，通常は，互いによく重なる部分ほど構造がよく決まっているとし，反対に乱れの多い重なりの悪い部分は距離情報が少なく，決まらないということにすぎない．

　一般に，このフレキシビリティの尺度として用いられるのが，分子運動のモデルによらない緩和解析（model free analysis）に基づく秩序パラメータ（order parameter)S^2である.秩序パラメータの決定法そのものに関しては,楯らによる詳しい総説がある[17].実際この方法によって,^{15}N で標識された試料の緩和時間測定により,数多くのタンパク質の分子内運動が解析され,機能との関係が議論されている.分子の堅い部分と柔らかい部分の表現方法として便利な指標である.しかし,必然的に,「柔らかい」あるいは「しなやかである」ことの中身を知りたくなる.実は,これを達成するには,NMR 構造の抱える基本問題ともいうべき課題を解決しなければならない.

すなわち,(普通,NMR の実験データに基づく)DG 法による解の平均構造は,X 線構造に比べると,ラマチャンドランのΦ–Ψプロットにおける乱れが大きかったり,同じ NMR データのうち,NOE による距離情報を満たすものの,カップリング定数による結合角情報と矛盾したりする.誤差では説明できないこれらの実験的事実は,溶液構造がダイナミックなものであることのあらわれととらえる方がむしろ自然であり,最初から分子動力学計算と組み合わせて「コンホメーション・アンサンブル(conformational ensemble;複数の構造の一揃い)」を想定した実験データの再現を試みる方が,生体分子の「フレキシビリティ」の実像に迫るうえで好都合なはずである.

ここでは,その種の研究の実例として,ドイツの Rüterjans らによる RNase T1 の分子構造の部分的ゆらぎ(フレキシビリティ)に関する NMR 研究結果[18]を,X 線研究の結果も参照しながら考察する[19].それにより,構造計算における秩序パラメータの意義を明確にすることができる.

RNase T1 は,アミノ酸 104 残基からなる分子量約 11 kDa の酵素である.彼らは,1856 個の NOE 強度データと 489 個のビシナルな結合定数(^3J)データ,62 個のアミドプロトンの交換速度データを得て,それらを解析することで,2,580 個の距離束縛条件,168 個の二面角の許容範囲条件を引き出すとともに,75%のβメチレン・プロトンの立体特異的帰属と 80%のジアステレオトピックなメチル基の識別帰属を行った.束縛条件の数は,残基あたりで 21 個である.これらの距離束縛は,その下限値を可能な限り改良すべく,アミドプロトンの交換データを含んだ MARDIGRAS による緩和行列解析により精密化を図っている.その結果ディスタンス・ジオメトリー計算ソフト DIANA を使って得た構造アンサンブルの選択において,構造の精度を評価するうえで,^{15}N 緩和データから計算した秩序パラメータからフレキシビリティの幅を知り,非現実的な過度に高い構造収束精度を避けることに留意している.その結果,溶液中と結晶中で,活性部位と Cys2–Cys10 のジス

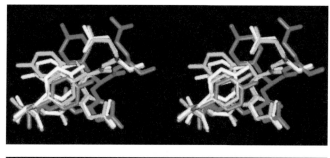

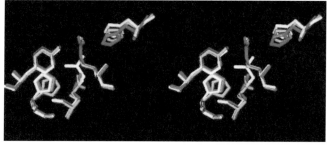

図 4.2.15 2′-GMP と結合した RNase T1 および Glu58 カルボキシメチル化体,基質フリーの X 線結晶構造の相互比較
Rnase T1 の活性部位を重ね合わせ比較した立体図.上図は塩基結合部位,下図は触媒部位.濃いグレー:未修飾体,薄いグレー:未修飾体 − 2′-GMP 複合体,白:カルボキシメチル化体 − 2′-GMP 複合体.

ルフィド結合部位に関して,重要な構造上の差異を見出した.彼らは研究の基本的スタンスとして,分子ダイナミクスを正確に記述することが,NMR の生データを分子の実相に近い距離と角度の束縛条件に変換し良質な構造決定を行ううえで欠かせないと考えている.換言すると,NMR により分子ダイナミクスを解明することと,精密構造を決定することとは,表裏一体の作業である.

ここで重要な点は,結晶多形の存在が見つかるほか,周辺に比べ温度因子の大きい部分が残ることもあるにせよ,多くの場合,X 線結晶構造は,結晶であるために一形に落ち着くが,溶液構造は本来的に緩和した構造であり,現状では NMR によってのみ,コンホメーションのゆらぎに関する豊富な情報が得られること,さらに,それが生体分子の機能を理解するうえで重要な意味をもつことである.この RNase T1 分子の場合も,彼らの研究によって,活性部位に関して,溶液と結晶で差異が認められた.また,**図 4.2.15** に示すように,Saenger らの 2′-GMP と結合した RNase T1 の X 線結晶構造と,基質フリー[20]および筆者らの Glu58 カルボキシ

メチル化体の 2′-GMP との複合体のそれら[21]とを比べるとわかるように，活性部位は基質の結合の有無により，また，修飾により Tyr45 などの側鎖の向きが大きく変わるなど，大きなフレキシビリティを示すことだけは明らかであった．逆に，その他の部分は，X 線結晶構造解析による限り，互いの間の違いは明瞭とはいえなかった．

上述した秩序パラメータを発展させたものとして，Wagner らによるスペクトル密度関数を直接利用する方法およびその簡略系としての reduced spectral density（縮約型スペクトル密度関数）を利用した方法があげられる．楯らのグループは，このようなスペクトル密度関数を利用することで，より直接的に異なる時間域での主鎖の運動性の違いを見ることができ，特に，$J(0)$ を使うことでミリ秒からマイクロ秒の時間域でのゆっくりとした構造ゆらぎを見つけることができると報告している[22]．

なお，以上のような酵素が基質を認識するメカニズムは，ヒトの手でモノをつかむこととの対比で理解できる．酵素の基質認識部位とヒトの手との違いは，可動性の範囲で連続的かどうかにあり，基本的には，低分子で炭素原子間の結合に長い時間スケールでの自由回転があっても，短い時間スケールでゴーシュ，トランスの回転異性体が存在することに似て，酵素タンパク質の活性部位には支配的なコンフォマーが存在する．基質と結合していない状態で少数のコンホメーションのアンサンブルになっていないと結合にともなうエントロピーの減少は深刻になり，これもまた，反応性に大きなマイナスとなる．いずれにせよ，結合前はフレキシブル，結合時はがっちりと，切断後は再びフレキシブルに，というものであることに疑いの余地はない．

(2) 基準振動計算との併用による考究

数十個程度のアミノ酸残基から構成される小さなタンパク質（ペプチド）は，ペプチド固相合成による試料調製が有用である．特に，生合成による部位特異的変異が一般には 20 種類のアミノ酸同士の置き換えに限られるのに対して，側鎖の一部のきわめて限定的な変換が可能である点が構造機能研究上有利である．

例えば，**図 4.2.16** は，米国モネル化学感覚研究所の研究者が単離した，西アフリカ原産でショ糖の数千倍の甘味を有するタンパク質モネリンの X 線結晶構造（カリフォルニア大学バークレー校の Kim ら）である．各々数十残基のペプチド 2 本で構成されており，どのアミノ酸が甘味に重要かを多数の置換体を合成してつきとめた結果，B 鎖 7 番のアスパラギン酸のカルボキシル基をメチル基に置換した場合

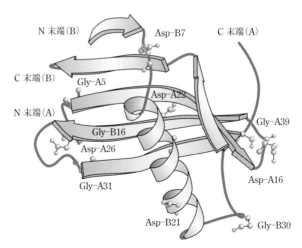

図 4.2.16 二本鎖甘味タンパク質モネリンの立体構造
緩和解析から，Asp-B7 が他の Asp や Gly に比較して最も大きな運動性を示す．

(Asp→アミノ酪酸)に，その甘味が劇的に消失することがわかった．次に，NMRによる緩和解析を用いてこの残基の運動性を調べたところ，他の同種残基の中で最大のフレキシビリティを示したことから，甘味レセプター上での誘導適合に好都合な動的構造を有することが明らかになった[23]．このように，A, B の 2 本鎖から構成される甘味タンパク質モネリンでは，その B 鎖 7 番目の Asp 残基が甘味発現上重要であることがわかったが，その側鎖と他のアミノ酸残基との間の NOE シグナルが観測できず，構造上の特色をつかめなかった．これに関して，運動性が大きすぎるためなのか，ランダム構造のためなのか，いずれが原因であるかを明確にすべく，他の Asp とともにペプチド合成で ^{15}N 標識したところ，最も低い秩序パラメータ S^2 を示し，活性残基として都合の良いフレキシビリティの範囲内の値であることが明らかになった．また，基準振動計算から，Asp→Abu(アミノ酪酸)への変更にともない化学シフト変化を示す残基が，この活性残基とともに(すなわち，in phase に)運動する残基であることもわかった．

(3) 産業用酵素の高機能化への展開

ここでは，上記(1)，(2)で得られた知見に基づく酵素改変アプローチ「フレキシブル領域変異法」の開発について述べる．産業用酵素の具体例としては，うま味調味料の重要成分である 5′-ヌクレオチドを生産する能力のあるヌクレオシドリン酸化酵素を取り上げる．この酵素は，自然界からのスクリーニングとその後の進化工

学的アプローチにより，イノシン酸生産にはある程度実用性を有するようになっていたが，原料グアノシンの溶解度がイノシンよりも1桁程度低いことが主な理由で，グアニル酸の生産能が実用レベルに達していなかった．そこで，まず，上述したように，グアノシン選択能の高い RNase T1 の構造機能研究[5]から，酵素によるグアノシンの認識様式を体得が役立った．ここで，特筆事項としては，留学先のカリフォルニア大学サンフランシスコ校が開発した NMR データ（NOE データ）解析ソフト MARDIGRAS を活用した研究[18]を遂行した独ゲーテ大学 Rüterjans 教授との交流から，その後のヒントとなる，基質認識機構における「コンホメーション・アンサンブル」というフレキシビリティ（タンパク質構造の柔軟性）の実相に関するコンセプト[19]を獲得し，それをもとに，「フレキシブル領域変異法」というアプローチに至ったことがあげられる．また，当該酵素の改変実験と並行して，微生物由来トランスグルタミナーゼ（MTG）を題材に，NMR 観測で検出されるような構造フレキシビリティを有しかつ活性中心に影響を与える残基を改変することの有効性を確認している[24]．これらをベースとして，当該酵素の立体構造を X 線結晶構造解析によって解明することに成功し[25]，そのフレキシブル構造部のアミノ酸残基とヌクレオシドの相互作用モデルを構築し，基質結合部位の対グアノシン親和性を高めるべくアミノ酸置換を施すことで高機能化を実現した[26]．開発の具体的数値目標として，ミカエリス定数（Km）の1桁以上の改善が必要十分と見定め，工業化におけるボトルネックを，自ら解明に成功した実験的立体構造，あるいは，それをもとにした計算科学的モデルに立脚して，化学的センスに則った酵素改変によってブレークスルーできた．また，これは，タンパク質立体構造の産業的有用性の実証でもあり，その後，このアプローチを WASHROM と命名するに至っている[27]．そして，いわゆる進化工学によるランダム変異のアプローチでは，分子全体を網羅できないので，このような合理的改変アプローチの有効性を主張している．産業的実用局面においては，合理的改変とランダム変異の「組み合わせ変異」により，所期の目標とする機能スペックに到達できるのである．

4.2.4 ■ 非破壊性を生かした例

NMR は比較的マイルドな分光学的手法であり，光の透過性を前提としない．したがって，例外的にイオン強度が高く，誘電損失が大きすぎるような試料でない限り，広く不均一系試料の状態分析も可能である．それとともに，固体/液体をスペクトル分離して別々に，しかも同一周波数軸上に非破壊観測できるという利点がある．

4.2 分析科学と諸産業での利活用

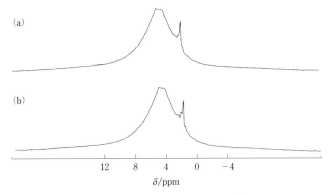

図 4.2.17 (a)コシヒカリおよび(b)ササニシキの精米の ^{1}H NMR スペクトル

原理的には,プローブ(発信・受信コイル)のサイズと形状を工夫すれば,(電磁波を透過しないものを除き)いかなる対象もほぼまったく非破壊非侵襲で測定できる.

物質系を分類した場合,準均一系に属するものには,液相エマルションと固体物質があるが,前者については,今日構造解析におけるバイセルの利用など構造生物学的重要性が大きいので他章に譲り,後者について,結晶多形・多型と転移プロセスなどを中心に論究する.

A. 不均一系の非破壊測定

不均一系の分光学では,一般的に,顕微鏡を用いた顕微分光の手法が用いられる.顕微赤外分光,顕微ラマン分光などがその好例であるが,NMRでは顕微鏡を用いることなく,植物の種子サイズの試料に関して,磁場勾配コイルを用いたマイクロイメージング法が可能である.しかし,NMRの効用は,このように空間分解情報が得られるだけでなく,簡便に試料の全体像の把握と,固体/液体別の分離測定ができる点にある.

例えば,種子などは,そのまま溶液 NMR 測定に供すると,水分(結合水)と油部のみのシグナルを与える.**図 4.2.17** は,精米の ^{1}H NMR スペクトルの例であり,ブロードな水のシグナルとそれに比べてシャープな油分のシグナルからスペクトルが構成されているのがわかる.ここでは,ロック用に重クロロホルムを用い(ロックを掛けずに測定しようとするとエラーが出て積算がストップするような装置設計の場合に必要),その中に精米を浸漬して測定を行っているが,通常多くの装置では,ノーロックでの測定が可能であり溶媒を必要としない.

一般に,粉末ないし粒子状試料をそのまま試料管に詰めて測定できることの利点

は大きい.スペクトルから得られる情報は,主として水分および/または油分の存在状態であり,それから,デンプン・タンパク質などの基材の水分結合力や油分構成分子の脂肪酸部の飽和度などに関する情報が得られるからである.

甲斐荘らが,アオキの種子の ^{13}C NMR スペクトルから,アオキュビンとよばれる成分を同定したことは,1970 年代当時では驚きであった.その後,甲斐荘らは,鳥類や蚕の卵の孵化過程を ^{31}P NMR で追跡することに成功し,その後に世界中の研究者が人体などの NMR-CT の開発に向かったというのが正確な歴史的順序である.

また,Kuntz らは,60 MHz NMR 装置を用いて,リゾチーム,オボアルブミン,牛血清アルブミン(天然と変性後)などのさまざまなタンパク質溶液を凍結した後,−35℃ で測定して未凍結の水シグナルを観測することに成功した[28].平均的には,1 つのアミノ酸残基あたり約 1 分子の水が不凍結となるが,正確な量と不凍結となった水の運動性(すなわちシグナルの線幅)は,タンパク質の種類などによってさまざまである.また,一般に水溶液や水分を含む不均一試料などを 0℃ 付近まで冷却すると水のプロトンとの交換が遅くなり,まずヒドロキシ基などのシグナルが大きな水シグナルから分離して観測できるようになり,次いで凍結後は,凍結していない未凍結部分由来のシグナルだけが分離観測できるようになる.もちろん,水溶性のものでも,DMSO に溶解すると,室温またはそれ以上でも,ヒドロキシ基などのシグナルが観測できることは広く知られている.

B. 結晶性物質の固体 NMR

ここでは,結晶性固体からの情報取得法,特に固体 NMR の活用による結晶形の研究に的を絞って紹介する.固体 NMR は,結晶形に関する X 線結晶解析との併用研究において威力を増し,そこに固体 NMR の,溶液 NMR と X 線結晶構造解析の隙間を埋める技術としての重要性がある.なお,非晶質固体を中心とした固体 NMR の物質科学への展開については第 6 章で扱う.

(1) 結晶構造研究に見る固体 NMR の有用性

一般に,結晶構造とその固体物性の関係を理解することは重要である.例えば,薬物の安定性や溶解性は,結晶構造や結晶水の存在様式によって大きく変化する場合があり,薬効(生物学的利用率)に大きな影響を与えるため,製剤設計においては,結晶形の選定が重要である.もちろん,結晶構造は,X 線回折法で解明できる.しかし,良質な単結晶が得られない場合,結晶構成分子の官能基間の微妙な相互作用を検出したい場合,(乾燥と吸湿による)結晶水含量の変動や温度の変化にともなう結晶構造のゆらぎに関する情報を得たい場合,さらに進んで,結晶形間の転移機

構を知りたい場合などにおいては，他の方法が必要になる．この目的には，固体NMRが実に有用である．

　固体NMR法は，CP/MAS法の開発により高分解能化が実現したことで，現在では，X線結晶構造解析と並び有機結晶の重要な構造解析手段となっている．ここでは，アミノ酸やペプチドを例に説明する．アミノ酸類の結晶に応用すれば，結晶内の局所的な分子運動性・ダイナミクスの解明や熱転移過程における構造変化の検知ができ，さらには，得られた知見を異なる結晶形間で比較評価することも可能である．その結果から，結晶構造の安定化要因などを原子レベルで解析できる．

　アミノ酸の分子内にはアミノ基とカルボキシル基の2種類の解離性官能基があり，側鎖の種類によって親水性・疎水性・両親媒性，いずれの性質にもなりうるため，結晶状態においては，分子間相互作用も多種多様である．結晶の多形(polymorphism)とは，同一組成でありながら異なる結晶形をとるもののことをいうが，これは主に分子間相互作用の空間的な多様性から生じると考えられる．そのため，アミノ酸類では結晶多形が広く見出されており，多形による安定性の違いやその要因を解析することが必要である．また，水溶液から晶析した場合には，解離基が結晶水と水素結合を形成して安定化する例も少ない．その場合，結晶水含量などの相違をともなう結晶構造の広範な多様性については，多形とはよばず，多型(polytypism)という．

　以下，(1)最も基本的な構造のアミノ酸であるグリシン(Gly)の結晶多形系，(2)不可逆的な結晶転移をともなう含水アミノ酸結晶であるL-グルタミン酸(Glu)アンモニウム一水和物結晶系，(3)可逆的な結晶転移をともなう含水アミノ酸類結晶であるアスパルテーム(L-Asp-L-Phe methylester)の結晶形を解析対象として取り上げる．

(2) 安定な結晶多形を有するアミノ酸結晶の構造研究[29]

　Glyは最も簡単な構造のアミノ酸であるため，結晶化条件と得られる結晶構造およびその外形(晶癖)との関係に関する研究事例が多く，固体NMRによる物性研究の対象として重要である．分子構造は比較的単純であるが，3種類のいずれも無水の結晶多形(α晶，β晶，γ晶)が存在する．このうち，β晶は最も不安定であり，室温〜165℃の温度域ではα晶が準安定形，γ晶が最安定形である．ここでは，常温では多形間相互の転移がほとんど実現しない系(α晶とγ晶)について，固体高分解能NMRによるT_{1H}緩和時間解析を行い，結晶内の分子運動性を比較し，γ晶の安定化要因を解明した結果などを紹介する．

第 4 章　有機化学・分析科学・環境科学への展開と産業応用

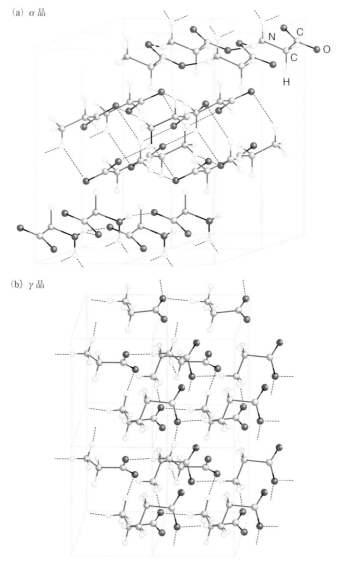

図 4.2.18　グリシンの(a) α 晶 (常温常湿で準安定形) と (b) γ 晶 (最安定形) の X 線結晶構造の比較

　まず図 4.2.18 に各々の X 線結晶構造を比較して示す．2 つの形では結晶内の分子パッキングと分子間水素結合様式は明らかに異なるが，水素結合形成による安定性の違いについては，必ずしもグラフィックス観察だけでは判断できないことがわ

かる.また,両者間で N–H⋯O = C の結合距離に約 0.05〜0.10 Å の差(γ 晶の方が短い)が認められるものの,有意な差であるとは判断しづらい.

そこで,このような水素結合様式の違いが,Gly の分子運動性にどのような影響を及ぼすかを調べるために,各多形について固体 NMR による T_{1H} 緩和時間解析を行うことで,結晶内の分子運動性を比較した.本手法は固体系の場合,運動性が高い原子ほど核磁気緩和が生じやすいため,縦緩和時間が短くなるという現象を利用して結晶中の分子運動性を定量的に調べる一般的な方法である.ここでは,交差分極(CP)により T_{1H} 緩和を受けたプロトン核の磁化を ^{13}C 核に移動して,^{13}C 核のシグナルを観測する CP 反転回復法を用いて,各多形の T_{1H} 測定を室温で実施した.結果を**図 4.2.19** に示す.

各スペクトルは,その右に示した時間 τ(測定の際の待ち時間)だけ,T_{1H} 緩和が進行したときの状態を示しており,τ の増加にともなって,Gly の ^{13}C NMR シグナルは負から正へと反転回復する.α 晶では,約 3 秒でシグナル強度がほぼ完全に回復するのに対し,γ 晶では約 20 秒近くかかっていることから,緩和速度は α 晶の方が γ 晶よりも明らかに大きいことがわかる.解析の結果,T_{1H} 緩和時間は,α 晶では約 2 秒,γ 晶では約 20 秒であることがわかった.一般に,結晶系の T_{1H} 緩和時間は主としてプロトン核自身の運動性に依存する.この点について,Andrew らは種々のアミノ酸結晶を用いた系統的な T_{1H} 緩和時間解析を行うことで,Gly 結晶では T_{1H} 緩和の主要因は NH_3 基の回転運動であることを示した.したがって,上記の結果からは,γ 晶の方が α 晶よりも結晶内でのアミノ基の回転運動が強く束縛されていること,すなわち,水素結合が全体として,より強固であることが示唆された.

束縛の程度,言い換えれば,活性化エネルギー ΔE は,$\tau_C = \tau_0 \exp(\Delta E/RT)$ で示されるとおり,分子運動の相関時間 τ_C を各温度で求めれば得られる.そこで,T_{1H} 緩和時間を −40°C から 120°C の範囲で温度を変えて測定し,その温度依存性から τ_C を求め,次いで各結晶形の活性化エネルギー ΔE を算出した(**表 4.2.3**).Gly 結晶の場合,活性化エネルギーはアミノ基の回転障壁エネルギーに相当するので,この結果からは,γ 晶の方が α 晶よりもアミノ基の回転障壁が大きいこと,すなわち,γ 晶の方が安定な水素結合を形成していること,およびそのエネルギー差 $\Delta\Delta E$ は約 6 kJ mol^{-1} であることがわかった.このことから,α 晶と γ 晶では,主にアミノ基を介した水素結合の違いに由来する分子ダイナミクスの差が存在することが推察された.

なお,^{13}C, ^{15}N CP/MAS-NMR,および,^{1}H CRAMPS-NMR スペクトルの化学シ

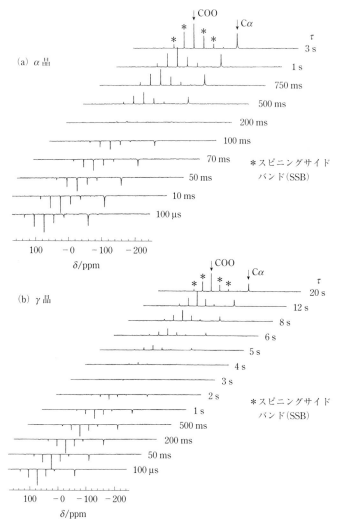

図 4.2.19 CP 反転回復法を用いた(a) α 晶と(b) γ 晶の T_{1H} 測定
各 ^{13}C NMR スペクトルは，右に示した時間 τ だけ T_{1H} 緩和が進行したときのスペクトルである．

フトからも，Gly の α 晶，γ 晶における水素結合の強弱に関する定性的推察だけならば可能である[30]．

(3) 不可逆的な転移過程を有するアミノ酸結晶の構造研究

アミノ酸類の結晶では，上で示した Gly の例とは異なり，結晶水を含むものや，

表 4.2.3 Gly 結晶多形における分子運動性の比較

	T_{1H} 緩和時間（室温）	活性化エネルギー ΔE
γ-Gly 結晶	20 sec	30 kJ mol^{-1}
α-Gly 結晶	2 sec	24 kJ mol^{-1}
$\Delta\Delta E$		6 kJ mol^{-1}

塩となっているものが少なくない．工業的には，加熱による転移が不可逆過程であるか可逆過程であるかは結晶の安定性を把握するうえで重要である．しかし，アミノ酸の中でも L-Glu の α 晶，β 晶両者の転移機構の詳細については実験上の困難さから，不純物淘汰性など結晶の性質に重要な違いがあるにもかかわらず，ほとんど未解明であった．一方，両者は溶媒（水）を媒介として転移するため，現在までに常温で安定な Glu の水和物結晶は知られていない．そこで，ここでは，Glu アンモニウム一水和物結晶が加熱による脱水・脱アンモニア後に不可逆的に β 晶へ転移するという点に着目し，本結晶の転移過程を熱分析や固体 NMR により種々解析することで，不可逆的なアミノ酸結晶の転移過程を検討することとした．

図 4.2.20 に Glu アンモニウム一水和物の X 線結晶構造を，図 4.2.21 には比較のために，L-Glu の 2 種類の多形（α 晶と β 晶）の結晶構造を示した．Glu アンモニウム一水和物結晶では，Glu の解離基がアンモニウムイオン NH$_4^+$ および結晶水とイオン結合または水素結合を形成することで，結晶構造を安定化していることがわかる．また，Glu 分子の層と NH$_4^+$ および結晶水の層が交互に並び，Glu 分子層では 1 層おきに Cα→Cδ の向きが逆転している．一方，α 晶では同一層中の Glu 分子は

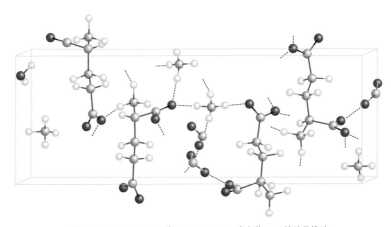

図 4.2.20　グルタミン酸アンモニウム一水和物の X 線結晶構造

(a) α晶　　　　　　　　　　(b) β晶

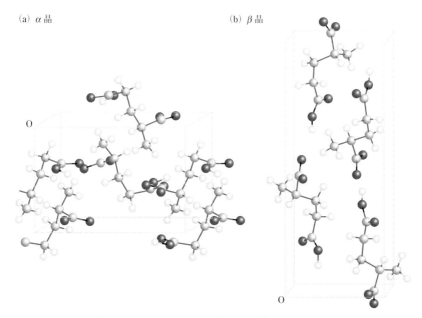

図 4.2.21　L-グルタミン酸の(a)α晶と(b)β晶の結晶構造

互いに逆向きに接しかつ層同士は傾きをもっている．また，β晶ではGlu分子が互いに逆向きに接している点はα晶に類似しているが，分子パッキングの様子は，α晶とは明らかに異なる．結論としてL-Gluの2種類の多形とL-Gluアンモニウム一水和物の結晶構造の比較からは，L-Gluアンモニウム一水和物結晶とβ晶では結晶格子の形状はやや近いものの，結晶内の分子配座は明らかに異なり，単に結晶構造を観察しただけでは転移における構造変化を予測することは難しいことがわかった．そこで，次にどのような状態変化を経て，転移が進行するかを熱分析，粉末X線回折，固体NMRにより解析した．

Gluアンモニウム一水和物結晶の熱転移過程における組成変化を調べるため，熱重量分析(TG/DTA)を行った．その結果，重量変化は75℃と88℃付近の2段階で起こることがわかった．重量計算の結果，2段階の合計脱水量は理論値に一致し，75℃が脱NH_3の開始点，88℃が脱水の開始点にほぼ相当すると推察された．しかしながら88℃付近に明確なプラトーがないことから，この転移中間体の組成は約1水和物相当であること，および安定な結晶状態ではないことが示唆された．以下，この中間体をGlu・H_2Oと表記する．

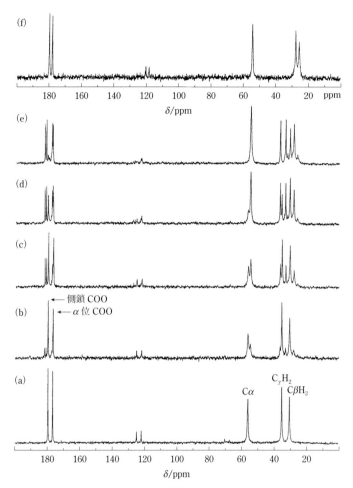

図 4.2.22 グルタミン酸アンモニウム―水和物結晶の固体高分解能 ^{13}C CP/MAS-NMR スペクトル．(a)は室温(25℃)，(b)は70℃，(c)は75℃，(d)は85℃，(e)は95℃，(f)はβ晶に転移した後の L-Glu について，室温で再測定したもの．

そこで次に，室温から 80℃ まで段階的に粉末 X 線パターンを測定し，結晶形の変化を調べた．その結果，回折パターンは 40℃ 付近で一度変化したが，その後は 70℃ までほぼ一定であり，さらに加熱すると 75℃ から 80℃ にかけて，熱分析の結果から予想されるとおり，結晶形自体が変化する様子が明瞭に観測された．80℃ における回折パターンは，α 晶や β 晶のものとは異なり，今回，新たに見出された転移中間体 Glu・H_2O のものと推定された．この中間体はさらなる加熱によ

り無水の L-Glu の β 晶の回折パターンへと転移したが，一方，80℃ まで加熱した後，結晶を室温に放置しておくだけでも，それ自体が不安定な結晶のためか，最終的には β 晶まで自然に転移が進行することが確認された．

次に，熱転移過程における構造変化を原子レベルでさらに詳しく調べるため，固体高分解能 ^{13}C CP/MAS-NMR 測定を行った．その結果，70℃ 付近から徐々にシグナル変化が生じ(**図 4.2.22**(b))，95℃ 付近では転移中間体の Glu・H_2O が形成されることで，結晶中に少なくとも 2 種類の状態が生じることがわかった(図 4.2.22(e))．この状態差が Glu の分子配座の違いによるものか，あるいは水分子との相対配置の差によるものかは CP/MAS スペクトルだけでは判別できないが，おそらく側鎖の $C_β$ と $C_γ$ シグナルについては，分子配座の違いが主として影響していると推定された．

なお，齊藤らは，アミノ基だけは 99% ^{15}N 標識し，^{13}C については天然存在比の L-Glu アンモニウム一水和物結晶を作製し，アンモニアの ^{15}N 含量の異なる 2 種類の試料を用いて，分子内と分子間の炭素－窒素距離情報を分離測定できる REDOR 法の開発を行っている[31]．

(4) 可逆的な転移過程を有するジペプチド結晶の構造研究[32]

アスパルテームには，結晶水含量の異なる 4 種類の多形(IA, IB, IIA, IIB)が存在し，温度と湿度を調整することで可逆的な相互転移が可能である．このうち，IA 晶と IB 晶の間では，乾燥や吸湿による相互転移を比較的容易に起こすことが可能である．これは，**表 4.2.4** に示すように両者の結晶格子が非常によく似ていることと，結晶水がカラムを形成しているという構造的な特徴により，転移に要する活性化エネルギーが小さいことが原因であると推察できる．このように格子定数や結晶構造からその結晶形の安定性を予見できる場合は問題が少ない．

一方，IIA 晶と IIB 晶は可逆的に相互転移しうるが，IIB 晶の結晶構造は未知である．また，IIA 晶の結晶物性に関しては，室温を中心に比較的広い温度範囲で結晶型が安定であること，および加熱により IIB 晶へ転移させた場合でも，室温放置

表 4.2.4 アスパルテームの各結晶形の結晶学的パラメータ

	空間群	Z	格子定数			
IA 晶	P_{2_1}	6	$a = 25.43$ Å	$b = 4.89$ Å	$c = 23.78$ Å	$β = 116.4°$
IB 晶	P_{2_1}	6	$a = 22.96$ Å	$b = 4.96$ Å	$c = 23.50$ Å	$β = 123.2°$
IIA 晶	P_{4_1}	4	$a = b = 17.685$ Å		$c = 4.919$ Å	
IIB 晶	結晶構造未解析					

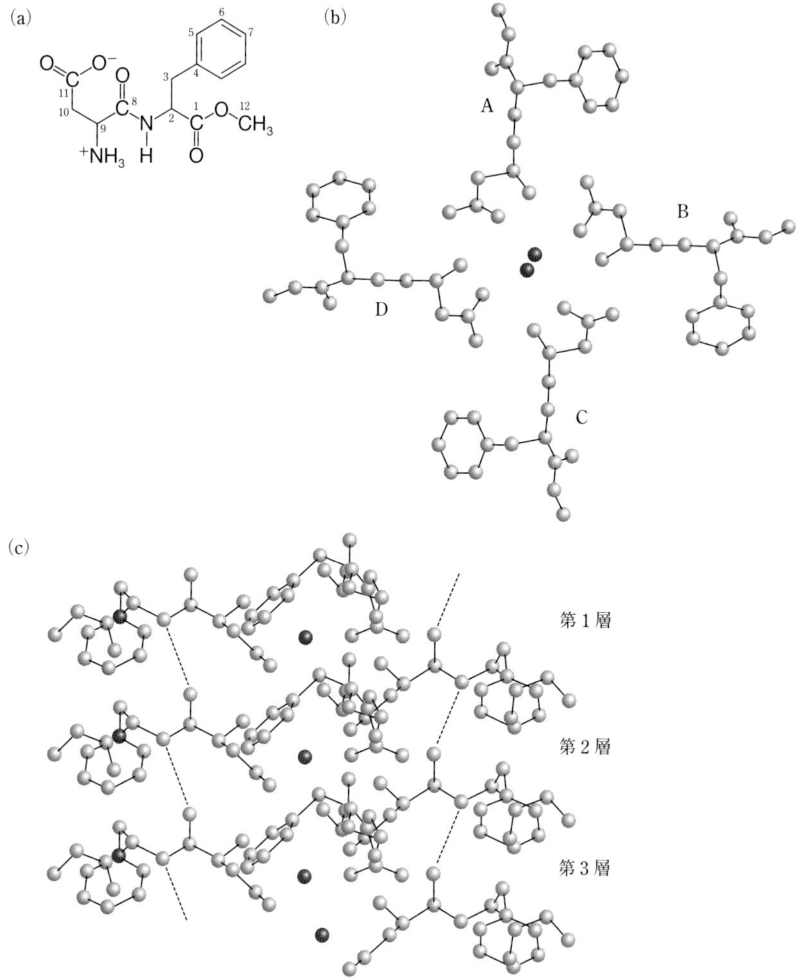

図 4.2.23 アスパルテームの(a)分子構造および(b)IIA晶のX線結晶構造を(b)c軸から見たものと(c)層に対して横から見たもの

により容易にIIA晶へ復元することは知られていたが，結晶形の安定化機構の詳細は不明であった．そこで，ここでは可逆的な結晶転移を有するアミノ酸類に対して，その熱安定性要因を調べるうえで一般に有用な手法を検討するとともに，結果的に見出された転移中間体を種々解析することで，結晶水を含む結晶系の安定性がいかにその結晶水の存在様式と密接に関係するかを考察した．

図 4.2.23 に,アスパルテームの分子構造および IIA 晶の X 線結晶構造を示す.空間群は P_{4_1} であり,単位格子中には 4 分子のアスパルテームが c 軸方向の 4 回らせん軸まわりに同一配座で存在する.結晶水は 4 回らせん軸付近の親水性チャンネルに 2 分子存在し(占有率 50%),c 軸方向にカラムを形成している点が大きな特徴である.

次に,IIA 晶 → IIB 晶転移における温度可変粉末 X 線回折と熱重量分析(TG/DTA)を行った結果,IIA 晶は通常室温では 1/2 水であるが,40℃〜50℃ で結晶型は IIA 型のまま結晶水含量が 1/3 水である準安定状態を経由し,55℃ 付近から IIB 晶への転移を開始することが明らかとなった.また,この転移中間体 1/3 水状態は,温度を 46℃ 付近に保持する限り,長時間安定に存在することがわかった.

そこで,この転移中間体の構造情報を取得するため,固体 ^{13}C CP/MAS-NMR による検討を行った.図 4.2.24 に,温度を変化させたときの ^{13}C NMR スペクトルの変化を示す.転移中間体である IIA 晶 1/3 水状態では,図 4.2.24 に矢印で示したように,Asp 残基のカルボキシル炭素や Phe 残基の γ 炭素,各メチレン炭素に対応するシグナルが明瞭に 2 つの状態を示していることがわかる.このうち,Asp 残基のカルボキシル基については,脱水による解離基の電子状態の変化がシグナル変化の要因と考えられるが,Phe 残基については,γ 炭素が直接結晶水と相互作用する位置にはないため,同じように低磁場にシグナルが生成しているとしても要因はまったく異なると考えられる.要因解明のため,初期 IIA 晶と転移中間体における結晶内の分子運動性を比較するために,^{13}C 核の $T_{1\rho}$ 測定による緩和時間解析を実施した.その結果,Phe の γ 炭素の $T_{1\rho}$ は,初期 IIA 晶(室温)では 208 ms であるが,転移中間体(45℃)では各々,135 ms と 172 ms であることがわかった.すなわち,IIA 晶 1/3 水状態では,Phe 残基に関して,2 種類の運動性があり,その状態がほぼ同じ割合で結晶内に生じていることが示唆された.したがって,Phe 残基の γ 炭素シグナルが転移中間体で 2 状態を示した要因としては,主に結晶中の空間的な異方性効果により,運動性の異なる分子種が感じる平均磁場が異なったためと解釈できる.

この解釈の妥当性を検証するため,Cerius 2 により IIA 晶および転移中間体(モデル構造)のエネルギー計算を行ったところ,IIA 晶の方がポテンシャル的には安定であることが示された(表 4.2.5).逆に言えば,転移中間体が安定に存在するためには,結晶水脱離とアスパルテームの分子運動性の増大によるエントロピー的な安定化が必要であることが示唆された.さらに,定温定積の MD 計算を実施したところ,IIA 晶では結晶の対称性は結晶水の影響により完全な P_{4_1} 対称とはならず,

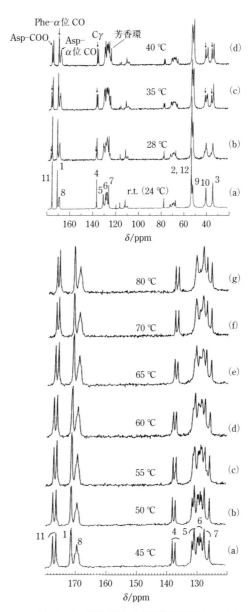

図 4.2.24 アスパルテームの温度変化による固体 ^{13}C NMR スペクトルの変化

表 4.2.5 IIA 晶 1/2 水状態と 1/3 水状態におけるポテンシャルエネルギーの比較

IIA 晶	1/2 水モデル[a]	1/3 水モデル[a]	$\Delta E^{a,b}$
全ポテンシャルエネルギー	−4270.5	−4132.3	138.2
結合性相互作用			
結合長	204.1	218.3	14.2
結合角	504.0	468.2	−35.8
二面角	205.9	209.1	3.2
inversion(特異な二面角)	1.1	3.9	2.8
合計	915.1	899.5	−15.6
非結合性相互作用			
van der Waals	820.9	681.2	−139.7
静電ポテンシャル	−5324.8	−5149.9	174.9
水素結合	−681.7	−563.1	118.6
合計	−5185.6	−5031.8	153.8

[a] エネルギーの単位は kJ/three unit cells
[b] $\Delta E = E$ 1/3 水モデル $- E$ 1/2 水モデル

表 4.2.6 IIA(1/2 水)における分子内水素結合距離(Å)[a]

	位 置[b]			
	A	B	C	D
第 1 層	2.95(0.10)	3.07(0.17)	2.97(0.11)	3.06(0.16)
第 2 層	2.95(0.12)	3.04(0.13)	2.95(0.13)	3.07(0.16)
第 3 層	2.99(0.12)	3.06(0.15)	2.94(0.11)	3.07(0.17)

[a] 50 ps の MD 計算における時間平均値.( )内の値は標準偏差.
[b] 格子内におけるアスパルテーム分子の相対位置.位置 A〜D および各層は,図 4.2.23 に表示.

ペプチド結合部の分子間水素結合状態には微小な差ながら 2 状態が存在すること(**表 4.2.6**),結晶水の配置は定常状態でほぼ安定であることなどが判明した.一方,転移中間体では Phe 側鎖の二面角を指標とした場合,単位格子中の位置によって,アスパルテーム分子の平均構造にはほとんど差がないが,運動性には少なくとも 2 種類以上の状態が存在することが判明した(**表 4.2.7**).したがって,固体 NMR により見出された転移中間体における 2 種類の構造状態は,分子動力学計算の結果が示す分子構造の柔軟性に関する 2 状態に対応するものと推察された.

最近,^{13}C や ^{15}N で一様に標識したタンパク質の微結晶を用いて,溶液 NMR と同様に多次元 NMR を駆使した固体 NMR 研究が可能であることが示された.そのことは,本節で示したようなアミノ酸,ペプチドに用いた手法がタンパク質にも適用できることを意味しており,今後,固体 NMR はますます隆盛の時代を迎えるで

表 4.2.7 IIA 晶および転移中間体におけるアスパルテーム分子(Phe χ1)の柔軟性の比較

(a) Phe 残基の χ1 の時間平均値(°)[a]

位置	IIA 晶 1/2 水モデル				IIA 晶 1/3 水モデル			
	A	B	C	D	A	B	C	D
第1層	64.7	62.7	64.4	63.1	62.7	63.8	62.9	62.5
第2層	61.9	61.5	64.2	63.9	62.8	64.5	62.9	61.3
第3層	63.9	63.3	63.8	63.1	64.0	68.7	62.2	63.9
平均値[b]	63.4				63.5			

(b) Phe 残基の χ1 の分散

位置	IIA 晶 1/2 水モデル				IIA 晶 1/3 水モデル			
	A	B	C	D	A	B	C	D
第1層	36.7	31.6	32.4	40.9	42.2	22.8	28.7	43.8
第2層	33.3	30.7	31.9	32.7	49.2	59.4	31.9	36.4
第3層	30.6	32.1	33.4	31.7	41.4	67.3	39.1	53.1
平均値	33.2[c]				33.4[d], 52.5[e]			

[a] MD 計算の結果は 15–50 ps のトラジェクトリを使用
[b] χ1 の時間平均値に対する空間的な(AP12 分子の)平均値
[c] χ1 の分散に対する空間的な(AP12 分子の)平均値
[d] χ1 の分散のうち，小さいもの半数(下線を付した AP6 分子)の平均値
[e] χ1 の分散のうち，大きいもの半数(AP6 分子)の平均値

あろう．

C. 生体系，特に微生物代謝の *in vivo* NMR

生体系といっても，人体や動植物などを対象とした MRI や MRS といわれる NMR 研究の分野については，次の 4.3 節で取り扱う．ここでは，もう少し基礎的な手法である，^{31}P NMR 法による発酵菌の微生物の細胞内代謝化合物の測定法を例に述べる．

従来，微生物代謝の解析は細胞を破壊し試験管内で行う，いわゆる *in vitro* の酵素生化学的な解析手段を中心に行われてきた．しかし，実際に培養槽内の菌や細胞の代謝活動を正確に反映している保証はなく，非破壊の，すなわち，*in vivo* での代謝の動的な解析により，現実に即した代謝・生理の解析技術が望まれた．

細胞内代謝の中間代謝物および，**図 4.2.25** に示すような ATP や NADH に代表される細胞内のエネルギー化合物の多くは，リン酸化合物として存在しており，^{31}P NMR 法は，これらを非破壊で分別測定するのに適している．

このような測定システムとしてのニーズには，ある程度大掛かりでもよいから，諸条件を正確に制御しつつ，しかも SN 比のよいスペクトルデータが得られるよう

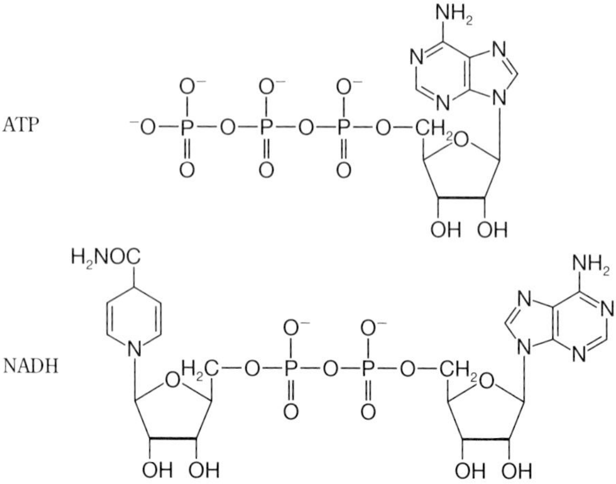

図 4.2.25 ATP と NADH の構造式

な本格法を求める場合と,より簡便に試験管スケールでデータが得られる簡易法を望む場合がある.もちろん,内部バブリング法については SN 比および分解能の改善,外部還流法については試料量の軽減が望まれることは最初から覚悟する必要がある.また,いずれの手法も ^{31}P 以外の核種(^{13}C)を用いた細胞内代謝物の非破壊測定へも展開可能と考えられる.

(1) 外部還流法[33]

　筆者らは,適切な培養条件を要する微生物反応の非破壊測定を行うために,外部還流方式(long term 反応用)を新規に構築した.すなわち,複雑かつ長時間に及ぶ反応の諸条件を,適切に制御可能な培養装置(バイオリアクター)と組み合わせてデザインした**図 4.2.26** に示すようなシステムを開発した.本システムにより,pH,温度,溶存酸素濃度などを含めた条件を適切に制御・管理しながら細胞内の代謝物の動的な消長を検出・追跡することが可能になった.しかしながら,外部還流システムは大掛かりであるし,必要となる試料体積も大きいのが課題である.

　このようなシステムは下記の特色を有する.

①対象となる反応
・複雑な制御を要する微生物反応や無細胞反応の解析,生体高分子の構造・機能研究

②特　徴
・適切な培養条件・溶液条件の制御が可能

4.2 分析科学と諸産業での利活用

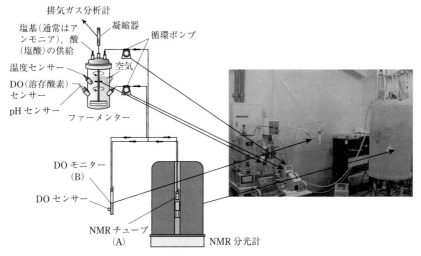

図 4.2.26　外部還流方式の *in vivo* NMR システム

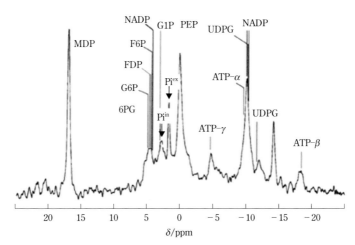

図 4.2.27　好気状態にある微生物の典型的な ^{31}P NMR スペクトル

・長時間反応が可能
③課　題
・試料量（約 800 mL）の軽減

　図 4.2.27 は，好気状態の典型的 ^{31}P NMR スペクトルであり，ATP が SN 比良く観測されているのがわかる．また，図 4.2.28 は，嫌気状態になった場合であり，

191

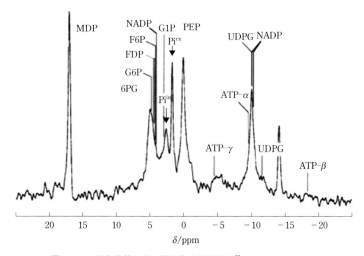

図 4.2.28　嫌気状態にある微生物の典型的な ^{31}P NMR スペクトル

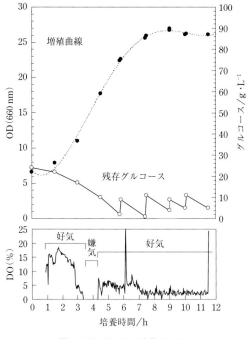

図 4.2.29　*E. coli* の培養プロセス

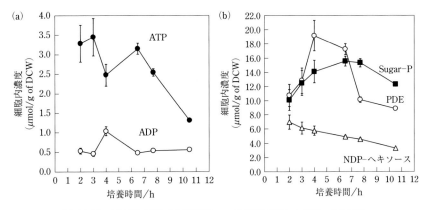

図 4.2.30 (a) ATP, ADP および (b) Sugar-P, PDE, NDP-ヘキソースの消長

ATP はきわめて弱いシグナルになっている．このようなシステムを用いて，E. coli 増殖時の溶存酸素濃度の細胞内代謝物への影響を調べた．すなわち，E. coli の培養プロセスを追跡したところ，図 4.2.29 のような時間経過にともなって，図 4.2.30 に示すように，ATP, ADP, Sugar-P(糖リン酸)，PDE(ホスホジエステル)，NDP-ヘキソースなどの各種リン酸化合物の消長を観測することができた．

(2) 内部バブリング方式[34)]

^{31}P NMR を用いた細胞内代謝物の簡易的な測定手法としてバブリング方式(short term 反応用)を構築した．すなわち，少量の試料で簡易的に反応および測定が行えるように試験管スケールでデザインし，E. coli を題材に測定を行ったところ，細胞内の代謝化合物を非破壊かつ動的にとらえられることがわかった．

菌体内のエネルギー代謝解析法の開発を目的として，それに適したワイドボア(大口径)NMR 装置用に，図 4.2.31 に示すような 2.5 cm 径の磁場内に装着できるミニ発酵装置および関連システムを製作し，実験条件を粘り強く精査し NMR 観測の原理的障害を取り除いたモデル in vivo 系で，菌体内 ATP の発酵プロセス各段階の消長(定量と時間経過)の観測に成功した．時間差を生じて ATP のように消長の速いものの観測には不満足な結果しか与えないブロス循環方式以外の手法で好気性菌培養過程の in vivo NMR 観測に成功した例は世界でもいまだ報告されておらず，その意味で画期的であるとともに，この成功により，今回開発した本 in vivo NMR システムの応用性(菌体内 pH 観測(すでに成功)，栄養条件や菌種による差異観測など)に大きなものが期待される．一方で，もちろんながら，より複雑かつ，適切

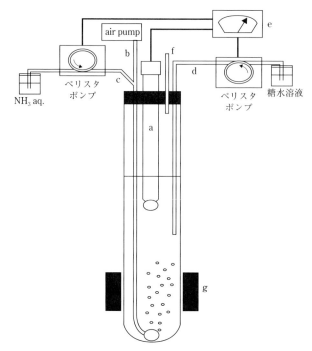

図 4.2.31 バブリング方式の *in vivo* NMR システム

な培養条件を要する微生物反応などには不向きであり,図 4.2.32 に示すように,上述の循環方式に比べバブリングの影響により,分解能がやや低下したスペクトルになる.

このようなシステムは下記の特色を有する.

① 対象となる反応
　・比較的単純かつ短時間反応
② 特　徴
　・少量の試料(30 mL)
　・調整・操作が簡易的
③ 課　題
　・SN 比の向上

このシステムを用いて,*E. coli* 培養とアミノ酸生産を試みたところ,興味深いことに,図 4.2.33 に示すように,栄養源であるグルコースが消費しつくされると,

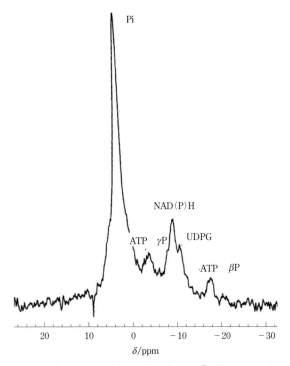

図 4.2.32 糖と酸素が十分ある場合の *E. coli* の ^{31}P NMR スペクトル

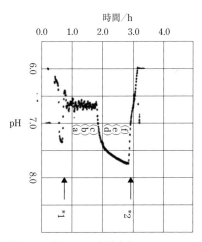

図 4.2.33 図 4.2.34 の測定条件
 *1, *2 はグルコースを投与した時点.

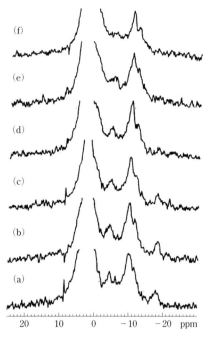

図 4.2.34　図 4.2.33 の各段階での ^{31}P NMR スペクトル（162 MHz）

pH がアルカリ性となり，図 4.2.34 に示すように，ATP シグナルが急速に消失する．および，グルコースを添加すると再び ATP シグナルが復元するなど，きわめてダイナミックなスペクトル変化を示した．また，細胞内 ATP 濃度は，約 7 mM であることも計算できたが，この値は，従来の推算値とよく一致した．

文　献

1) （K-F 法）D. M. Smith, W. M. D. Bryant, and J. Mitchell, Jr., *J. Am. Chem. Soc.*, **61**, 2407（1939）；（本 NMR 法）第 50 回分析化学討論会（島根大学，1989 年）
2) K. Hashiguchi, H. Takesada, E. Suzuki, and H. Matsui, *Biosci. Biotechnol. Biochem.*, **63**, 672-679（1999）
3) 山口秀幸，品川麻衣，榛葉信久，宮野　博，鈴木榮一郎，ヘパリン不純物の NMR 分析法，YAKUGAKU ZASSHI 速報，**128**, 1513（2008）
4) H. Miyano, E. Suzuki, S. Akashi, M. Furuya, T. Tsuji, K. Hirayama, and N. Nagashima,

Anal. Sci., **5**, 759(1989); NMR 討論会要旨集
5) a) C. Nishimura, A. Watanabe, H. Gouda, I. Shimada, and Y. Arata, *Biochemistry*, **35**, 273(1996); b) H. Sumikawa, K. Fukuhara, E. Suzuki, Y. Matsuo, and K. Nishikawa, *FEBS Lett.*, **411**, 234(1997)
6) H. Sumikawa, E. Suzuki, K. Fukuhara, Y. Nakajima, K. Kamiya, and H. Umeyama, *Chem. Pharm. Bull.*, **46**, 1069(1998)
7) a) T. L. James, H. Liu, N. B. Uryanov, S. Farr-Jones, H. Zhang, D. G. Donnes, K. Kaneko, D. Groth, I. Mehlhorn, S. B. Prusiner, and F. E. Cohn, *Proc. Natl. Acad. Sci. USA*, **94**, 10086(1997); b) H. Liu, S. Farr-Jones, N. B. Ulyanov, M. Llinas, S. Marqusee, D. Groth, F. E. Cohen, S. B. Prusiner, and T. L. James, *Biochemistry*, **38**, 5362-5377 (1999)
8) J. Yokoyama, T. Matsuda, S. Koshiba, N. Tochio, and T. Kigawa, *Anal. Biochem.*, **411**, 223(2011)
9) 田之倉優, 鈴木榮一郎, 細胞工学, **12**, 389(1993)
10) 榛葉信久, 横山敬一, 鈴木榮一郎, NMR 討論会(2001); N. Shimba, N. Yamada, K. Yokoyama, and E. Suzuki, *Anal. Biochem.*, **301**, 123(2002)
11) a) H. Miyano, Nakagawa, R. Suzuki, E. and T. Uryu, *Carbohydr. Res.*, **235**, 29(1992); b) H. Miyano, and E. Suzuki, *Anal. Sci.*, **8**, 561(1992)
12) a) T. Yamaguchi, H. Yamada, and K. Akasaka, *J. Mol. Biol.*, **250**, 689(1995); b) R. Kitahara (K. Akasaka and H. Matsuki eds.), *High Pressure Bioscience*, Dordrecht, Springer(2014), Chapter 10 High-Pressure NMR Spectroscopy Reveals Functional Sub-states of Ubiquitin and Ubiquitin-Like Proteins
13) K. Shima, K. Ishikawa, K. Izawa, and E. Suzuki, *Anal. Sci.*, **14**, 1185(1998)
14) G. Edgar and H. E. Shiver, *J. Am. Chem. Soc.*, **47**, 1179(1925)
15) E. Suzuki, R. Ootake, K. Shima, and T. Harada 未発表データ
16) M. Kojima, T. Mizukoshi, H. Miyano, E. Suzuki, M. Tanokura, and K. Takahashi, *FEBS Lett.*, **351**, 389-392(1994)
17) 楯 真一, 甲斐荘正恒, 蛋白質 核酸 酵素(1994 年 5 月号増刊), **39**, pp. 1066-1077 (1994)
18) S. Pfeiffer, Y. Kamiri-Nejad, and H. Rueterjans, *J. Mol. Biol.*, **266**, 400-423(1997)
19) 鈴木榮一郎, 蛋白質 核酸 酵素, **42**, 989(1997)
20) U. Heinemann and W. Saenger, *Nature*, **299**, 27(1982)
21) K. Ishikawa, E. Suzuki, M. Tanokura, and K. Takahashi, *Biochemistry*, **35**, 8329(1996)
22) N. Xu, N. Tochio, J. Wang, Y. Tamari, J. Uewaki, N. Utsunomiya-Tate, K. Igarashi, T. Shiraki, N. Kobayashi, and S. Tate, *Biochemistry*, **53**, 5568(2014)

23) T. Mizukoshi, M. Kohmura, E. Suzuki, and Y. Ariyoshi, *FEBS Lett.*, **413**, 409 (1997)
24) K. Ishikawa, Y. Mihara, K. Gondoh, E. Suzuki, and Y. Asano, *EMBO J.*, **19**, 2412 (2000)
25) N. Shimba, M. Shinohara, K. Yokoyama, T. Kashiwagi, K. Ishikawa, D. Ejima, and E. Suzuki, *FEBS Lett.*, **517**, 175 (2002)
26) E. Suzuki, K. Ishikawa, Y. Mihara, N. Shimba, and Y. Asano (Award Accounts; The Chemical Society of Japan Award for Technical Development for 2004), "Structural-Based Engineering for Transferases to Improve the Industrial Production of 5′-Nucleotides", *Bull. Chem. Soc. Jpn.*, **80**, 276 (2007)
27) K. Yokoyama, H. Utsumi, T. Nakamura, D. Ogaya, N. Shimba, E. Suzuki, and S. Taguchi, *Appl. Microbiol. Biotechnol.*, **87**, 2087 (2010)
28) I. D. Kuntz, Jr., *et al.*, *Science*, **163**, 1329 (1969) : このような不凍水の観測は, 20 MHz 程度の広幅 NMR 装置でも可能. 例えば, N. Nagashima and E. Suzuki, *Appl. Spectrosc. Rev.*, **20**, 1 (1984)
29) Z. Gu, K. Ebisawa, and A. McDermott, *Solid State NMR*, **7**, 161 (1996)
30) H. Kimura, K. Nakamura, A. Eguchi, H. Sugisawa, K. Deguchi, K. Ebisawa, E. Suzuki, and A. Shoji, *J. Mol. Struct.*, **447**, 247 (1998)
31) K. Nishimura, K. Ebisawa, A. Naito, E. Suzuki, and H. Saito, *J. Mol. Struc.*, **560**, 29 (2001)
32) K. Ebisawa, N. Nagashima, K. Fukuhara, S. Kumon, S. Kishimoto, E. Suzuki, S. Yoneda, and H. Umeyama, *Chem. Pharm. Bull.*, **48**, 708 (2000)
33) Y. Noguchi, Y. Nakai, N. Shimba, H. Toyosaki, Y. Kawahara, S. Sugimoto, and E. Suzuki, *J. Biochem.*, **136**, 509 (2004)
34) H. Takesada, K. Ebisawa, H. Toyosaki, E. Suzuki, Y. Kawahara, H. Kojima, and T. Tanaka, *J. Biotech.*, **84**, 231 (2000)

4.3 ■ 環境科学への応用——健康への影響に関する研究を中心に

環境科学は私たちを取り巻くすべての要素を研究対象とする．すなわち，水，大気や土壌，気候から，教育，行政などの社会環境まで，きわめて広範な守備範囲を有する．ここでは，その中心にある私たちの健康に及ぼす環境要因の研究に絞って，NMRが貢献できる問題を考える．

NMRの検出感度は他のさまざまな分光法に比べて低いため，環境中にある微量の元素や有機化学物質の分析を行うには必ずしも適した方法とはいえない．しかし，この低検出感度の原因である低エネルギーの励起は，対象を乱すことなく観測することを可能とし，生体を生きた状態で観測できるというユニークな特長をこの方法に与えている．このため，医療や生命科学の分野でも，磁気共鳴イメージング（magnetic resonance imaging, MRI）や，代謝解析のための分光研究（magnetic resonance spectroscopy；MRSと総称される）が盛んに行われている．環境と健康の問題を追究するうえでも同じ手法が適用されよう．

わが国の環境健康問題は，19世紀後半の足尾鉱毒事件，1950年代からの水俣病，これに続くイタイイタイ病など重金属が関わる問題が大きな割合を占めている．近年ではNO_x，SO_x，PM2.5などの粒子状物質，さらにはナノ粒子，環境ホルモンをはじめとする化学物質などへと問題が展開してきている．本節では，まずこれらの問題に対処するためのMRI，MRSの方法について概観し，次いで実際のいくつかの研究例について紹介する．

4.3.1 ■ MRIとMRSの方法

生体を丸ごと測定するMRIやMRSが通常のNMR測定と異なる点は，端的にいえば，スピンに位置情報をもたせることにある．具体的には，スピン分極を引き起こす均一磁場に加えて，被験体に対してx, y, z方向に磁場勾配を付加することによってスピンに3次元的な位置情報を付与する[1]．図4.3.1にイメージ測定において標準的に用いられるスピンエコー法のパルス系列の例を示す．スピンエコー信号を生成する90°，180°のRFパルスには励起帯域の狭いsincパルス，gaussパルスなどの波形成形パルスが用いられる．これと同時にある1つの方向（例えばz方向）に磁場勾配パルス（G_{slice}）を付加すると，被験体内で共鳴条件$\omega_0 = \gamma B_0$（ω_0は角速度で表された共鳴周波数，γは核磁気回転比，B_0は静磁場強度）が満たされるz方向の

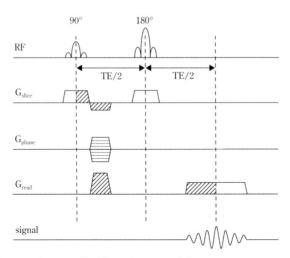

図 4.3.1 スピンエコーを用いる画像測定におけるパルス系列
RF パルスと同時にスライス選択磁場勾配(G_{slice})を付加し，1 方向(例えば z)の選択を行う．信号取得期にもう 1 方向(例えば x)に読み出し磁場勾配(G_{read})を付加し，信号に周波数エンコードを行う．横磁化が生成しているエコー時間期に位相エンコード磁場勾配(G_{phase})を段階的に付加し第三の方向の位置情報を与える．G_{read}, G_{slice} のハッチを施した部分では位相変化が相殺される．

限定された面内のスピンのみが励起されることになる．この方法はスライス選択技術とよばれる．さらに，スライス選択の方向と直交するもう 1 つの方向(例えば x 方向)の磁場勾配(G_{read})を信号検出期と同時に付加する．励起されたスピンはこの磁場勾配に沿って少しずつ共鳴周波数が異なった信号として位置分離して観測されることとなる．これを周波数エンコードとよぶ．第 3 軸方向(例えば y)の位置分離は，パルスの存在しないエコー時間内に磁場勾配(G_{phase})を段階状に付加することによってなされる．このとき，スピンは横磁化として存在しており，勾配磁場の異なる部位に存在するスピンは，**図 4.3.2** に示すように回転系での位相が，磁場勾配の大きさ，したがって原点からの距離に比例して変化することとなる．これを位相エンコードとよぶ．実際には，位相エンコード磁場を 128 や 256 段階に変えながら 2 次元のデータセットを集積する．このデータセットは 1 次元目には周波数，2 次元目には位相がエンコードされたタイムドメインデータとなっている．これを 2 次元フーリエ変換することで両次元ともに位置情報に変換され，被験体の画像が再構成されることになる[2]．

画像上の各構成点の信号強度は，もちろんその部位に存在するスピン密度に依存

4.3 環境科学への応用——健康への影響に関する研究を中心に

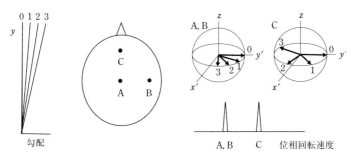

図 4.3.2 位相エンコード法の概念図
スピンの横磁化が生成している時間に，頭の前後方向(この場合は y)に勾配をかける．横磁化の位相は勾配の強度と継続時間の積に比例してシフトするので，点 A, B では位相シフトは同じで小さく，点 C では位相シフトは大きく(回転座標系の1に相当)．この状態で1回の測定を行う．次の測定で勾配強度を2倍にすると，それぞれの点では前回の2倍の位相シフトが起こる(回転座標系の2に相当)．これを繰り返して2次元データセットを取得する．データの位相方向の回転速度は位置依存的に変化するので，フーリエ変換によりA, Cは識別できる．周波数エンコードと位相エンコードの両者によりスライス面内のすべての点は識別可能となる．

するが，パルスの繰り返し時間(TR)やエコー時間(TE)を適宜設定することにより緩和時間 T_1, T_2 による変調をかけることができる．TR を短くすると，T_1 の長いスピンは飽和により信号強度が落ち，T_1 の短いスピンが強調される．TE を長くとれば，T_2 の短いスピンは減衰し，T_2 の長いスピンが強調される．T_1 や T_2 以外にも，例えば，エコー時間内に強力な磁場勾配パルスをかけて，拡散の速いスピンを減衰させるなど，さまざまな信号変調をかけることが可能である．また，ここではスピンエコー画像法を例としてあげたが，信号リフォーカスの180°パルスを用いない勾配エコー画像法や，1回の励起で位相エンコードを完了するエコープレイナー法[3]などさまざまな画像シークエンスが可能である．詳細についてはMRIの専門書を参照されたい[4,5]．

MRSについても，通常の均質試料とは異なり，生体を丸ごと測定する場合には部位により濃度や存在状態が異なるためスペクトルに位置情報を付与する必要がある．最も簡単な方法は，表面コイルとよばれる微小な検出コイルを用い，そのRF磁場の到達範囲内からの信号を限定的に取得する方法であるが[6]，表面コイルから離れた深い部位での測定が困難で，選択領域があいまいであるという難点がある．したがって，最近ではMRIと同じ磁場勾配を利用して3次元的に測定領域を限定する方法が用いられる．代表的なものは，第2スピンエコーを取得するための90°，

180°, 180°の3個のRFパルスや, スティミュレイテドエコー法の3個の90°パルスと同時に3方向のスライス選択磁場勾配をかけて, 互いに直交するスライスの交点からのみの信号を取得するPRESS法[7], STEAM法[8]などがある. T_2の短い^{31}P NMRスペクトル測定には180°パルスとスライス選択磁場勾配の組み合わせで縦磁化を用いて領域選択を行い, T_2による減衰のないFIDを取得するISIS法がある[9]. また, 2ないし3次元方向に位相エンコードを行い, 3ないし4次元目に化学シフトを展開させるCSI法もある[10].

4.3.2 ■ 環境健康問題へのMRI, MRSの応用例

A. 有機水銀中毒脳におけるエネルギー代謝の解析

1950年代に発生した有機水銀による中毒症状の発生, すなわち水俣病はわが国における環境問題の原点ともいえるものである. 水俣病は有機水銀の体内への蓄積により引き起こされ, 脳神経系が有機水銀の主要標的臓器である[11,12]. しかし, 有機水銀が神経細胞死を引き起こす細胞・分子レベルでの機構は現在でも完全には明らかになっていない. ここではメチル水銀中毒モデルラットの脳のエネルギー代謝機能の動態を^{31}P NMRを用いて解析した例を紹介する[13].

ラットに経口的に5 mg/kg体重の塩化メチル水銀を12日間連続投与することにより後肢交差とよばれる中毒症状が現れた段階で, 脳の^{31}P NMR測定が行われた. ^{31}P NMR測定は直径2 cmの^{1}H/^{31}P二重同調表面コイル検出器をラット頭蓋上に設置することで行われ, 90°パルスを用いてパルス繰り返し時間20秒で256回の積算を行った.

図4.3.3にメチル水銀中毒ラットおよび正常ラットの^{31}P NMRスペクトルを示す. 両者とも脳内に存在するリン酸モノエステル(PME), 無機リン酸(Pi), リン酸ジエステル(PDE), クレアチンリン酸(PCr), アデノシン三リン酸の3つのリン酸基(ATP-α, -β, -γ)の信号が観測されている. ATPに変化は認められなかったが, PCrは中毒脳で有意に($p < 0.01$)減少していた[13]. 文献を参考に脳内のATP濃度を3 μmol(g wet wt)$^{-1}$と仮定すると, 中毒脳ではPCrは4.55 ± 0.34 μmol(g wet wt)$^{-1}$ ($n=5$)と正常脳5.45 ± 0.33 μmol(g wet wt)$^{-1}$ ($n=7$)に比べて約17%低下していた. Piの化学シフト値より推定した脳のpHは両者とも7.1と差がなかった.

PCrは脳内においてエネルギー貯蔵分子として機能しており, ATPが減少した場合にはクレアチンホスホキナーゼによりPCrとADPからATPが補われる. ここで観測されたPCrの減少が, 中毒脳におけるATPの需要の増大と, 生成機能の

4.3 環境科学への応用——健康への影響に関する研究を中心に

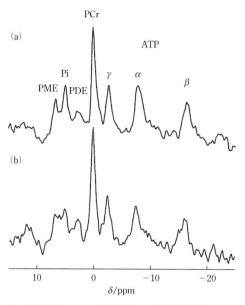

図 4.3.3 (a)メチル水銀中毒ラット,(b)対照ラット脳の ^{31}P NMR スペクトル[13]. PME:ホスホモノエステル,Pi:無機リン酸,PDE:ホスホジエステル,γ, α, β:ATP の 3 個のリン酸基.

低下のどちらを意味するのかを明らかにするために磁化移動法を用いた ATP 生成速度の解析を行った[14].

磁化移動法は磁化を飽和ないしは反転する磁気的標識を特定の代謝サイトに導入し,この磁気標識が代謝反応により他の代謝サイトに移動する割合から代謝反応速度定数を求める NMR 法にユニークな方法である[15]. 観測できる反応速度が代謝サイトの緩和時間のオーダーに限定されるという制限はあるが,細胞内で自由に標識化が行えるため,あらかじめ標識した代謝前駆物質を合成する必要がないという大きな利点がある.ここでは,ATP 分子の末端のリン酸基(ATP-γ)のシグナルをその共鳴周波数のラジオ波で選択的に飽和させ,ADP + Pi ⇌ ATP の代謝回転によりこのシグナルが Pi に流入する割合を Pi 信号の変化,ΔPi/Pi として測定した. 図 4.3.4 に測定結果を示す.測定した ΔPi/Pi は ATP の生成方向の反応速度定数 k_1 と次式の関係にある[16].

$$\frac{\Delta \text{Pi}}{\text{Pi}} = \frac{k_1}{1/T_1 + k_1} \tag{4.3.1}$$

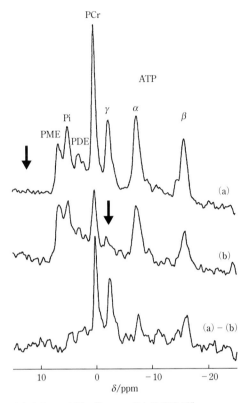

図 4.3.4 メチル水銀中毒ラット脳の ^{31}P NMR 飽和移動測定[14]
(a)は Pi に対する ATP-γ の対照位置(矢印)を選択照射したスペクトル.(b)は ATP-γ(矢印)を選択照射して飽和させたスペクトル.a−b の差分スペクトルで Pi の位置に飽和移動が認められる.

ただし,T_1 はこの代謝反応がない場合の仮想的な Pi の縦緩和時間であるので,この式を解くためには ATP-γ を選択飽和した状態での Pi の縦緩和時間 T_1^* を測定し,次式を用いて T_1 を求める必要がある.

$$\frac{1}{T_1^*} = \frac{1}{T_1} + k_1 \tag{4.3.2}$$

上記の測定より ATP 生成反応の速度定数 k_1 は中毒脳で $0.109\ \mathrm{s}^{-1}$,正常脳で $0.124\ \mathrm{s}^{-1}$ と算出された.さらに中毒脳および正常脳での Pi 濃度,2.03, 1.73 μmol(g wet wt)$^{-1}$ を用いて,それぞれの脳における ATP の生成速度が 0.221, 0.215 μmol(g wet wt)$^{-1}$ s^{-1} と計算された[14].

ここで，結論を導く前にATP生成速度の意味についてもう1つ考察をしておく必要がある．この解析で求められたATP生成速度は無機リン酸の状態にあるリン酸基とATP分子末端のATP-γ基の間のあらゆる交換反応の総和であるということに注意しなければならない．すなわち，得られた結果には，ここで速度を求めたい酸化的リン酸化反応以外の反応が寄与している可能性がある．例えば，解糖系のGAPDH(glyceraldehyde-3-phosphate dehydrogenase)とPGK(3-phosphoglycerate kinase)の両酵素による2段階のPiとATP-γ基の交換反応は，この反応速度に大きく寄与する可能性がある[17]．この寄与を算定するために，得られたATP生成速度と脳の酸素消費速度との比較を行った．文献ではラット脳の酸素消費速度は7.6 ± 0.2 ml$[O_2]\cdot(100 g)^{-1}\cdot$min^{-1}($0.113 \pm 0.003$ μmol$[O]\cdot g^{-1}\cdot s^{-1}$に相当)と見積もられている[18]．本測定で得られたATP生成速度と酸素消費速度の比(P/O比)は約2となる．これから，ここで得られたATP生成速度はほとんど酸化的リン酸化反応によるATP代謝回転を観測しているものでGAPDH/PGK反応などの寄与は小さいと考えられる．

したがって，ここで得られた結果より，メチル水銀中毒脳においてもATPの代謝回転は正常脳と変わらない値を示しているといえる．このことから，中毒脳で見られたPCr定常濃度の17%の低下は，脳内におけるATP代謝回転の亢進にともなう生理的減少ではなく，脳内ミトコンドリアの酸化的リン酸化機能の低下によるものであることが示唆される．

B. カドミウム結合タンパク質の構造解析

わが国における有機水銀と並ぶ広範な重金属汚染の原因としてカドミウムがあげられる．ここでは前節と少し視点を変えて，体内においてカドミウムと結合するタンパク質の構造解析の例を紹介する．メタロチオネインは分子量6000〜7000の小さなタンパク質で，分子内の33%のアミノ酸残基が還元型のシステイン(Cys)で占められるという特異な一次構造を有する．このタンパク質は自然界に広く存在し，通常は亜鉛や銅などの必須金属と結合している．生体がCdやZnなどの重金属に暴露されると誘導され，重金属の毒性軽減に寄与していると考えられる[19]．

このタンパク質の構造決定もその構造と同様特異な経緯をたどり，現在タンパク質の構造解析における標準的な手法であるシークエンシャル帰属法およびNOEや二面角の解析を用いた構造決定法が適用される前に，^{113}Cdの直接観測法により分子内のCdクラスターの構造が決定され，次いでペプチド部分の立体構造が決定された．**図4.3.5**にウサギ肝メタロチオネイン-1の^{113}Cd NMRスペクトルを示す．

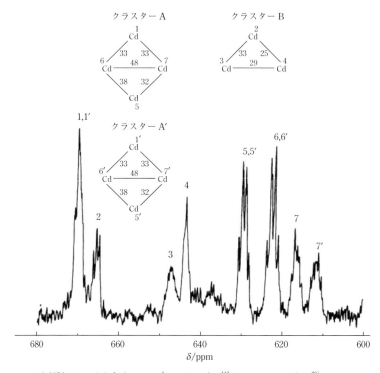

図 4.3.5 ウサギ肝メタロチオネイン-1 の ^{1}H デカップル ^{113}Cd NMR スペクトル[20]
^{1}H デカップル後にも ^{113}Cd–^{113}Cd 間のスピン結合を示すスペクトルが得られ，それぞれの選択的デカップリングにより ^{113}Cd はクラスター A, B に示すスピン結合ネットワークを有することが明らかにされた．7 個の ^{113}Cd に対して 8 本の信号が得られているのは Cd クラスター A にわずかに異なる 2 種類の構造が存在するためである．

分子内の 7 個の Cd が分離して観測されている．^{1}H をデカップルした条件でも多数の ^{113}Cd–^{113}Cd のスカラー結合による共鳴線の分裂が明らかに見られる．このような ^{113}Cd の直接結合は Cys 残基の S を介した Cd–S–Cd 構造を考えなければ説明できない．Armitage らは ^{113}Cd 同種核デカップリングを行うことにより，メタロチオネイン分子内の Cd は S を介してつながる 4 個のクラスターとそれとは別に 3 個のクラスターを形成していること(**図 4.3.6**)を明らかにした[20]．さらに，このクラスター構造をもとにした ^{1}H–^{113}Cd COSY, ^{1}H–^{1}H COSY 測定からペプチド部分の 3 次元構造が明らかにされた[21,22]．これらの研究は 1970〜1980 年代になされたが，現在では高磁場高分解能 ^{1}H NMR を用いて，^{113}Cd スペクトルの援用を受けなくとも，定法によりタンパク質の 3 次元構造が得られるに至った[23]．しかし，ここで示

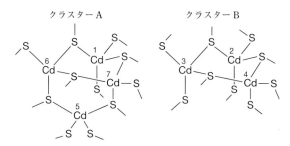

図 4.3.6 図 4.3.5 のスペクトルより提案されたラットメタロチオネイン-1 の 4Cd, 3Cd の 2 種類のクラスター構造[20].

したように ^{113}Cd NMR 法はそれほど高性能の機器を用いなくとも金属タンパク質の活性中心についてきわめてユニークな情報を与える. これは, ^{113}Cd が配位子特異的な広い化学シフトの展開やスピン結合定数を有するためで, メタロチオネインだけでなく, カルモジュリン, アルカリホスファターゼ, コンカナバリンなどのさまざまな金属結合タンパク質の研究に応用範囲が広がっている[24]. 水銀やカドミウムが環境中に高濃度で流出し, これがヒトの健康に重大な被害を与えたような状況は改善し, 現在ではこのような重金属の高濃度汚染が起こることは国内では考えにくくなっている.

C. 緩和時間を利用した脳内鉄分布の画像化

鉄は生体における必須金属であり, ヘモグロビンの酸素結合部位や, 電子伝達系のシトクロム類の活性中心として重要な役割を果たしている. その一方で, 生体内で鉄が非結合の遊離状態で存在しているときわめて毒性の高い物質となる. Fe^{2+} は Fenton 反応を介して OH ラジカルなどの活性酸素を発生させ, 生体膜やタンパク質, 核酸を傷害する. 実際に, 環境問題として知られる, アスベストによる中皮腫の発生や, アルツハイマー病, パーキンソン病などの多くの神経変性疾患において鉄は重要な役割を果たしていることが認識されている[25]. 本節では, 筆者が進めている脳内の水プロトンの横緩和時間を利用する脳内鉄の画像化について紹介する.

高磁場における B_1 磁場の不均一を克服すべく図 4.3.1 のスピンエコー測定法を改善した MASE (multi-echo adiabatic spin echo) 法を用いてヒト脳の見かけの横緩和時間 $T_2^{\dagger}$ を測定する (この測定法では TE に占める RF パルスの印加時間が長く, 自由歳差運動中の信号減衰の時定数 T_2 にパルス付加中の減衰の時定数 $T_{2\rho}$ の寄与が混じるため † をつけて見かけの T_2 とよぶ). 得られた $T_2^{\dagger}$ の逆数である見かけの横緩和速度 $R_2^{\dagger}$ は, 局所における鉄の濃度 [Fe] と高分子量分画 f_M (1 − 水分画 f_W で定義

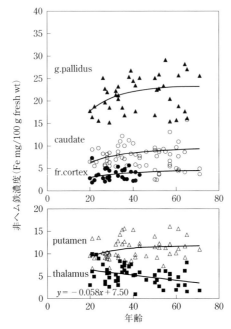

図 4.3.7 ヒト脳における見かけの横緩和速度($R_2^\dagger$)の解析から得られた健常被験者(54名)の脳内6部位における非ヘム鉄濃度を年齢別にプロットした結果[26]．
▲：淡蒼球(g. pallidus)，○：尾状核(caudate)，●：前頭葉皮質(fr. cortex)，△：被殻(putamen)，■：視床(thalamus)．

される)の線形結合式

$$R_2^\dagger = \alpha[\text{Fe}] + \beta f_M + \gamma \tag{4.3.3}$$

で表されることがわかった[26]．α, β, γ は実験的に決定される各項の係数で，4.7 T では，$\alpha = 0.470 \pm 0.044\,(\text{s}\cdot\text{mg Fe}/100\,\text{g fresh wt})^{-1}$，$\beta = 24.9 \pm 6.2\,(\text{s}\cdot f_M)^{-1}$，$\gamma = 9.54 \pm 1.38\,\text{s}^{-1}$ である．この結果は，ヒト脳における水の緩和機構を考えるうえで重要な手がかりを与えるが[27]，一方で，ヒト脳の水の横緩和速度を測定することにより，この式から局所の鉄濃度を計算することが可能になった．図 4.3.7 にこのようにして計算した健常者脳の5部位の鉄濃度の年齢依存性を示す[26]．4つの部位では年齢が大きくなるともに鉄の蓄積が進むのに対し，視床部位においては，30歳以降に鉄が減少することが示されている．これまで，脳内の鉄濃度の測定は死後脳組織において原子吸光法や ICP-MS 法などの破壊的な方法を用いるしかなかったが，生き

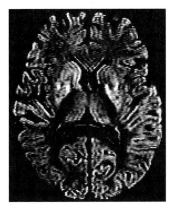

図 4.3.8 見かけの横緩和速度の解析から得た健常被験者脳の鉄分布画像の一例
基底核を通る軸位断を $0\sim20$ mg Fe$(100$ g fresh wt$)^{-1}$ のグレースケールで表示．中央の最も明るく見える（鉄濃度が高い）部位が淡蒼球．

たヒト脳で鉄濃度の推定が可能となった．水濃度分布から f_M の画像を得ることにより，$R_2^\dagger$ 画像と合わせて鉄分布画像を得ることも可能である．**図 4.3.8** に健常被験者の画像を示す．さらに，この方法を用いて遺伝的なセルロプラスミン欠損症の患者脳を測定すると，健常者の4倍に上る鉄が蓄積していることが画像上で示された．

4.3.3 ■ おわりに

NMRを用いて，環境が健康に及ぼす影響を研究するための基本的な手法であるMRI, MRSの方法について簡単に説明し，有機水銀，カドミウム，鉄による健康影響に関わる研究への応用例について紹介した．冒頭にも述べたように，環境問題はきわめて広範・多彩であり，限られた紙数で全貌を紹介することは不可能である．方法については，最近いろいろな方面で展開の続いている脳機能イメージング法（fMRI）については割愛せざるを得なかった．また，最近の環境問題は，特定の物質の高濃度汚染から，さまざまな複合因子が関わる，いわば生活環境の問題に移行してきている．このような状況では，現在，健康で普通に生活している人のさまざまな生命情報をデータベースとして蓄積していく仕事が大事ではないかと感じている．このような応用にも，非侵襲性の高いNMR法は高いポテンシャルを有していると考える．

文　献

1) P. C. Lauterbur, *Nature*, **242**, 190(1973)
2) W. A. Edelstein, J. M. S. Hutchison, G. Johnson, and T. Redpath, *Phys. Med. Biol.*, **25**, 751(1980)
3) P. Mansfield, *J. Phys. Condens. Matter*, **10**, L55(1977)
4) 日本磁気共鳴医学会教育委員会 編，基礎から学ぶ MRI，インナービジョン(2004)
5) D. G. Nishimura, *Principles of Magnetic Resonance Imaging*, Stanford Univ. (2010)
6) J. J. H. Ackerman, T. H. Grove, G. G. Wong, D. G. Gadian, and G. K. Radda, *Nature*, **283**, 107(1980)
7) P. A. Bottomley, *Ann. N. Y. Acad. Sci.*, **508**, 333(1987)
8) J. Frahm, K. D. Merboldt, W. and Haenicke, *J. Magn. Reson.*, **72**, 502(1987)
9) R. J. Ordidge, A. Connelly, and J. A. B. Lohman, *J. Magn. Reson.*, **66**, 283(1986)
10) T. R. Brown, B. M. Kincaid, and K. Ugurbil, *Proc. Natl. Acad. Sci. USA*, **79**, 3523(1982)
11) WHO, Environmental Health Criteria 101 Methylmercury, World Health Organization, Geneva(1990)
12) T. Takeuchi and K. Eto, Studies on the Health Effects of Alkylmercury in Japan, Japan Environmental Agency, Tokyo(1975), Minamata disease : Chronic occurrence from pathological viewpoints p. 28
13) F. Mitsumori and A. Nakano, *Environ. Res.*, **62**, 81(1993)
14) 三森文行，平成 6 年度科学研究費補助金(一般研究 B)研究成果報告書，p. 19(1995)
15) J. R. Alger and R. G. Shulman, *Quart. Rev. Biophys.*, **17**, 1(1987)
16) 三森文行，渡邉英宏(成瀬昭二 編)，磁気共鳴スペクトルの医学応用，インナービジョン(2012)，第 4 章 3 節 選択照射を用いるスペクトル編集法
17) F. Mitsumori, D. Rees, K. M. Brindle, G. K. Radda, and I. D. Campbell, *Biochim. Biophys. Acta*, **969**, 185(1988)
18) B. Nilsson and B. K. Seisjo, *Acta Physiol. Scand.*, **96**, 72(1976)
19) A. Sigel, H. Sigel, and R. K. O. Sigel eds., *Metallothioneins and Related Chelators*(Metal ions in Life Sciences, Vol. 5), RSC Publishing(2009)
20) J. D. Otvos and I. M. Armitage, *Proc. Natl. Acad. Sci. USA*, **77**, 7094(1980)
21) B. A. Messerle, A. Schaeffer, M. Vasak, J. H. R. Kaegi, and K. Wuethrich, *J. Mol. Biol.*, **214**, 765(1990)
22) S. S. Narula, M Brouwer, Y Hua, and I. M. Armitage, *Biochemistry*, **34**, 620(1995)
23) P. A. Cobine, R T. McKay, K. Zangger, C. T. Dameron, and I. M. Armitage, *Eur. J. Biochem.*, **271**, 4213(2004)

24) I. M. Armitage, T. Drakenberg, and B. Reilly (A. Sigel, H. Sigel, and R. K. O. Sigel ed.), *Cadmium : From Toxicology to Essentiality* (Metal Ions in Life Sciences, Vol. 11), Springer, Dordrecht (2013), Chapter 6 Use of ^{113}Cd NMR to Probe the Native Metal Binding Sites in Metalloproteins : An Overview
25) M. A. Smith, X. Zhu, M. Tabaton, G. Liu, D. W. McKeel, Jr., M. L. Cohen, X. Wang, S. L. Siedlak, B. E. Dwyer, T. Hayashi, M. Nakamura, A. Nunomura, and G. Perry, *J. Alzheimer's Disease*, **19**, 363 (2010)
26) F. Mitsumori, H. Watanabe, and N. Takaya, *Magn. Reson. Med.*, **62**, 1326 (2009)
27) F. Mitsumori, H. Watanabe, N. Takaya, M. Garwood, E. J. Auerbach, S. Michaeli, and S. Mangia, *Magn. Reson. Med.*, **68**, 947 (2012)

第5章　生命科学への展開

5.1 ■ NMRの構造生物学への展開

　構造に基づいて機能を解析する構造生物学の研究の原点は1953年のWatsonとCrickによるDNA二重らせん構造の発見であり，その後の分子生物学を爆発的に発展させた．その後，1993年頃になって改めて構造生物学が注目されるようになったが，その大きな理由は，X線結晶構造解析法やNMR法を用いたタンパク質の構造解析例が急激に増大したことにある．この背景には大腸菌発現系，酵母発現系，無細胞発現系などを利用してタンパク質を大量に調製することが可能になり，構造解析用の試料を容易に得られるようになったことがある．またゲノムプロジェクトの急速な進展も構造生物学への期待を大きくした．ヒトゲノムの大まかな配列が2001年に報告され，2007年にはWatsonやVenterのゲノムも発表され，多くの個人ゲノムが公開される時代になった．その結果，遺伝子の塩基配列から遺伝子産物であるタンパク質のアミノ酸配列がわかるようになってきたが，機能が不明な遺伝子の方が圧倒的に多い．タンパク質の高次構造の解析においてはX線結晶構造解析の寄与が非常に大きく，巨大なタンパク質複合体の構造解析が数多く報告されている．一方，NMR法の大きな利点は結晶を作製する必要がなく水溶液中の構造を静的にも動的にも解析できる点である．細胞の核内で機能するエピゲノム関連タンパク質は，単独では特定の構造をとらない変性状態にあり，標的タンパク質と結合して初めて構造をとるが，こうした例が多く知られるようになったことからNMRによる動的な構造解析に対する期待が大きくなったともいえる．

5.1.1 ■ タンパク質のNMR測定の基礎

　タンパク質の構造をNMRで解析するために観測する核種は，プロトン(^{1}H)および窒素原子や炭素原子の安定同位体である^{15}Nや^{13}Cである．**図5.1.1**にタンパク質で観測される代表的な化学シフトを示した．通常の炭素原子の質量は12(^{12}C)でまったくNMR活性がないが，質量が13の安定同位体炭素原子^{13}C(天然存在比約

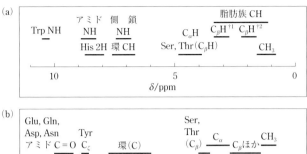
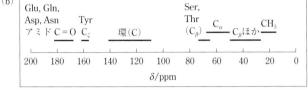
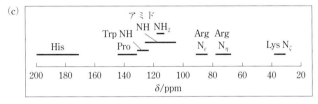

図 5.1.1 タンパク質の典型的な化学シフトの例
(a) タンパク質中の ^{1}H の化学シフトの例. [†1]: Val, Ile, Leu, Glu, Gln, Met, Pro, Arg, Lys. [†2]: Cys, Asp, Ans, Phe, Tyr, His, Trp. (b) タンパク質中の ^{13}C の化学シフトの例. (c) タンパク質中の ^{15}N の化学シフトの例.

1%)は水素原子と同じ核スピンをもち NMR 活性になる. また窒素原子も質量が 14 の ^{14}N は天然存在比が高く NMR は高感度といえるが, 線幅が広いのでタンパク質の解析に向かない. 一方, ^{15}N の天然存在比は低く(0.37%)低感度であるが, 線幅が狭いのでタンパク質の解析に多用される. このような理由から通常の NMR 測定ではタンパク質中の炭素原子を ^{13}C で, 窒素原子を ^{15}N で標識する必要がある. そのためには, 例えば大腸菌を用いた組換えタンパク質として発現する. 大腸菌はリン酸と窒素化合物と糖があれば生育できる. 窒素化合物として ^{15}NH$_4$Cl を, 糖として ^{13}C-グルコースをリン酸緩衝液中に溶解し, 大腸菌を培養すると大腸菌内のタンパク質のすべての炭素は ^{13}C で, 窒素は ^{15}N で標識される. また分子量が大きなタンパク質では水素原子 ^{1}H を質量 2 の重水素 ^{2}H(D)に置き換えるために, 大腸菌を重水(D$_2$O)中で培養することもある. そのようにして調製したタンパク質を通常の水(H$_2$O)に溶かすと炭素原子などに結合した水素原子は D のままだがアミドのように窒素原子に結合した D は溶媒中の H と交換するため, ^{1}H–^{15}N の相関を効

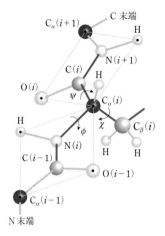

図 5.1.2 ペプチドのコンホメーション

率よく測定できる．またさらに大きなタンパク質ではすべての ^{1}H と ^{15}N と ^{13}C を観測するのではなく，タンパク質中のメチル基のみを ^{13}C–^{1}H$_3$ とし，他の原子を ^{14}N と ^{12}C と ^{2}H にして観測する手法もよく使用される．その場合には重水素化グルコースとメチル基を標識した酪酸を培養に用いる．

タンパク質の発現に必要な大腸菌や小麦胚芽の破砕液を用いた無細胞系にタンパク質発現のための遺伝子 DNA を加えて安定同位体標識タンパク質を得ることも行われている．この場合安定同位体で標識したアミノ酸を加える必要があるが，^{15}N で標識されたアミノ酸，^{15}N と ^{13}C で標識されたアミノ酸，^{15}N と ^{13}C と ^{2}H で標識されたアミノ酸は市販されている．さらにはメチレン基の水素原子の1個のみを立体特異的に ^{1}H とし，もう1個を特異的に ^{15}N と ^{13}C と ^{2}H で標識したアミノ酸（SAIL アミノ酸[1]）も市販されている．**図 5.1.2** にタンパク質のペプチド結合の形成とペプチド結合の二面角を表示する．**図 5.1.3** にはタンパク質の代表的な二次構造を示す．

分子量 7 kDa 程度のタンパク質の構造解析では，2次元 ^{1}H–^{1}H NMR 法のみで立体構造を決定することが可能である[2]．具体的には**図 5.1.4**(a)に示すようにタンパク質中のアミノ酸残基内のプロトン間のスピン結合を利用して DQF–COSY や TOCSY で残基内のプロトンのシグナルを帰属し，さらに二面角を決定する．残基間の帰属には近距離情報が得られる NOESY を用いる．

タンパク質の分子量が増大すると磁化の横緩和が早くなり，シグナルの線幅が広がりピーク強度が減少する．またタンパク質中のプロトンのシグナルが2次元スペ

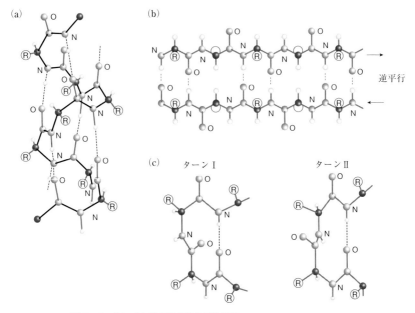

図 5.1.3 タンパク質の基本的な二次構造
(a) α ヘリックス，(b) 逆平行 β シート構造，(c) ターン構造

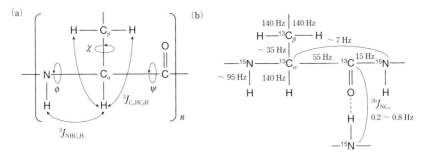

図 5.1.4 (a) タンパク質中のプロトン (^{1}H) 間のスピン結合定数の例および (b) ^{13}C と ^{15}N で標識したタンパク質中でのスピン結合定数の例

クトル上でも重なり合って区別しにくくなる．これらの問題を回避するためには，^{15}N や ^{13}C で標識したタンパク質を用いた異種核多次元 NMR 法が使用される[3]．図 5.1.4(b) に示すように ^{15}N と ^{13}C で均一にタンパク質を標識するとタンパク質の主鎖骨格はすべてスピン結合でつながる．こうした方法により分子量 30 kDa 程度

のタンパク質であれば，構造がルーチンで決められるようになった．

　分子量の大きい 30〜35 kDa 程度のタンパク質では双極子相互作用によるプロトン間のスピン拡散により緩和時間が短くなり，さらに線幅が広がり，観測が困難になる．そのため，タンパク質中の一部のプロトンを重水素化し，スピン拡散を減少させ，緩和時間を長く，線幅を細くして，SN 比を向上させる必要がある．分子量の大きなタンパク質には TROSY(transverse relaxation-optimized spectroscopy)法を使用する[4]．双極子－双極子相互作用による緩和と化学シフトの異方性(chemical shift anisotropy)による緩和は互いに磁場依存性が異なる．例えば ^{15}N-^{1}H の相関を測定すると約 1000 MHz 程度の磁場で両者の間に干渉が生じて緩和時間が非常に長くなるシグナル成分が観測できるようになる．現在 800〜1000 MHz の NMR 装置を利用して分子量の大きなタンパク質の TROSY の測定が盛んに行われている．なお，TROSY の測定には超高磁場が必要である．さらに分子量が大きなタンパク質ではタンパク質中のメチル基(Methyl)のみを ^{1}H にして他を重水素化した Methyl TROSY 法[5]も使用されている．

　プロトンとプロトンの間の NOE による構造解析では，約 5 Å 以内という短い範囲の距離情報を用いてタンパク質の全体構造を決定している．非常に堅い球状タンパク質では 5 Å 以内の距離情報の積み重ねで全体構造を決定できるが，複数のドメイン構造をもつようなタンパク質では，NOE のみでドメインの相対的な位置関係などの全体構造を決定することは困難である．また DNA のような細長い分子の全体構造の決定も難しい．

　NOE 以外の構造情報として，タンパク質水溶液中に加えたミセルやファージを磁場に沿って配向させ，周囲のタンパク質の自由回転を束縛することでタンパク質を部分的に磁場に沿って配向させ，そのときに生じる NH の残余双極子相互作用(residual dipolar coupling, RDC)を測定し，各 NH ベクトルの磁場に沿った配向を求めて構造を決定する RDC 法がある[6]．また超高磁場では，ヘムタンパク質や DNA 二重らせんなどは単独でも部分的に磁場に沿って配向するので RDC を測定できる[7]．

　また，NO ラジカルなどの常磁性をもつ配位子を有する錯体をタンパク質中の特定の部位に配位させ，常磁性緩和によりその周囲のプロトンのピークが広幅化するために消失するシグナルを観測し，距離の情報を得る常磁性緩和促進(paramagentic relaxation enhancement, PRE)法[8]や，ランタノイド元素を特定の部位に配位させて化学シフト変化を見積もる擬コンタクトシフト(pseudo-contact-shift, PCS)法も

ある[9]．これらの常磁性シフトは距離に強く依存するので距離情報を得ることが可能である．

5.1.2 ■ タンパク質の構造解析の流れ

ここでNOEによる距離情報を主に用いてタンパク質の構造を決定する標準的な手法を簡単に示す．

①解析したいタンパク質（標的タンパク質）をコードする遺伝子の入手

標的遺伝子が同定されている場合は，大腸菌発現系や無細胞発現系を利用してタンパク質を大量に調製できる．まずタンパク質中の目的とするドメインや天然変性領域などの特定の部位をPCRで調製し，pET系プラスミドなどの発現ベクターに挿入する．

②大量調製

NMR測定には，数mg程度のタンパク質試料が必要となる．タンパク質を簡便に精製するために，多くの場合は融合タンパク質として発現する．GST（グルタチオン S-トランスフェラーゼ）やポリヒスチジンタグとの融合タンパク質として発現するとそれぞれグルタチオンやNiキレートカラムにより目的タンパク質を迅速にしかも簡便に精製できる．NMR測定のためには目的タンパク質の精製度と安定性が非常に重要である．夾雑物が存在すると目的タンパク質の安定性が低下し，調製したタンパク質が数日で測定できなくなることもある．

③測定条件の検討

まず，タンパク質の濃度が約0.2 mM程度の水溶液（90％H_2O, 10％D_2O）を200〜500 μL調製する．試料によっては会合体を形成し溶液が白濁してNMR測定が不可能になることもある．こうした場合は，測定条件（pH，温度，イオン強度，緩衝液など）を変化させ，NMR測定のための最適条件を見つけることが重要である．

④多次元NMR測定

分子量が7 kDa以下のタンパク質ではDQF-COSY, TOCSY, NOESYといった2次元 ^1H NMR測定を行うだけで構造解析ができる場合が多い．一般的に7 kDaよりも分子量が大きくなると ^{13}C 核や ^{15}N 核で均一に標識したタンパク質を用いて，図5.1.4(b)に示すように $^1H-^{15}N$, $^1H-^{13}C$, $^{15}N-^{13}C$, $^{13}C-^{13}C$ などの15 Hzから155 Hzに及ぶスピン結合を利用する異核種多次元NMR測定が必要になる（**表 5.1.1**）．さらに分子量が大きい場合は，タンパク質中のプロトンを重水素化した試料を用いて測定を行う．

表 5.1.1 ^{13}C と ^{15}N で標識したタンパク質の主鎖の帰属に使用される測定法と磁化移動とスピン結合定数[J. Cavanagh *et. al.*, *Protein NMR Spectroscopy, Principles and Practice, 2nd Edition*, Elsevier(2007)]

測定法	対象とする相関	磁化移動	スピン結合定数^a
HNCA	$^1H_N(i)-^{15}N(i)-^{13}C_\alpha(i)$ $^1H_N(i)-^{15}N(i)-^{13}C_\alpha(i-1)$		$^1J_{NH}$ $^1J_{NC_\alpha}$ $^2J_{NC_\alpha}$
HN(CO)CA	$^1H_N(i)-^{15}N(i)-^{13}C_\alpha(i-1)$		$^1J_{NH}$ $^1J_{NC_O}$ $^1J_{C_\alpha C_O}$
H(CA)NH	$^1H_\alpha(i)-^{15}N(i)-^1H_N(i)$ $^1H_\alpha(i)-^{15}N(i+1)-^1H_N(i+1)$		$^1J_{C_\alpha H_\alpha}$ $^1J_{NC_\alpha}$ $^2J_{NC_\alpha}$ $^1J_{NH}$
HNCO	$^1H_N(i)-^{15}N(i)-^{13}C_O(i-1)$		$^1J_{NH}$ $^1J_{NC_O}$
HN(CA)CO	$^1H_N(i)-^{15}N(i)-^{13}C_O(i)$ $^1H_N(i)-^{15}N(i)-^{13}C_O(i-1)$		$^1J_{NH}$ $^1J_{NC_\alpha}$ $^2J_{NC_\alpha}$ $^1J_{C_\alpha C_O}$
HCACO	$^1H_\alpha(i)-^{13}C_\alpha(i)-^{13}C_O(i)$		$^1J_{C_\alpha H_\alpha}$ $^1J_{C_\alpha C_O}$
HCA(CO)N	$^1H_\alpha(i)-^{13}C_\alpha(i)-^{15}N(i+1)$		$^1J_{C_\alpha H_\alpha}$ $^1J_{C_\alpha C_O}$ $^1J_{NC_O}$
CBCA(CO)NH	$^{13}C_\beta(i)-^{13}C_\alpha(i)-^{15}N(i+1)-^1H_N(i+1)$		$^1J_{CH}$ $^1J_{C_\alpha C_\beta}$ $^1J_{C_\alpha C_O}$ $^1J_{NC_O}$ $^1J_{NH}$
CBCANH	$^{13}C_\beta(i)/^{13}C_\alpha(i)-^{15}N(i)-^1H_N(i)$ $^{13}C_\beta(i)/^{13}C_\alpha(i)-^{15}N(i+1)-^1H_N(i+1)$		$^1J_{CH}$ $^1J_{C_\alpha C_\beta}$ $^1J_{NC_\alpha}$ $^2J_{NC_\alpha}$ $^1J_{NH}$

$^a\,^1J_{NH}\sim$91 Hz, $^1J_{NC_\alpha}\sim$7–11 Hz, $^2J_{NC_\alpha}\sim$4–9 Hz, $^1J_{NC_O}\sim$15 Hz, $^1J_{C_\alpha C_O}\sim$55 Hz, $^1J_{CH}(^1J_{C_\alpha H_\alpha},\,^1J_{C_\beta H_\beta})\sim$140 Hz, $^1J_{C_\alpha C_\beta}\sim$35 Hz.

⑤ NMRシグナルの帰属

観測されたNMRシグナルがタンパク質中のどの原子核に由来するのかを帰属する．帰属の方法については後述する．

⑥ 構造情報の収集

タンパク質の立体構造を決定するために化学シフト，スピン結合，プロトン間のNOE，核の磁気緩和速度などの情報を得る．特に，タンパク質の高次構造の決定には核間距離に関する情報を得るためのNOESY測定，二面角に関する情報を得るためのスピン結合定数の測定を行う．

⑦ 立体構造計算

NMRによる距離情報をもとに立体構造を計算する手法をディスタンス・ジオメトリーという．ディスタンス・ジオメトリーでは2点間の距離を3次元空間に射影し，それぞれの座標を求める．実際の構造計算はNOEで得られる2つのプロトン間の距離情報と，共有結合回りの回転角度である二面角に関する情報を含めて行う．水素結合は図5.1.4に示したように非常に弱いながらも結合定数をもつので，最近は高磁場磁石を用いた高感度測定から，直接観測することが可能になった．交換性のプロトンと水分子との交換速度を水素・重水素交換実験で見積もることによって間接的に水素結合を同定する方法がよく行われている．

⑧ 立体構造の評価

計算で得られた構造が入力したNMR情報を矛盾なく反映しているか，さらには入力した情報の間に矛盾がないかを評価して最終構造とする．具体的には，最終構造の妥当性を評価するためにNMR情報を満足する複数の構造について，それぞれの構造の座標の根二乗平均偏差（root-mean-square deviation, RMSD）を求める．さらに得られた構造のファンデルワールス反発項やラマチャンドランプロットにより表示した二面角から，タンパク質の構造として妥当であることを確認する．

5.1.3 ■ タンパク質のNMR

タンパク質のNMR測定においては，一般的に分子量が7 kDaより小さなタンパク質では安定同位体で標識することなく測定できるが，分子量が7 kDaより大きなタンパク質では安定同位体で標識する必要がある．以下順に測定スキームの概略を述べる．

① 非標識タンパク質の測定

安定同位体で標識していないタンパク質やペプチドの場合は^{1}H NMRを中心に

解析する[2]. 現在，多くの場合は大腸菌発現系でタンパク質を生産しているので安定同位体で標識することが容易だが，天然から抽出したタンパク質の安定同位体標識や，安定同位体で標識したペプチド合成は一般的には困難なので，プロトンのみの解析も行われる．タンパク質の ^{1}H NMR では DQF-COSY や TOCSY などの 2 次元 NMR 測定から得られたプロトンとプロトンの結合を介した相関情報を使って，個々のアミノ酸残基内のスピン系を同定する．C_αH から隣接するアミノ酸残基のNH まではペプチド結合を介して 4 個の結合(C_αH, C_αCO, CON, NH)があるのでアミノ酸残基間ではスピン結合は生じない．したがって，NOESY を用いてアミノ酸配列に沿って，隣接するアミノ酸のプロトン同士を同定していく．ペプチドのコンホメーションによらず，あるアミノ酸残基の NH は 1 つ前のアミノ酸残基の C_αH, C_βH, NH のうちのどれかの水素原子と距離的に近く NOE が生じる．またヘリックス構造をとると C_αH は 3 残基や 4 残基先のアミノ酸の NH とも近くなる．こうして帰属されたペプチド断片の情報をタンパク質の一次配列に対応させ，タンパク質全体の配列特異的な帰属を試行錯誤的に行う．

② ^{15}N 標識タンパク質の測定

近年は大腸菌発現系などを用いてタンパク質を調製することが多いので，安定同位体の ^{15}N で均一に標識したタンパク質が容易に得られるようになった．^{15}N に直接結合したプロトンの結合定数は約 95 Hz と強く，2 次元 ^{1}H–^{15}N HSQC 測定を行うと ^{15}N に直接結合した ^{1}H 核のみを選択的に感度良く観測できるので，標的タンパク質がフォールドした構造か天然変性状態か，NMR 測定に向いているかを容易に判断できる．また標的タンパク質のリガンドや他のタンパク質などとの相互作用も HSQC の変化から容易に検出できるので，リガンドスクリーニングやリガンドとの結合定数の測定ができる．さらに ^{1}H–^{1}H NOESY や TOCSY に HSQC を組み合わせて 3 次元 ^{15}N-edited NOESY-HSQC や ^{15}N-edited TOCSY-HSQC 測定を行うと，分子量が 10 kDa 程度のタンパク質の帰属が行える．

③ ^{15}N, ^{13}C 二重標識タンパク質

表 5.1.1 に示すように安定同位体の ^{13}C と ^{15}N で均一に標識したタンパク質を用いた三重共鳴法はタンパク質の NMR 測定の基本である[3]．3 次元 NMR スペクトル中の各々の軸は ^{13}C, ^{15}N, ^{1}H 軸に対応する．三重共鳴法では，タンパク質主鎖の配列に基づく帰属がかなり容易に行える．**図 5.1.5** に示すように $i-1$ 番目の主鎖の $^{13}C_\alpha$ や $^{13}C_\beta$, $^{13}C_O$ と，i 番目のアミノ酸残基の ^{15}N–^{1}H さらに $^{13}C_\alpha$ や $^{13}C_\beta$, $^{13}C_O$ を連結する．

第5章 生命科学への展開

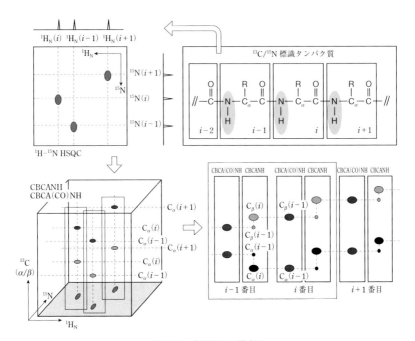

図 5.1.5 主鎖帰属の模式図

まず主鎖の帰属のために HNCO, HN(CA)CO, HNCA, HN(CO)CA, CBCANH, CBCA(CO)NH を測定する．^{1}H–^{15}N HSQC スペクトル上の NH のピークを基準として，図 5.1.5 に模式的に示すように 3 次元スペクトルから対応する短冊を抽出する．それを各ピークの数だけ作成して，並べ替えを行うことで主鎖の連鎖帰属を進める．標準的な手法を以下に簡単に示す．

① ^{1}H–^{15}N HSQC 測定で NH に相当するピークファイルを作成し，番号を振る．
② HNCO スペクトルから各残基 NH(i) に対する短冊と，1 つ前の残基 $C_O(i-1)$ の短冊との相関を同定する．
③ HN(CA)CO スペクトルから残基内の HN(i), $C_\alpha(i)$, $C_O(i)$ を同定する．
④ HNCA スペクトルから，NH(i) に対する HN(CO)CA スペクトルを参考に $C_\alpha(i)$ と $C_\alpha(i-1)$ を同定する．
⑤ CBCANH スペクトルと CBCA(CO)NH スペクトルから C_α を参考に C_β を同定する．
⑥ CBCANH スペクトルから NH(i) に対して最もよく残基内・残基間の C_α/C_β の化学シフトが一致しているものを見つけ，NH($i-1$) のアミノ酸残基に対応させる．

⑦同様に NH($i-1$) に対して NH($i-2$) を見つける．
⑧ある断片の C 端からの連結作業は，NH をもたないプロリン残基で終了する．
⑨ CBCANH/CBCA(CO)NH スペクトルを用いた連鎖帰属と同じ順番に並べた HNCO/HN(CA)CO スペクトルの相関や HNCA/HN(CO)CA スペクトルの相関でアミノ酸帰属の連結を確認する．
⑩各 NH に対応する残基内の C_α/C_β 相関ピークにおける C_α や C_β の化学シフトからアミノ酸タイプに分類して「アミノ酸タイプ配列」にする．
⑪アミノ酸タイプ配列を，実際のタンパク質の一次配列に当てはめる．
⑫小さなタンパク質や化学シフトの分離の良い試料では，矛盾や重複なく一意的にタンパク質の一次配列にマッピングされ，配列特異的帰属は完了する．NH シグナルに重複がある場合は帰属の誤りが生じている可能性が高い．
⑬それぞれの相関ピークに該当する残基に番号を振り，HN, N, C_α, C_β, C_O の化学シフトを確定する．この時点で主鎖に NH のないプロリン残基についても残基間の相関を使って確定する．
⑭ ^{15}N-edited TOCSY スペクトルまたは HN(CA)HA スペクトルを用いて，残基内の HA の相関を探し，HA の化学シフトを確定する．
⑮ C_α や C_β の化学シフトをランダムコイル状態にあるタンパク質の化学シフトと比較することで化学シフトインデックスを作成する．これから α ヘリックスと β シートのおよその存在部位がわかる．試料タンパク質が構造既知のファミリーに属する場合には帰属が正しいかどうかの確認をする．
⑯ ^{15}N-edited NOESY スペクトルから $H_\alpha(i-1) \to$ NH(i) の NOE 強度や NH($i-1$) $\to$ NH(i) の NOE 強度から二次構造との対応を確認する．

また，三重共鳴を使った側鎖の帰属を以下に簡単に示す．
① H_α の化学シフトの帰属には ^{15}N-edited TOCSY スペクトルまたは HN(CA)HA スペクトルを用い，H_β の化学シフトには HBHA(CO)NH スペクトルを用いる．プロリンの直前の残基の H_β については ^{15}N-edited TOCSY スペクトルを用いる．
②芳香環以外の側鎖の帰属は CC(CO)NH スペクトル測定から C_γ/C_δ/C_ε の化学シフトを，H(CCO)NH スペクトル測定から H_γ/H_δ/H_ε の化学シフトを得ることで行う．帰属が正しいかどうかは CCH-COSY/HCCH-COSY/HCCH-TOCSY で確認する．
③上に準じてメチル基の帰属も行う．

④芳香環の帰属は2次元TOCSYおよびNOESYを解析して，まず ^{1}H–^{1}H 同士の環内の相関ネットワークを同定することで行う．次にNOESY(2次元または ^{13}C-edited)で既知の H_β との相関情報から残基特異的に帰属する．さらにCCH–TOCSY 測定による，$C_\gamma/C_\delta/C_\varepsilon$ と H_β/C_β の相関から帰属を確定する．

5.1.4 ■ タンパク質複合体の構造解析例

^{13}C, ^{15}N 標識タンパク質試料を用いた多次元NMR法による測定例として，ヒト基本転写因子TFIIHのp62サブユニットのPHドメインと腫瘍抑制因子p53の転写活性化ドメインの複合体の立体構造決定について概説する[10]．試料としては大腸菌発現系で ^{13}C, ^{15}N 標識したPHドメイン(1〜108アミノ酸残基)と化学合成した非標識のp53転写活性化ドメインペプチド(41〜62アミノ酸残基，2残基をリン酸化)を使用した．

解析タンパクの状態を調べるために2次元 ^{1}H–^{15}N HSQCスペクトルを最初に用いた(図5.1.6(a))．PHドメインだけを ^{13}C, ^{15}N で標識しているので，複合体中のPHドメインのシグナルが観測されている．^{1}H–^{15}N HSQCスペクトルの特徴として，アスパラギンとグルタミンの側鎖のアミドにおける ^{15}N の化学シフト値は同じで，^{1}H シグナルがともに高磁場側(点線でペアを示した図の右上)，トリプトファンのイミノプロトンは低磁場側(図の左下)に観測される．ここで，残りのペプチド骨格のアミドプロトンのシグナルがアミノ酸配列から予想される数と一致，あるいは近い値であるかを確認する．主鎖と側鎖のシグナルの区別が難しかったり，重なってしまったりする場合があるので，この段階では必ずしも正確な数を求める必要はないが，極端にシグナル数が少ない場合は，溶媒を含めて測定条件を再検討する必要がある．数が多い場合には，目的タンパク質の分解物や不純物，あるいは目的タンパク質自体が複数のコンホメーションをもっていることなどが考えられる．目的タンパク質の純度は質量分析で確認した方がよい．

またシグナルの分散具合も重要な情報である．タンパク質が折り畳まれて高次構造を形成していると，同じアミノ酸の水素原子でも周囲の環境の違いによって化学シフトが異なってくるため，アミドプロトンのシグナルが分散する．構造をとっていない天然変性タンパク質では，同じアミノ酸の各水素原子の環境は似ており，同じような化学シフト値をもつため，シグナルは中央の狭い範囲に密集してくる．ただし天然変性タンパク質も標的タンパク質と結合して複合体を形成すると，複合体中では化学環境が異なってきて，化学シフトが大きく変化して分散したシグナルを

5.1 NMRの構造生物学への展開

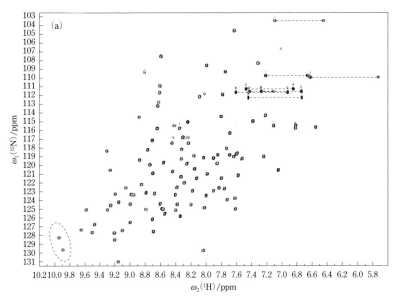

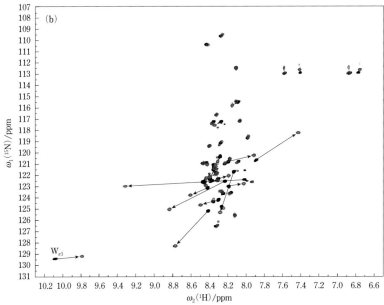

図 5.1.6 $^1\text{H}-^{15}\text{N}$ HSQC スペクトルと立体構造形成誘導観測の例
(a) p62 PH ドメインの $^1\text{H}-^{15}\text{N}$ HSQC スペクトル，(b) 非標識 p62 PH ドメインを ^{15}N 標識した XPC 酸性ドメインに加える前後でのスペクトルの重ね合わせ（添加前は黒，添加後はグレー）．結合により大きく変化した XPC のシグナルを矢印付きの線で示している．

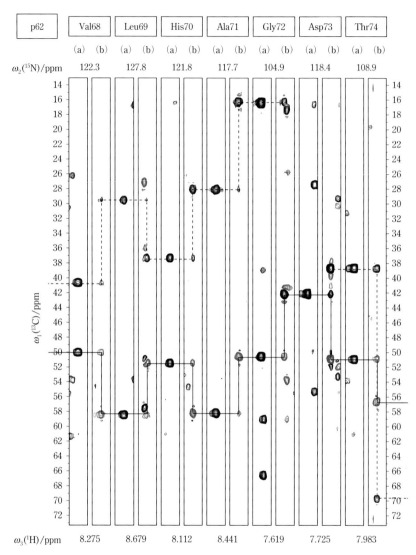

図 5.1.7 3次元三重共鳴(a)CBCA(CO)NH測定と(b)CBCANH測定による主鎖シグナルの連鎖帰属例

p62のPHドメインのVal68からThr74までの^{15}N化学シフトに対応した[$\omega_1(^{13}C)$, $\omega_3(^{1}H)$]相関スペクトルの短冊表示.$^{13}C_\alpha$を実線,$^{13}C_\beta$を破線で示している.$120(t_1) \times 30(t_2) \times 2048(t_3)$のデータポイント数,それぞれ積算24回,52回,600 MHz分光装置で測定した.

5.1 NMRの構造生物学への展開

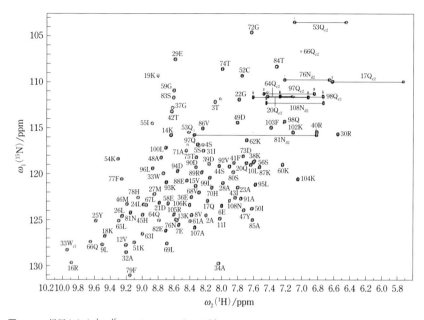

図 5.1.8 帰属された ^{1}H–^{15}N HSQC スペクトルの例
連鎖帰属した複合体中の p62 PH ドメインの ^{1}H–^{15}N HSQC スペクトル．線で示しているアスパラギンやグルタミンの側鎖アミドは NOESY 測定から帰属した．

与える．p62 タンパク質の PH ドメインや p53 タンパク質の転写活性化ドメインは，他の多くのタンパク質と相互作用を形成する．図 5.1.6(b) に示す ^{1}H–^{15}N HSQC スペクトルは，p62 タンパク質の PH ドメインの別の標的タンパク質であるヌクレオチド除去修復因子 XPC の酸性ドメイン(109〜156 アミノ酸残基)を ^{15}N で標識し，そこに非標識の PH ドメインを加えたときの変化を示している．フリーの状態では構造をとらずに中央に集中していた XPC のシグナルのうちのいくつかが，PH ドメインとの結合により大きく分散していることがわかる[11]．

^{1}H–^{15}N HSQC スペクトルにおいて主鎖のアミドシグナルを帰属するには，3 次元 HN(CO)CA, HNCA, CBCA(CO)NH, CBCANH, HNCO, および HN(CA)CO などの測定を行う[3]．HN(CO)CA, HNCA スペクトルでは，アミドの ^{1}H, ^{15}N, および ^{13}C$_\alpha$ が，CBCA(CO)NH, CBCANH スペクトルではさらに ^{13}C$_\beta$ が，HNCO, HN(CA)CO スペクトルでは ^{13}C$_O$ が配列特異的に帰属できる．CBCA(CO)NH と CBCANH スペクトルの帰属の様子を図 5.1.7 に示す．また，これら一連の測定から帰属された ^{1}H–^{15}N HSQC スペクトルを図 5.1.8 に示す．同様にフリーの PH ドメインのシ

グナルを帰属し，これと比較することで，p53 転写活性化ドメインとの結合部位を推定することができる（図 5.1.9）．また，この段階で化学シフト値から二次構造が同定される（図 5.1.10）．

主鎖シグナルが帰属できたならば，次に側鎖シグナルを帰属する．主鎖のアミドが帰属されているので，3 次元 HBHA(CO)NH 測定から H_α, H_β を，3 次元 H(CCO)NH 測定からその先の H_γ, H_δ などを，3 次元 CC(CO)NH 測定から側鎖 ^{13}C をスムーズに帰属していくことができる．HBHA(CO)NH スペクトルの帰属の様子を図 5.1.11 に示す．

このような主鎖のアミドシグナルから帰属していく方法とは別に，3 次元 HCCH-COSY や HCCH-TOCSY 測定を用いた方法がある．HCCH-TOCSY スペクトルの帰属例を図 5.1.12 に示す．シグナル数が増えるが，直接結合している ^1H と ^{13}C を明確にできる．また，例えば $^{13}C_\alpha$ でスライスしたスペクトル上で他のシグナルが重なり障害となっても，スピン結合している $^{13}C_\beta$ や $^{13}C_\gamma$ などでスライスした他のスペクトルが使えるという利点がある．どちらの測定にも一長一短があるので，両方の測定を行って弱点を補いながらできる限り多くのシグナルを帰属する．ただし，分子量が大きくなると，スピン結合により磁化をリレー的に転移させていく測定法は，感度が悪くなり帰属できないものも出てくる．しかし，NOE シグナルによりそれらが帰属できる場合もしばしばある．

主鎖，側鎖シグナルの帰属がほぼ完了したら，立体構造決定において最も重要なプロトン間の距離情報が得られる NOE シグナルを測定する．アミドのプロトンと空間的に近いプロトンとの間で生じる NOE シグナルが観測される 3 次元 ^{15}N-edited NOESY-HSQC スペクトルの例を図 5.1.13 に示す．アミノ酸配列に即して短冊を作り，同じ残基内の NOE を帰属し，次に二次構造がわかっている領域に進む．図 5.1.13 は，PH ドメインにおける α ヘリックス領域の残基の短冊スペクトルを示している．α ヘリックスに特徴的な NN($i, i+1$)（i 番目の残基のアミド ^1H と $i+1$ 番目のアミド ^1H 間の NOE），αN($i, i+3$)（i 番目の残基の H_α と $i+3$ 番目のアミド ^1H 間の NOE），αN($i, i+4$)が観察される．このように，α ヘリックス，3_{10} ヘリックス，平行 β シート，逆平行 β シートなどではそれぞれに特徴的な NOE パターンが得られる．特定の二次構造をとらない領域でも同じ残基や，少なくとも 1 つ隣の残基の NOE は観測されるので，帰属は可能である．残りは，遠位 NOE（アミノ酸配列上で 5 残基以上離れた ^1H 間の NOE）である可能性が高く，間違って帰属してしまうと誤った構造が算出される原因にもなる．さらに ^{13}C-edited NOESY-HSQC

5.1 NMR の構造生物学への展開

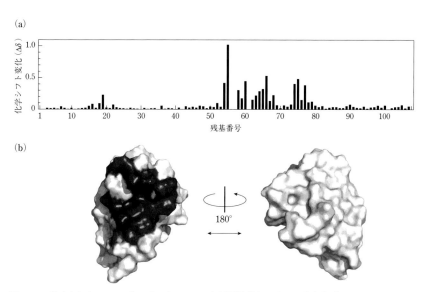

図 5.1.9 推定された p62 PH ドメイン上での p53 転写活性化ドメインの結合表面
(a) p53 転写活性化ドメインとの結合による PH ドメインの化学シフト変化. 化学シフト変化 ($\Delta\delta$) は次の式から計算した. $\Delta\delta = \{(\delta_{H})^2 + (\delta_{15N}/5)^2\}^{1/2}$. (b) 化学シフト変化した残基の分子表面マッピング. 平均より大きい化学シフト変化を示した残基を黒で表示している.

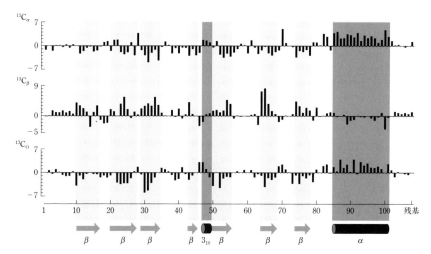

図 5.1.10 化学シフト値から同定された二次構造
^{13}C の化学シフトインデックス法で同定した複合体中の p62 PH ドメインの二次構造. α：α ヘリックス, β：β ストランド, 3_{10}：3_{10} ヘリックス.

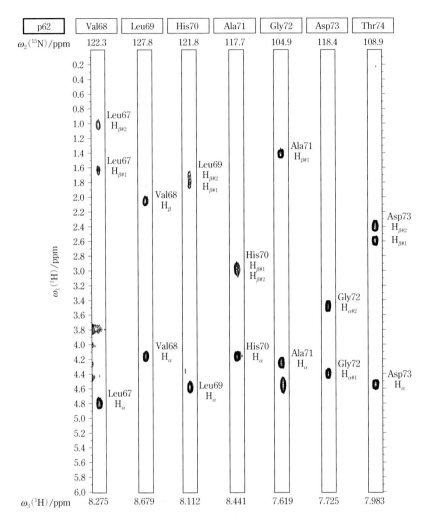

図 5.1.11 3次元 HBHA(CO)NH 測定による H_α, H_β の帰属例
p62 PH ドメインの Val68 から Thr74 までの ^{15}N 化学シフトに対応した $[\omega_1(^1H), \omega_3(^1H)]$ 相関スペクトルの短冊表示. 3次元 HBHA(CO)NH スペクトルでは, 1つ前の残基の H_α と H_β が観察される. $128(t_1) \times 30(t_2) \times 2048(t_3)$ のデータポイント数, 積算 24 回, 600 MHz 分光装置で測定した.

スペクトルを解析し, 初期構造が得られてから遠位 NOE は帰属した方がよい.

^{13}C-edited NOESY-HSQC 測定では ^{13}C に結合しているプロトンと空間的に近いプロトン間の NOE シグナルが観測されるため, 構造を決めるうえで重要な遠位の

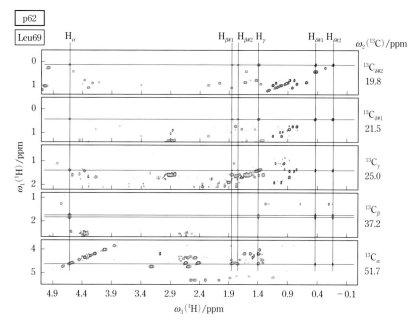

図 5.1.12 3次元 HCCH–TOCSY 測定による側鎖シグナルの帰属例
p62 PH ドメインの Leu69 の ^{13}C 化学シフトに対応した $[\omega_1(^1\text{H}), \omega_3(^1\text{H})]$ 相関スペクトルの短冊表示．アミドを利用しないので，水シグナルを避けるために重水試料で測定した．$144(t_1) \times 64(t_2) \times 2048(t_3)$ のデータポイント数，積算 32 回，800 MHz 分光装置で測定した．

NOE が数多く得られる．図 5.1.14 に PH ドメインの疎水性コアの形成に寄与する Trp33 の NOE スペクトルを示すが，多くの遠位 NOE シグナルが観測されている．自身のインドール環も NOE から容易に帰属できる．この場合も ^{15}N-edited NOESY-HSQC スペクトルの解析手順と同じように確実性の高い NOE から帰属していく．また対称ピークも帰属の参考になる．図 5.1.14 の Trp33 H_α の短冊スペクトルでは，Leu24 $\text{H}_{\delta 2\#}$ との NOE が観察されているが，正しい帰属の場合は，Leu24 の $\text{H}_{\delta 2\#}$ の短冊スペクトルにも Trp33 H_α との NOE が観察される．

つまり，確実性の高い NOE からの情報だけを使って立体構造を計算し，できるだけ信頼性の高い初期構造を得る．良い初期構造が得られたならば，残りの NOE に対して構造に基づく帰属の追加，修正，構造計算を繰り返す．これが基本である．

立体特異的な帰属により立体構造の精度は向上する．例えば，異なる化学シフトをもつ 2 つの β メチレンプロトンについて，ともにあるプロトンとの間で NOE シ

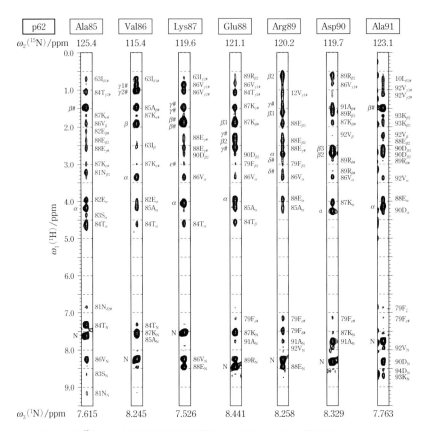

図 5.1.13 3次元 ^{15}N-edited NOESY-HSQC 測定による NOE シグナルの帰属例
p62 PH ドメインの Ala85 から Ala91 までの ^{15}N 化学シフトに対応した[ω_1(^{1}H), ω_3(^{1}H)]相関スペクトルの短冊表示．同じ残基，および他残基の NOE シグナルの帰属をそれぞれ，短冊の左および右に示している．164(t_1)×48(t_2)×2048(t_3)のデータポイント数，積算 32 回．混合時間 150 ms．800 MHz 分光装置で測定した．

グナルが観測されたとき，立体特異的に帰属できない場合は，立体構造計算時に 2 つの β メチレンプロトンを 1 つの仮の原子として扱い，距離制限の上限に 1 Å を足した単一の緩い制限情報とする．立体特異的に帰属されれば，補正のない 2 つの制限情報となる．3 次元 HNHB，HN(CO)HB，HNCG，および HN(CO)CG 測定から β メチレンプロトンを立体特異的に帰属した例を**図 5.1.15** に示す．図から χ_1 角が見積もられ，立体構造計算で二面角制限情報として利用する．

複合体の立体構造は，個々の分子の構造を精度よく決めてから，分子間 NOE で

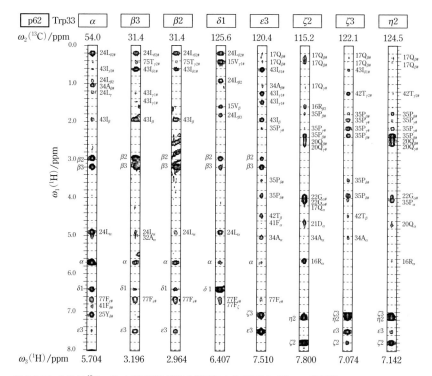

図 5.1.14 3 次元 ^{13}C-edited NOESY-HSQC 測定による NOE シグナルの帰属例
p62 PH ドメインの Trp33 の ^{13}C 化学シフトに対応した $[\omega_1(^1\mathrm{H}), \omega_3(^1\mathrm{H})]$ 相関スペクトルの短冊表示. 同じ残基, および他残基の NOE シグナルの帰属をそれぞれ, 短冊の左, および右に示している. $44(t_1) \times 44(t_2) \times 2048(t_3)$ のデータポイント数, 積算 24 回, 混合時間 100 ms, 800 MHz 分光装置で重水試料を用いて測定した.

分子間の配向を求めて決定する. しかし, p62 の PH ドメインと p53 の転写活性化ドメインの複合体では転写活性化ドメインは伸びた構造をとっているので, 分子内 NOE だけでは構造がうまく求まらなかった. ^{13}C, ^{15}N 標識した PH ドメイン側から分子間 NOE を観測するために, 3 次元 ^{13}C/^{15}N-filtered ^{15}N-edited NOESY-HSQC, および ^{13}C/^{15}N-filtered ^{13}C-edited NOESY-HSQC 測定を行う (**図 5.1.16**). この場合, 同位体標識をしていない ^{12}C, ^{14}N の転写活性化ドメインとの分子間 NOE が観測される. 転写活性化ドメイン側からの観測には, 2 次元 ^{13}C/^{15}N-double および half filtered NOESY を使用する (**図 5.1.17**). 図 5.1.16(b) において PH ドメインの Lys54 H$_{\varepsilon\#}$ の短冊スペクトルに見られる転写活性化ドメインのリン酸化 Thr55 H$_{\gamma2\#}$ との分子間 NOE は, 図 5.1.17 のリン酸化 Thr55 H$_{\gamma2\#}$ の短冊スペクトル (b) では PH

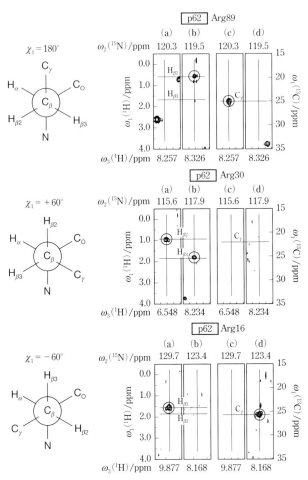

図 5.1.15 3次元(a)HNHB測定，(b)HN(CO)HB測定，(c)HNCG測定，および(d)HN(CO)CG測定によるβメチレンプロトンの立体特異的帰属の例

p62 PHドメインのArg89, Arg30, およびArg16の^{15}N化学シフトに対応した(a)(b)[ω_1(^{1}H), ω_3(^{1}H)], (c)(d)[ω_1(^{13}C), ω_3(^{1}H)]相関スペクトルの短冊表示．検出されたシグナルを○で囲んでいる．(a)(b)98(t_1)×30(t_2)×2048(t_3)のデータポイント数，(c)(d)96(t_1)×32(t_2)×2048(t_3)のデータポイント数，積算32回，600 MHz分光装置で測定した．二面角とスピン結合定数の関係はKarplus式に従うことが経験的に知られており，上に示した3つの立体配座では$^3J_{NH_\beta}$, $^3J_{C_0H_\beta}$, $^3J_{NC}$, $^3J_{C_0C_\gamma}$のスピン結合定数が大きく異なる．各測定ではこれらのスピン結合の大きさが相関シグナルの強度に反映される．例えば$\chi_1=+60°$の立体配座では，Nに対してトランスに配座するH$_{\beta2}$の$^3J_{NH_\beta}$がゴーシュに配座するH$_{\beta3}$よりも大きいため，HNHB測定ではH$_{\beta2}$のシグナルが強く観測され，一方C$_O$に対してトランスに配座するH$_{\beta3}$の$^3J_{C_0H_\beta}$がゴーシュに配座するH$_{\beta2}$よりも大きいため，HN(CO)HB測定ではH$_{\beta3}$が強く観測される．

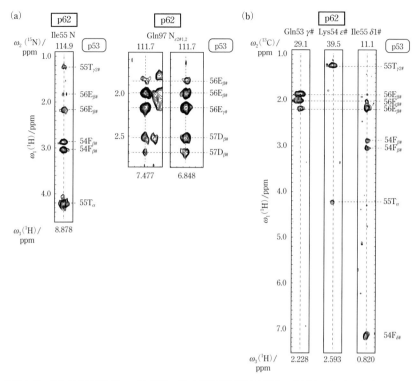

図 5.1.16 3次元 ^{13}C/^{15}N-filtered (a) ^{15}N-edited NOESY-HSQC 測定，(b) ^{13}C-edited NOESY-HSQC 測定による分子間 NOE シグナルの帰属例
　p62 PH ドメインの (a) ^{15}N 化学シフト，(b) ^{13}C 化学シフトに対応した [ω_1(^{1}H), ω_3(^{1}H)] 相関スペクトルの短冊表示．p53 転写活性化ドメインとの分子間 NOE シグナルの帰属を短冊の右に示している．(a) 164(t_1)×24(t_2)×2048(t_3) のデータポイント数，積算 96 回，混合時間 150 ms，(b) 244(t_1)×44(t_2)×2048(t_3) のデータポイント数，積算 32 回，混合時間 120 ms，800 MHz 分光装置で測定した．

ドメインの Lys54 H$_{\varepsilon\#}$ として観察されている．

　最後に，水素結合情報を取得するために行った重水素交換実験を**図 5.1.18** に示す．軽水試料を凍結乾燥した後，重水を加えて 1 時間置いた ^{1}H-^{15}N HSQC スペクトルである．図 5.1.8 のスペクトルと比較することで水素結合供与体が推定される．水素結合受容体は立体構造がある程度明らかになった段階で同定する．

　このようにして得たプロトン間の距離制限情報，水素結合情報，および二面角の制限情報（立体特異的帰属で見積もった角度 χ のほか，TALOS プログラム[12]を使って主鎖原子の化学シフト値から見積もった角度 ϕ, ψ）を入力情報とし，立体構造計

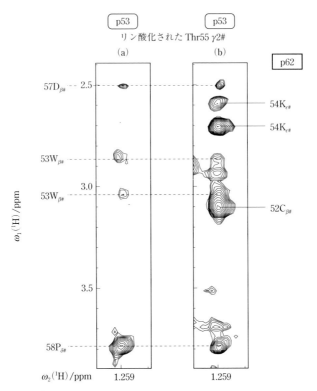

図 5.1.17 2次元 ^{13}C/^{15}N-(a)double, (b)half filtered NOESY 測定による分子間 NOE シグナルの帰属例．p53 転写活性化ドメインの分子内および p62 PH ドメインとの分子間 NOE シグナルの帰属をそれぞれ，短冊の左および右に示している．512(t_1)×2048(t_2)のデータポイント数，積算 320 回，混合時間 150 ms，800 MHz 分光装置で測定した．

算用プログラム Xplor-NIH[13,14]を用い，ディスタンス・ジオメトリーにより初期構造を算出した．ほとんどの場合，最初の計算では妥当な構造は得られないので，構造計算のログファイルに記録される距離や二面角で大きなバイオレーションを示した原子やその周辺に対して実験データを見直す．構造を評価し妥当だと判断されれば，最終構造とする．p62 の PH ドメインと p53 の転写活性化ドメインの複合体の最終構造を**図 5.1.19** に示す．

5.1 NMRの構造生物学への展開

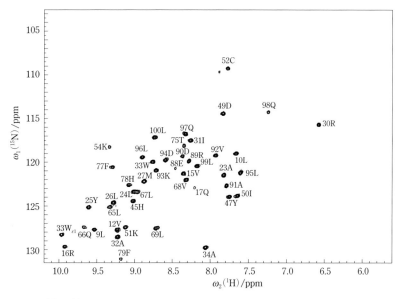

図 5.1.18 重水素交換実験の例
^{13}C, ^{15}N 標識 p62 PH ドメインと非標識 p53 転写活性化ドメインとの複合体の ^{1}H–^{15}N HSQC スペクトル. $128(t_1) \times 2048(t_2)$ のデータポイント数, 積算 4 回, 800 MHz 分光装置で測定した.

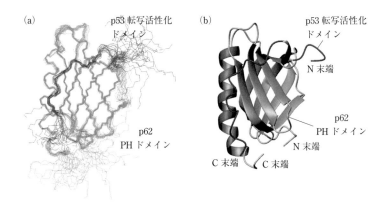

図 5.1.19 p62 PH ドメインと p53 転写活性化ドメインの複合体の最終構造
(a) 100 個のランダム構造から計算して得られた 20 個のベスト構造. (b) エネルギー最小構造のリボン表示.

5.1.5 ■ タンパク質のリン酸化反応のリアルタイム NMR

　タンパク質のリン酸化，メチル化，アセチル化などの翻訳後修飾は，さまざまな生物学的過程に関わる．翻訳後修飾による分子間相互作用の調節が生理機能発現に重要であることが明らかになるにつれ，その過程をリアルタイム，かつ原子レベルで観測する方法の必要性が増している．ここでは，p53 の転写活性化ドメイン(TAD) の Ser46 および Thr55 のリン酸化過程とリン酸化によって p62 の PH ドメインとの親和性が増加する過程を，リアルタイム NMR 法で同時に観測する方法を紹介する[11]．

　p53 の Ser46, Thr55 のそれぞれのリン酸化反応をリアルタイムで観測するためには，部位特異的にリン酸化する酵素が必要である．候補となる酵素のリン酸化の特異性は NMR で調べることができる(図 5.1.20)．サイクリン依存性キナーゼ 5(CDK5)とプロテインキナーゼ Cδ(PKCδ)は p53 の転写活性化ドメインをまったくリン酸化しなかったが，各酵素の本来の基質であるペプチドをリン酸化していることが天然存在比の ^{1}H–^{15}N HSQC 測定で確認できる(図 5.1.21)．

　c–Jun N 末端キナーゼ 2α2(JNK2α2)と G タンパク共役受容体キナーゼ 5(GRK5)の酵素反応を ^{1}H–^{15}N HSQC 測定により追跡した結果を図 5.1.22 に示す．実際に NMR 測定の時間内でリン酸化が起きている様子がリアルタイムで追跡できる．

　複合体の構造を見ると，リン酸化された p53 の Ser46 と Thr55 は各々 PH ドメインの特定の Lys 残基と静電的相互作用をしている[10]．転写活性化ドメインは PH ドメインとの結合が Ser46 のリン酸化によって約 4 倍(解離定数 K_d = 6 μM)，Thr55 のリン酸化では約 5 倍(K_d = 5 μM)，両方のリン酸化では約 25 倍(K_d = 1 μM)強くなる．したがって，リン酸化の異なる転写活性化ドメインと PH ドメインとの 4 種類の複合体が存在する．各複合体中 PH ドメインの結合に関与する残基は ^{1}H–^{15}N HSQC スペクトルで区別できる(図 5.1.23)．よって，JNK2α2 や GRK5 による転写活性化ドメインのリン酸化反応のときに，PH ドメインのシグナルを NMR によりリアルタイムで観測すれば，4 種類の複合体の変化を追跡できる．またこの際，^{15}N 標識転写活性化ドメインを使うと，部位特異的リン酸化反応も同時に NMR によりリアルタイムで追跡できる(図 5.1.24)．

　図 5.1.24(a)に示すように GRK5 を ^{15}N 標識 p53 転写活性化ドメインと ^{15}N 標識 p62 PH ドメインの複合体に添加した後，NMR で反応を追跡すると転写活性化ドメインの Thr55 のリン酸化の度合いは指数関数的に増加する(図 5.1.24(b))．Thr55

5.1 NMRの構造生物学への展開

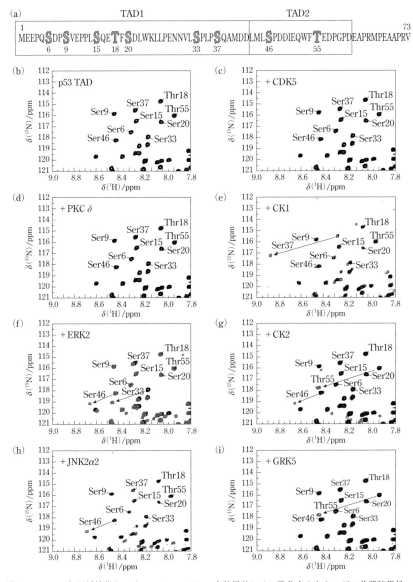

図 5.1.20 p53 転写活性化ドメインの Ser46, Thr55 を特異的にリン酸化するキナーゼの基質特異性. (a)p53 転写活性化ドメインのアミノ酸配列. (b)p53 転写活性化ドメインの ^{1}H–^{15}N HSQC スペクトル. (c)〜(i)p53 転写活性化ドメインのスペクトルと各キナーゼ酵素を混合した後のスペクトルの重ね合わせ:(c)CDK5(混合 24 時間後), (d)PKCδ(混合 24 時間後), (e)CK1(混合 17 時間後), (f)ERK2(混合 9 時間後), (g)CK2(混合 24 時間後), (h)JNK2α2(混合 1 時間後), (i)GRK5(混合 21 時間後). 特異的にリン酸化された残基のシグナルがシフトしている(矢印).

第5章 生命科学への展開

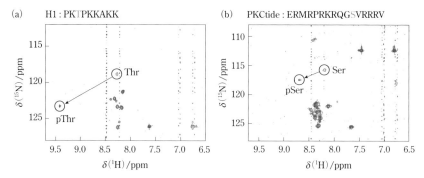

図 5.1.21 NMRによるリン酸化酵素活性の確認
天然同位体存在比（natural abundance）を利用した ^{1}H–^{15}N HSQC測定．(a) CDK5によるヒストンH1ペプチドのリン酸化，(b) PKCδによるPKCtideペプチドのリン酸化．pThr：リン酸化トレオニン，pSer：リン酸化セリン．

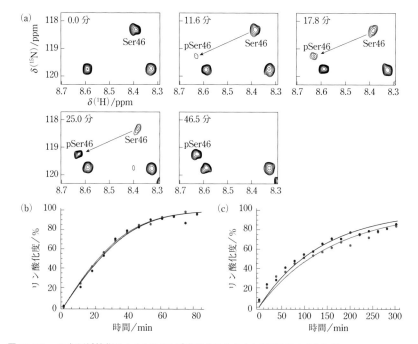

図 5.1.22 p53転写活性化ドメインのリン酸化のリアルタイムNMRモニタリング
(a) JNK2α2添加後のp53転写活性化ドメインの ^{1}H–^{15}N HSQCスペクトル．(b) JNK2α2（6.7 μg/mL）によるp53転写活性化ドメインのSer46のリン酸化の経時変化を示した曲線．(c) GRK5（16.7 μg/mL）によるp53転写活性化ドメインのThr55のリン酸化の経時変化を示した曲線．実験はそれぞれ2回ずつ行った．曲線はリン酸化した残基とその周辺の残基のデータを使って計算した．

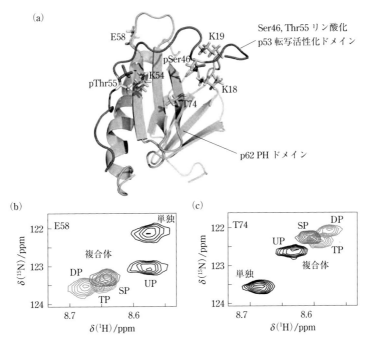

図 5.1.23 異なるリン酸化状態の p53 転写活性化ドメインに結合した p62 PH ドメインの NMR シグナル
(a) Ser46, Thr55 リン酸化 p53 転写活性化ドメインと p62 PH ドメインの複合体構造 (PDB code 2RUK). (b), (c) 5 つの ^{1}H–^{15}N HSQC スペクトルの重ね合わせ. p62 PH ドメイン単独, 非リン酸化 p53 転写活性化ドメインとの複合体 (UP), リン酸化 Ser46 p53 転写活性化ドメインとの複合体 (SP), リン酸化 Thr55 p53 転写活性化ドメインとの複合体 (TP), リン酸化 Ser46, Thr55 p53 転写活性化ドメインとの複合体 (DP). (b) p62 PH ドメインの Glu58 のシグナル. (c) p62 PH ドメインの Thr74 のシグナル.

のリン酸化反応が進むにつれて p62 PH ドメインの Glu58 や Thr74 などのシグナルが変化 (非リン酸化複合体中での位置から p53 の Thr55 がリン酸化された複合体中の位置へ移動) し, Thr55 のリン酸化反応の完了とともに変化が止まる (図 5.1.24 (c), (d)). 試料に JNK2α2 を加え, NMR の測定を再開すると JNK2α2 による p53 転写活性化ドメインの Ser46 のリン酸化が指数関数的に増加し, p62 PH ドメインの Glu58 や Thr74 などのシグナルがさらに変化 (p53 の Thr55 と Ser46 がリン酸化された複合体中の位置へ移動) し, Ser46 のリン酸化反応が飽和したのと同時に変化が止まる (図 5.1.24 (f), (g)). このように転写活性化ドメインが特異的にリン酸化されるのと同時に p62 PH ドメインとの親和性が増加していく様子を, リアルタ

第5章 生命科学への展開

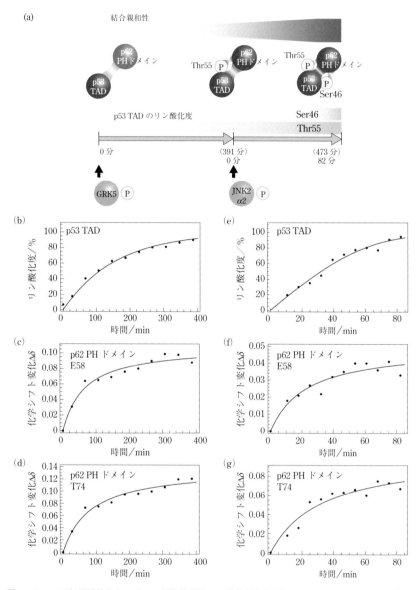

図 5.1.24 p53 転写活性化ドメインの部位特異的リン酸化反応と増加する p62PH ドメインとの相互作用の同時リアルタイム NMR モニタリング
(a)実験スキーム．(b)GRK5 による p53 転写活性化ドメイン(TAD)の Thr55 のリン酸化．(c), (d)GRK5 添加後の p62 PH ドメインの Glu58 および Thr74 の化学シフト変化．(e) JNK2α2 による p53 TAD の Ser46 のリン酸化．(f), (g)JNK2α2 添加後の p62 PH ドメインの Glu58 および Thr74 の化学シフト変化．

5.1 NMRの構造生物学への展開

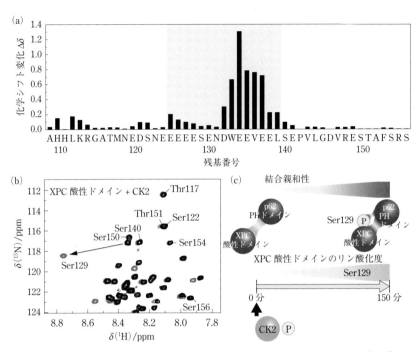

図 5.1.25 XPC 酸性ドメインの部位特異的リン酸化反応と増加する p62 PH ドメインとの相互作用の同時リアルタイム NMR モニタリング
(a)非標識 p62 PH ドメインを添加したときの ^{15}N 標識 XPC 酸性ドメインの ^{1}H–^{15}N HSQC スペクトルでの化学シフト変化．(b)CK2 添加前後の XPC 酸性ドメインの ^{1}H–^{15}N HSQC スペクトルの重ね合わせ．(c)〜(g)リアルタイム NMR：(c)実験スキーム．(d)(e)CK2 による XPC 酸性ドメインの Ser129 のリン酸化．(d)CK2 を添加後 0 分，42 分，および 142 分の XPC 酸性ドメインと p62PH ドメインの複合体の ^{1}H–^{15}N HSQC スペクトル．XPC 酸性ドメインの Glu128 のシグナルを示している．(e)CK2(16.7 μg/mL)による XPC 酸性ドメインの Ser129 のリン酸化の経時変化を示した曲線．曲線は Glu128 のデータを使って計算した．(f), (g)XPC 酸性ドメインと p62 PH ドメインとの相互作用の増加．(f)CK2 添加後，0 分，42 分，および 142 分の XPC 酸性ドメインと p62 PH ドメインの複合体の ^{1}H–^{15}N HSQC スペクトル．p62 PH ドメインの Lys62 のシグナルを示している．(g)非リン酸化 XPC 酸性ドメイン(破線)，および Ser129 リン酸化 XPC 酸性ドメイン(実線)との複合体における p62 PH ドメインの Lys62 のシグナル強度変化のプロット．

イムに観測できる．

p62 PH ドメインはヌクレオチド除去修復因子 XPC とも結合する[15,16]．p62 PH ドメインが XPC の酸性ドメインと結合すると，p53 転写活性化ドメインよりも安定な(親和性の高い)複合体が形成される(**図 5.1.25**)．XPC の酸性ドメインは p53 の転写活性化ドメインと同じく多くのセリンとトレオニンをもつが，酵素カゼインキ

第5章 生命科学への展開

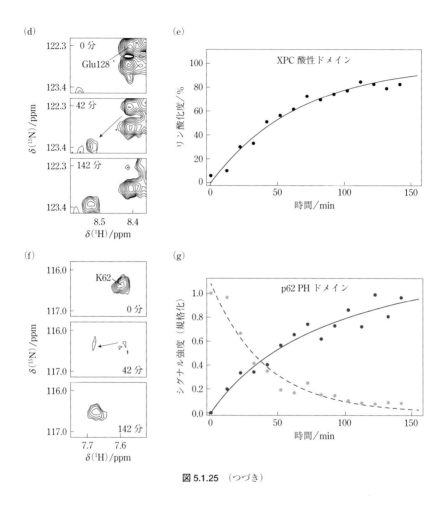

図 5.1.25 （つづき）

ナーゼ 2(CK2) が Ser129 を特異的にリン酸化することが NMR でわかる（図 5.1.25 (b)）．リン酸化によって PH ドメインとの親和性が増加する様子を図 5.1.25(c) に示す．CK2 を ^{15}N 標識 XPC 酸性ドメインと ^{15}N 標識 p62 PH ドメインの混合物に添加した後，NMR の測定を開始すると Ser129 のリン酸化が Glu128 のシグナル変化でモニターできる（図 5.1.25(d, e)）．XPC 酸性ドメインの Ser129 のリン酸化が増加するにつれて，PH ドメインのそれまでの Lys62 のシグナルは消失し，同時に，リン酸化酸性ドメインと PH ドメインの複合体中での Lys62 の新しいシグナルが現れた（図 5.1.25(f)）．2 つのシグナルの強度をプロットしてみると，前者のシグナル強

度は指数関数的に減少し，一方，後者のシグナル強度は指数関数的に増加する（図5.1.25(g)）．

5.1.6 ■ NMR による遺伝子発現機構の解析

A. 基本転写因子

真核生物において，タンパク質をコードする遺伝子の転写は，RNA ポリメラーゼ II と基本転写因子とよばれる6つのタンパク質によって開始される．ヒトの基本転写因子 TFIIE は α サブユニット（TFIIEα）と β サブユニット（TFIIEβ）からなる2量体である[17]．いくつかのドメインがリンカーで結ばれた数珠のような構造をもつ．溶解度は低いが，ドメインを含む領域を切り出してみると安定で溶解性も良く，筆者らはこれまでに機能に重要な3つのドメインの構造を NMR で決定している（図 5.1.26(a, b, c)）[18-20]．

5.1.4 節でも述べたように NMR では他分子との相互作用を ^1H–^{15}N HSQC スペクトル測定などで簡単に調べることができる．TFIIEβ のコアドメインの構造

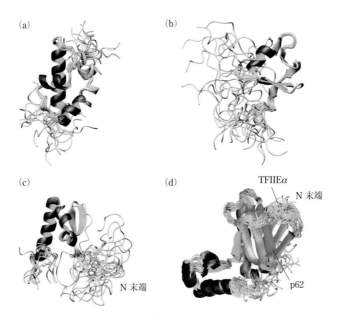

図 5.1.26 基本転写因子 TFIIE のドメイン構造
(a)TFIIEβ のコアドメイン（PDB code 1D8J），(b)TFIIEα のコアドメイン（PDB code 1VD4），(c)TFIIEα の酸性ドメイン（PDB code 2RNQ），(d)TFIIEα の酸性ドメインと基本転写因子 TFIIH p62 の PH ドメインの複合体（PDB code 2RNR）

(図 5.1.26(a))は 3 本のヘリックスと C 末端に β ターンをもつウイングドヘリックスとよばれる一群の DNA 結合ドメインとよく似ており,NMR で相互作用の有無を調べてみたところ DNA 結合性が確認された[18].TFIIEα の C 末端酸性ドメイン(図 5.1.26(c))が,基本転写因子 TFIIH の p62 の PH ドメインと結合することが示唆されたときにも,その検証に NMR が有効であった[20].結合の確認をはじめ,各ドメインの結合部位の同定,結合の強さの評価(K_d の算出),複合体の構造決定までの一連の解析を NMR で行うことができる.

単離して構造を決定した TFIIEα の C 末端酸性ドメインは,酸性アミノ酸が連続して見られる N 末端の 16 残基はフリーの状態ではまったく構造をとっていなかった[20].この後の領域では β ターンと 3 本の α ヘリックスが互いに寄り添ったコンパクトな構造が形成されていた.この構造が TFIIEαβ 複合体において同じであるかを NMR で調べた.分子量が約 84 kDa で溶解度が悪いため困難であったが,重水素化標識試料や立体整列同位体標識(SAIL)試料[21],高磁場分光装置,TROSY 法などを駆使して TFIIEαβ 複合体における酸性ドメインの構造を解くことができ,得られた構造は切り出して決めた構造と同じであった.また,酸性ドメインの N 末端の構造をとらない領域はさらに長く続いていることが明らかとなった.TFIIEα,β それぞれのコアドメインの構造も,単離して決定した構造が TFIIEαβ 複合体と同一であることが化学シフトからわかった.

B. 基本転写因子と転写因子の相互作用

5.1.4 節で複合体の構造解析の例として取り上げたが,p62 の PH ドメインは相互作用ネットワークのハブドメインとして多くの標的タンパク質と結合し,TFIIEα の C 末端酸性ドメインだけでなく,p53 などの転写因子の転写活性化ドメインにも結合する.一方で,p53 の転写活性化ドメインもたくさんの標的タンパク質と結合する.これまでに p53 の転写活性化ドメインとその標的タンパク質との複合体の構造が多く決定され,すべての複合体中で p53 が両親媒性ヘリックスを形成することから,ヘリックス形成が p53 の転写活性化ドメインの本質的な標的タンパク質認識機構であると考えられてきた.標的タンパク質との結合の多くは p53 転写活性化ドメインがリン酸化されると親和性が増加するが,これまで解かれた複合体構造はすべて非リン酸化体であった.そこで,リン酸化の役割を明らかにするために,Ser46 と Thr55 がリン酸化された p53 転写活性化ドメインと p62 PH ドメインとの複合体構造を NMR で決定した(**図 5.1.27**(a))[10].p53 転写活性化ドメインでは,ヘリックスを形成したときに観測される特徴的な NOE のパターン(5.1.4 節)が

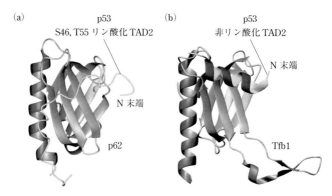

図 5.1.27 腫瘍抑制因子 p53 の転写活性化ドメインと基本転写因子 TFIIH p62 の PH ドメインの複合体の構造
(a) ヒト p53 のリン酸化された転写活性化ドメインとヒト p62 PH ドメインの複合体(PDB code 2RUK), (b) ヒト p53 の非リン酸化転写活性化ドメインと酵母 Tfb1 PH ドメインの複合体(PDB code 2GS0).

見られず, 伸びたひものような構造で p62 PH ドメインに巻き付いていた.

酵母には p53 は存在しないが, ヒト p53 の転写活性化ドメインと酵母 Tfb1 (p62 タンパク質の酵母のホモログ) の PH ドメインの複合体構造が報告されており, p53 転写活性化ドメインは酵母の PH ドメイン上で, これまで標的タンパク質との複合体で見られたのと同じようにヘリックスを形成していた(図 5.1.27(b))[22]. このことから, p53 転写活性化ドメインは本来ヘリックスで p62 PH ドメインに結合するが, リン酸化により伸びた構造で結合している可能性が考えられたが, リン酸化および非リン酸化 p53 転写活性化ドメインの p62 PH ドメイン複合体中の二次構造を化学シフト値で調べたところ, ほぼ同じ値であった. このことから, リン酸化の有無にかかわらず p53 の転写活性化ドメインは p62 PH ドメインと伸びた構造で結合することがわかった.

C. エピゲノムとクロモドメイン

個人のゲノム情報が解析された現在, ゲノムだけでは解明できない生物現象が知られるようになった. DNA 配列を変化させないで遺伝子の表現型や遺伝子発現量が変化することをエピジェネティクスという. その主役は DNA の化学修飾および DNA の折れ畳まれた構造であるクロマチンの構造変化である. エピジェネティクスの変化の総体をエピゲノムとよぶ. クロマチンの構成単位のヌクレオソームでは 4 種類のヒストン H2A, H2B, H3, H4 の各 2 量体が 8 量体を形成し, その周囲に

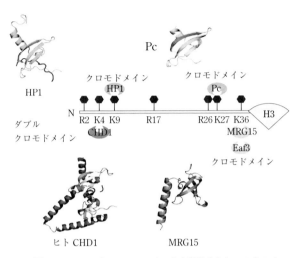

図 5.1.28 ヒストン H3 のメチル化を認識するクロモドメイン

DNA が巻き付いている．各ヒストンは N 末端にヒストンテールとよばれる特定の構造をとらないフレキシブルな天然変性領域をもっている．ヒストンテールはリシンやアルギニンなどの塩基性アミノ酸に富んでおり，翻訳後修飾を受けることで，遺伝子の発現制御に関与している．ヒストンにおける重要な化学修飾としてメチル化があり，メチル化される有名な部位としてヒストン H3 の 4 番目のリシン（H3K4me）と 9 番目のリシン（H3K9me）がある．H3K4me は遺伝子発現のための転写開始マーカーとして，H3K9me は遺伝子発現が抑制されていて不活性であることを示すマーカーとして知られる．メチル化ヒストンを認識する多くのクロマチン関連タンパク質に共通のドメインの 1 つとしてクロモドメインがある（図 5.1.28）．

クロマチンには構造が緩んで遺伝子発現が行われているユークロマチンと高度に凝集して遺伝子発現が抑制されているヘテロクロマチンがある．細胞の分化にともないヘテロクロマチン構造は変化し，iPS 細胞のように細胞の初期化にはヘテロクロマチン構造の初期化が必要である．常にヘテロクロマチン構造を形成しているのは，クロマチン末端のテロメアと細胞分裂時に動原体を形成するセントロメアである．ヘテロクロマチン形成には HP1/Swi6 タンパク質が関与する．哺乳類やショウジョウバエの HP1 と酵母の Swi6 はともに H3K9me に結合するクロモドメインを N 末端にもっていて，さらに C 末端に 2 量体形成ドメインをもっている．HP1/Swi6 は各クロモドメインでヌクレオソーム上の H3K9me に結合し，2 量体形成ド

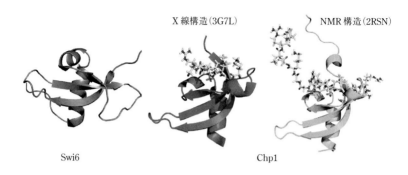

図 5.1.29 Chp1 のクロモドメインとヒストン H3K9me の複合体構造
NMR 構造では X 線構造に比べて N 末端テールに短いヘリックスが誘起され ncRNA の結合部位であった(PDB code 2RSN).

メインでヌクレオソーム同士を会合させ凝縮したヘテロクロマチンを形成する.**図 5.1.29**(a)に Swi6 のクロモドメインの構造を示すが,3 本の β 鎖からなる 1 枚の β シートが C 末端の α ヘリックスと相互作用した典型的なクロモドメイン構造をとっていることがわかる[23].

酵母ではセントロメアのヘテロクロマチン形成にセントロメアのノンコーディング RNA(ncRNA)が関与している.ncRNA とヒストン H3K9me の結合に関与する酵母タンパク質として Chp1 が知られている.Chp1 は N 末端にクロモドメインをもっていて,H3K9me と結合してからセントロメアの ncRNA に結合する.Chp1 のクロモドメインと H3K9me との複合体構造はすでに X 線結晶構造解析により報告されていたが(図 5.1.29(b))[24],今回 Chp1 クロモドメインのフレキシブルな N 末端テールを含んだ系で H3K9me との複合体構造を NMR で決定した[23].図 5.1.29(c)に示すように Chp1 クロモドメインの N 末端テールは結晶中では見えていなかった短いヘリカルターンを形成し,この領域もセントロメアの ncRNA との相互作用に重要であることが判明した[23].結晶構造解析ではフレキシブルなテールなどは結晶化の際の障害となるため,できるだけ球状ドメインのタンパク質を発現させて構造解析を行うことが主流である(図 5.1.29(b)).しかしフレキシブルなテールなどのタンパク質における柔軟な領域である天然変性領域が,エピゲノムと関わりのあるクロマチン関連タンパク質で重要な機能をもつ例が多数報告されているので,NMR による構造解析は今後ますます重要になっていくだろう[25].

酵母において H3K4me を認識し転写開始部位を決定するタンパク質として Nu4A

第5章　生命科学への展開

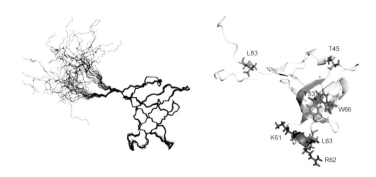

図 5.1.30　酵母の生育に必須な Esa1 のクロモドメイン構造（PDB code 2RO0）と RNA 結合に関与するアミノ酸

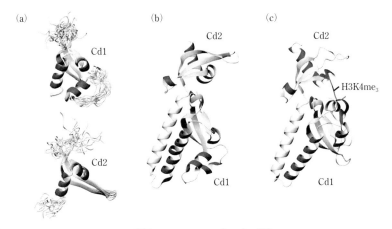

図 5.1.31　クロマチンリモデリング因子 CHD1 のクロモドメイン構造
(a)酵母 Chd1 の 1 番目のクロモドメイン（PDB code 2DY7）（上）と 2 番目のクロモドメイン（PDB code 2DY8）（下），(b)酵母 Chd1 の連結したクロモドメイン（PDB code 2H1E），(c)ヒト CHD1 の連結したクロモドメイン（PDB code 2B2W）．

複合体がある．Nu4A の成分の Esa1 は C 末端にヒストンアセチル化酵素をもっていて，N 末端のクロモドメインが H3K4me に結合して周囲のヒストンをアセチル化することでクロマチン構造を緩める機能をもつとされていた．Esa1 のクロモドメインの NMR 構造は，図 5.1.30 に示すように β バレル構造をとっていて，クロモドメインと同じロイヤルファミリーに属する[26]．しかし，Esa1 のクロモドメインは H3K4me には結合せず代わりに RNA 結合活性をもっており，またフレキシブルな N 末端テールを欠損させたドメインのコア構造のみでは RNA 結合活性は示さ

ない．NMR実験によりRNAへの結合に必須なアミノ酸がタンパク質表面にあることを同定し，これらのアミノ酸を変異させるとRNA結合能は消失した[26]．Esa1のクロモドメインの網羅的な変異体実験からRNA結合活性は酵母の生育に必須であることもわかった．

ヒトのクロマチンリモデリング因子CHD1はタンデムに並んだ2個のクロモドメインをもつ．CHD1の各々のクロモドメインは互いに向かい合い，挟み込む形でH3K4meを認識する[27]．酵母ホモログChd1も2個のクロモドメインをもつ．決定した酵母Chd1の個々のドメインの構造（図5.1.31）や，それらの結合実験，2個の連結したクロモドメインを用いた結合実験などから，ヒトCHD1とは異なり，酵母Chd1の2個の連結したクロモドメインはH3K4meに結合しないことを見出した[28]．酵母とヒトで同じホモログであっても構造や機能が異なる例が多いことも，エピゲノム関連タンパク質の特徴の1つである．ヒストンなどのクロマチン構造の基本的な部分はヒトでも酵母でも同様であるが，クロマチン構造を変化させるタンパク質は酵母からヒトに至る過程で類似の構造を使いまわしながら，大きく機能を変化させていったことが示唆される．

5.1.7 ■ おわりに

NMRによる構造生物学の展開について，ここでは特に核内タンパク質である基本転写因子やエピゲノム関連因子を中心に紹介してきた．他にも生命科学の多くの分野でNMRによる構造解析が進展している．例えば，膜タンパク質とリガンドの相互作用や細胞内シグナル伝達の研究，さまざまな代謝酵素の研究があげられる．これら生命科学のすべての分野を網羅的に紹介するためには新たな1冊の本が必要であろう．

NMRの際立った特色は，ここで紹介したようにX線結晶構造解析では解析が困難な天然変性領域のようにゆらいでいる動的構造を含めて原子レベルで明らかにできる点にある．また，膜タンパク質でもタンパク質の動的挙動が重要であることがわかってきている．生命科学の発展に今後ますますNMRが貢献することを予見しつつ，本節を終わりたい．

文　献

1) M. Kainosho, T. Torizawa, Y. Iwashita, T. Terauchi, A. M. Ono, and P. Güntert, *Nature*, **440**, 52 (2006)
2) K. Wüthrich 著，京極好正，小林祐次 訳，タンパク質と核酸の NMR―二次元 NMR による構造解析，東京化学同人 (1991)
3) J. Cavanagh, W. J. Fairbrother, A. G. Palmer, III, M. Rance, and N. J. Skelton, *Protein NMR Spectroscopy, Principles and Practice, 2nd Edition*, Elsevier (2007)
4) K. Pervushin, R. Riek, G. Wider, and K. Wüthrich, *Proc. Natl. Acad. Sci. USA*, **94**, 12366 (1997)
5) J. E. Ollerenshaw, V. Tugarinov, and L. E. Kay, *Magn. Reson. Chem.*, **41**, 843 (2003)
6) N. Tjandra, A. Szabo, and A. Bax, *J. Am. Chem. Soc.*, **118**, 6986 (1996)
7) J. R. Tolman, J. M. Flanagan, M. A. Kennedy, and J. H. Prestegard, *Proc. Natl. Acad. Sci. USA*, **92**, 9279 (1995)
8) J. L. Battiste and G. Wagner, *Biochemistry*, **39**, 5355 (2000)
9) G. Pintacuda, M. John, X. C. Su, and G. Otting, *Acc. Chem. Res.*, **40**, 206 (2007)
10) M. Okuda and Y. Nishimura, *J. Am. Chem. Soc.*, **136**, 14143 (2014)
11) M. Okuda and Y. Nishimura, *Oncogenesis*, **4**, e150 (2015)
12) G. Cornilescu, F. Delaglio, and A. Bax, *J. Biomol. NMR*, **13**, 289 (1999)
12) A. T. Brünger, *X-PLOR Version 3.1 : A system for X-ray crystallography and NMR*, Yale University Press, New Haven, CT (1993)
14) C. D. Schwieters, J. J. Kuszewski, N. Tjandra, and G. M. Clore, *J. Magn. Reson.*, **160**, 65 (2003)
15) J. Lafrance-Vanasse, G. Arseneault, L. Cappadocia, P. Legault, and J. G. Omichinski, *Nucleic Acids Res.*, **41**, 2736 (2013)
16) M. Okuda, M. Kinoshita, E. Kakumu, K. Sugasawa, and Y. Nishimura, *Structure*, **23**, 1827 (2015)
17) Y. Itoh, S. Unzai, M. Sato, A. Nagadoi, M. Okuda, Y. Nishimura, and S. Akashi, *Proteins*, **61**, 633 (2005)
18) M. Okuda, Y. Watanabe, H. Okamura, F. Hanaoka, Y. Ohkuma, and Y. Nishimura, *EMBO J.*, **19**, 1346 (2000)
19) M. Okuda, A. Tanaka, Y. Arai, M. Satoh, H. Okamura, A. Nagadoi, F. Hanaoka, Y. Ohkuma, and Y. Nishimura, *J. Biol. Chem.* **279**, 51395 (2004)
20) M. Okuda, A. Tanaka, M. Satoh, S. Mizuta, M. Takazawa, Y. Ohkuma, and Y. Nishimura, *EMBO J.*, **27**, 1161 (2008)

21) M. Kainosho, T. Torizawa, Y. Iwashita, T. Terauchi, A. Mei Ono, and P. Güntert, *Nature*, **440**, 52 (2006)
22) P. Di Lello, L. M. Jenkins, T. N. Jones, B. D. Nguyen, T. Hara, H. Yamaguchi, J. D. Dikeakos, E. Appella, P. Legault, and J. G. Omichinski, *Mol. Cell*, **22**, 731 (2006)
23) M. Ishida, H. Shimojo, A. Hayashi, R. Kawaguchi, Y. Ohtani, K. Uegaki, Y. Nishimura, and J. Nakayama. *Mol. Cell*, **47**, 228 (2012)
24) T. Schalch, G. Job, V. J. Noffsinger, S. Shanker, C. Kuscu, L. Joshua-Tor, and J. F. Partridge, *Mol. Cell*, **34**, 36 (2009)
25) H. Shimojo, A. Kawaguchi, T. Oda, N. Hashiguchi, S. Omori, K. Moritsugu, A. Kidera, K. Hiragami-Hamada, J. Nakayama, M. Sato, and Y. Nishimura, *Scientific Reports*, **6**, 22527 (2016)
26) H. Shimojo, N. Sano, Y. Moriwaki, M. Okuda, M. Horikoshi, and Y. Nishimura, *J. Mol. Biol.*, **378**, 987 (2008)
27) J. F. Flanagan, L. Z. Mi, M. Chruszcz, M. Cymborowski, K. L. Clines, Y. Kim, W. Minor, F. Rastinejad, and S. Khorasanizadeh, *Nature*, **438**, 1181 (2005)
28) M. Okuda, M. Horikoshi, and Y. Nishimura, *J. Mol. Biol.*, **365**, 1047 (2007)

5.2 ■ 細胞生物学への展開

5.2.1 ■ In-cell NMR

　本節では，生きた細胞の中のタンパク質の「その場」解析における NMR の展開について紹介する．近年，細胞内の濃密な環境(分子クラウディング；molecular crowding)がタンパク質の性質に影響を及ぼすことが重要視されるようになってきた[1]．細胞内は，細胞骨格や膜構造で細分化された空間であり，多種多様な分子が協調してダイナミックに働く，動的な非平衡状態にある系と考えられる．生体高分子の立体構造や動的性質が異なる可能性も示され始めている．こうした知見を踏まえ，生体高分子の機能発現のメカニズムを厳密に理解するためには，*in vitro* 試料の解析に加えて，立体構造とその変化や相互作用を「その場」解析する必要があるのではないかと考えられるようになった．

　生体高分子の立体構造解析情報を与える手法の中で，NMR は非侵襲性にすぐれ，かつ原子分解能での解析が可能なことから，細胞内環境での解析に適している．事実，後述のように in-cell NMR[2] という手法を用いることで，細胞内環境における生体高分子のさまざまな解析が行われるようになってきている．In-cell NMR 研究の報告例のほとんどはタンパク質を対象にしているため，本節でもタンパク質の研究例を中心に概説する．

A.　原核細胞の in-cell NMR

　細胞試料を用いて特定のタンパク質の NMR 測定を行う場合，多種多様な内在性分子と「見たい」タンパク質のシグナルを区別して観測する必要がある．1990 年代になって大腸菌を用いたタンパク質の大量発現技術と，NMR で観測可能な安定同位体(^{13}C, ^{15}N)による標識技術が確立したことで，生きた大腸菌細胞内で過剰に発現した安定同位体標識タンパク質を観測することが可能になった．2001 年には Dötsch らのグループが，細胞懸濁試料を用いて，生きた大腸菌の中のタンパク質の 2 次元 ^{1}H–^{15}N HSQC スペクトルを測定し，この手法を in-cell NMR と名づけた[3]．ほぼ同じ時期に Lippens らは，高分解能 MAS 法を用いて青枯病菌のペリプラズムに存在する ^{13}C 標識されたグルカンの観測に成功している[4]．

B.　真核細胞の in-cell NMR

　当初 in-cell NMR は大腸菌などのバクテリアに限られていたが，その後，安定同位体標識タンパク質をマイクロインジェクションで導入したアフリカツメガエルの

5.2 細胞生物学への展開

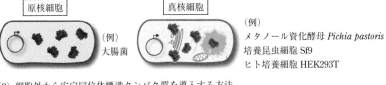
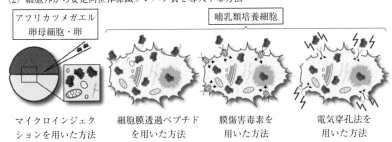

図 5.2.1 現在までに確立されている，in-cell NMR の系
現在までに確立されている in-cell NMR 測定の系を(1)細胞内タンパク質発現系を用いた方法，(2)細胞外から安定同位体標識タンパク質を導入する方法に大別し，模式的に示した．

卵および卵母細胞での in-cell NMR 実験が報告された[5,6]．マイクロインジェクションでは数百 µM の細胞内濃度を達成したという報告[5]があるが，一方で 5 µM での測定例[7]もある．2009 年には，細胞膜透過ペプチドとの融合タンパク質を用いたヒト培養細胞などでの in-cell NMR 測定に関する報告がなされた[8]．また，毒素を用いて細胞膜に一時的に穴を空けることで培養細胞にタンパク質を導入する方法も報告されている[9]．さらに最近では電気穿孔法を用いて，安定同位体標識タンパク質を細胞内に導入する方法も行われている．これらの方法を用いた細胞内への導入の効率はタンパク質の性質に依存しているようであるが，通常最大数十 µM の細胞内濃度が達成できる．

以上のような，細胞外から安定同位体標識タンパク質を導入する手法に加えて，細胞内でタンパク質を発現させて in-cell NMR 測定を行うアプローチも存在する．現在までにメタノール資化酵母 *Pichia pastoris* を用いた例[10]，培養昆虫細胞 Sf9 内でバキュロウイルスを用いてタンパク質を発現・標識した例[11]，ヒト培養細胞 HEK293T で発現させた例が報告されている[12]．細胞内で発現させる場合には，最大 100 µM 程度の細胞内濃度が達成できるようである．**図 5.2.1** に，現在までに確立されている in-cell NMR の系を模式的に示した．

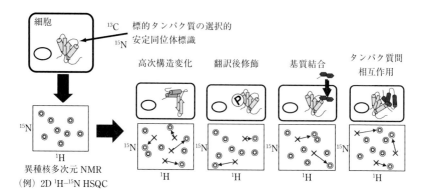

図 5.2.2 In-cell NMR の潜在的な応用範囲
細胞内の特定のタンパク質を選択的に安定同位体標識することができれば，細胞試料をそのまま観察し，2 次元 ^{1}H–^{15}N HSQC のような異種核多次元 NMR 測定を行うことができる．多次元 NMR スペクトル上の交差ピークの変化(図中に模式的に示した交差ピークの移動など)を観察することによって，細胞内での特定のタンパク質の高次構造変化，翻訳後修飾，基質結合，タンパク質間相互作用などを詳細に観察できる．

C. In-cell NMR の応用範囲

図 5.2.2 には，Dötsch らが総説の中で述べている in-cell NMR の潜在的な応用範囲を示した[13]．これらの応用範囲はいずれも，今日では in-cell NMR を用いて実際に解析されるようになっている．

In-cell NMR では通常，2 次元の ^{1}H–^{15}N もしくは ^{1}H–^{13}C 相関スペクトルが用いられるが，1 次元の ^{19}F NMR 測定を用いた例も報告されている．^{19}F 核は細胞内にほとんど存在しないため，細胞内に導入された微量のタンパク質を観測するのに適している．

細胞試料の 3 次元 NMR 測定では約 100 μM 以上の細胞内濃度が必要と考えられる．大腸菌[14,15]や Sf9 細胞[11]でタンパク質を発現させた系について報告がある．試料によっては 3 次元 NOESY スペクトルの測定が可能であり[11,15]，本節の筆者の一人である伊藤らは NOE に基づく距離情報を用いて細胞内タンパク質の立体構造を決定し報告した[15]．図 5.2.3 には，細胞試料を用いて測定された 3 次元 NOESY スペクトルの例と，大腸菌細胞内で決定された高度好熱菌 *T. thermophiles* HB8 由来の TTHA1718 タンパク質の立体構造を示した．

D. In-cell NMR 測定における注意点

In-cell NMR 測定の際には，特有の問題に起因する注意点が存在する．

5.2 細胞生物学への展開

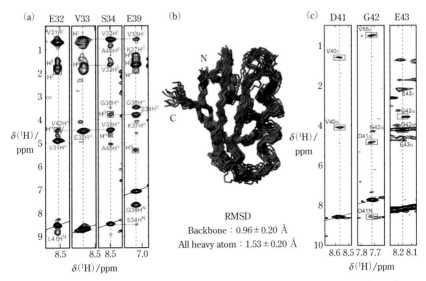

図 5.2.3 細胞試料を用いて測定された 3 次元 NOESY スペクトルの例と，大腸菌細胞内で決定されたタンパク質の立体構造
(a) 大腸菌内で発現させた高度好熱菌 *T. thermophiles* HB8 由来 TTHA1718 タンパク質の 3 次元 ^{15}N-separated NOESY スペクトル．NOE の帰属を示した．残基内の NOE は特に四角で囲んで示してある．(b) (a) のスペクトルの解析で得られた NOE 由来の距離情報を用いて決定された TTHA1718 タンパク質の立体構造．CYANA プログラムを用いて 100 個の計算をした後，エネルギーの低い 20 個を重ね合わせたもの．(c) 培養昆虫細胞 Sf9 内で発現させた連鎖球菌 protein G B1 ドメインの 3 次元 ^{15}N-separated NOESY スペクトル．(a) と同様に NOE の帰属も示した．

まず細胞試料の「寿命」の問題がある．大腸菌の in-cell NMR 測定では，NMR 試料管への充填から約 6 時間後の大腸菌の生存率は約 85％と報告されている[15]．HeLa 細胞や Sf9 細胞を用いた in-cell NMR 測定の場合には，NMR 試料管への充填から約 3〜4 時間後の生存率は約 80％である[8,11]．したがって，この「制限時間」内で解析可能な NMR スペクトルを測定することが求められるため，2 次元 ^{1}H–^{15}N 相関スペクトルの測定には 3.4.2 節 H 項で述べた SOFAST-HMQC が，3 次元 NMR 測定には 3.4.3 節 B. 項で述べた nonlinear sampling を用いた方法が多く用いられている．また，バイオリアクターとよばれる装置を用いて，NMR 試料管内に新鮮な培地を供給し続けると，細胞の寿命を大きく伸ばせることが報告されている[16,17]．

細胞内の低分子に由来するバックグラウンド・シグナルの問題も重要である．これは細胞内でタンパク質を発現させる場合に限った問題ではなく，標識タンパク質

を外部から導入する実験系であっても天然に存在する ^{13}C 核に由来するシグナルに注意を払う必要がある．一般に $^{1}H-^{15}N$ 相関実験では，低分子中のアミド基やアミノ基の水素原子は溶媒の水との交換が早いために，スペクトル上でその存在が問題になることはない．しかし，$^{1}H-^{13}C$ 相関実験では低分子由来の強いシグナルがスペクトル上に現れる．

最後に，試料に関する注意点を述べる．測定中に細胞外へ漏れ出したタンパク質は仮に少量であっても非常にシャープなシグナルを与えるため，得られたスペクトルに現れているシグナルが本当に細胞の中のタンパク質由来であるかどうかを確かめることがきわめて重要である．通常は，in-cell NMR 測定終了後に試料を遠心して上清を回収し，その NMR スペクトルを測定することによって，細胞外に漏れ出したタンパク質の有無を検証する．

E. In-cell NMR 研究の今後

In-cell NMR が初めて提案されてから 10 年以上が経過し，通常の希薄溶液中の NMR 解析や X 線結晶構造解析，電子顕微鏡解析では得られない，細胞内環境を反映した「新しい知見」に期待が高まっている．細胞内環境とその中でのタンパク質の動態についてはまだ十分に理解されておらず，また細胞内環境で「その場」観察が可能な手法も限られている．その中で in-cell NMR は，細胞内のタンパク質動態を原子分解能で解析できる唯一の測定手段であり，その存在意義は大きい．

In-cell NMR 測定の結果は多くの複雑な効果が足し合わされたものであり，明確な解釈が困難という問題もある．しかし将来的には，単純化された希薄溶液中の 1 対 1 の解析や，分子クラウディング環境における分子動力学計算結果を含めて複合的に解釈することによって，タンパク質による「真の」生物活性発現のメカニズムの理解につながる大きな役割を果たすことが期待される．

5.2.2 ■ 固体 NMR

固体 NMR にはいわゆる分子量の限界が存在しないので，膜系やクロマチンなどの溶液 NMR で扱えない細胞内巨大システムを直接観測することができる．しかし，以前は分解能が低く，得られる情報は限られていた．近年，マジック角試料回転（MAS）法による高分解能解析が開発されて研究領域が広がっている．

特に膜タンパク質は細胞生物学的な研究を進めるうえで重要な要素となる．膜タンパク質の構造研究は X 線結晶解析が主要な方法であるが，しばしばミセル中で行われるので結果の解釈には注意が必要である．また，小さな膜タンパク質であれ

ばミセル，あるいはバイセル中での溶液 NMR による構造解析が行われる．一方，固体 NMR は生理的条件に近い脂質二重膜中に存在するタンパク質を解析できる点，巨大な系で構造・機能相関の解析が可能な点ですぐれている．上記の3つの方法は相補的である．

A. ウイルスプロトンチャンネル研究における複合的アプローチ[18]

インフルエンザ A ウイルスは細胞に感染するとエンドソームに取り込まれ，外部環境は酸性になる．インフルエンザ A ウイルスの表面に存在する M2 プロトンチャンネルはこれに反応してプロトンをウイルス内部に取り込んで酸性化し，ウイルス膜とエンドソーム膜の融合を引き起こして遺伝子 RNA を細胞質に送り込む．M2 プロトンチャンネルは抗ウイルス剤 amantadine のターゲットタンパク質として発見された，97 残基のアミノ酸からなる四量体の膜タンパク質である．M2 プロトンチャンネルの制御因子は膜貫通（TM）領域にあるため，この部分に焦点を絞った構造解析が X 線結晶構造解析，溶液 NMR，固体 NMR で展開された．こうした研究によりそれぞれの方法がもつ強みおよび情報の相補性が示されている．2008 年に溶液 NMR と結晶構造解析による初めての高分解能構造が同じ雑誌に報告された．ともに界面活性剤中での薬剤結合構造であるが，使ったペプチドの長さと pH は前者では M2(18～60) で pH 7.5，後者では M2(22～46) で pH 5.3 と異なる．膜貫通ヘリックスが後者ではより開いており，肝心の薬剤の結合数と結合部位が異なっていた．

固体 NMR では脂質二重膜中に再構成された試料を測定することができ，得られる情報が異なる2種類の解析法がある．1つは配向膜を用いるものであり，もう1つは非配向試料を用いるものである．前者は ^{15}N–^{1}H の双極子相互作用に基づいて主にペプチド主鎖の配向について精密な情報を提供し，後者は溶液 NMR と同じく原子間距離に基づいて骨格および側鎖の構造情報を与える．M2 プロトンチャンネルに関する研究では，前者では M2(22～62) という長いペプチドが使われ，後者では M2(22～46) という結晶解析に使われたのと同じペプチドが用いられ，pH はともに中性であった．M2(22～46) について pH 5.3, pH 6.5 の結晶構造および pH 7.5 の固体 NMR 構造を比較すると（**図 5.2.4**(b)）膜貫通ヘリックスの配向角が酸性側でより開くことが明らかになった．また，非配向試料を用いた固体 NMR による薬剤濃度変化の解析から，薬剤の結合位置は2カ所あり，チャンネル中心が最も強力な特異的結合部位で，チャンネルの外側に4カ所の非特異的結合部位があることが明らかになった．特異的結合部位は結晶構造で，非特異的結合部位は溶液 NMR 構造

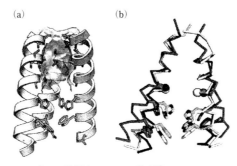

図 5.2.4 M2 プロトンチャンネルの膜貫通ヘリックス構造[31]
M2 は 4 本のヘリックスからなるチャンネルであるが，内部構造を見やすくするために一番手前のヘリックスが除かれている．上が N 末端側で，下半分に His37 と Trp41 の芳香環クラスターが示されている．(a) 最も高分解能の結晶構造(pH 6.5, PDB 3LBW)で，上に示されているのは水細孔．(b) ヘリックス傾斜の pH 依存性．外側の黒線は pH5.3 (結晶，PDB 3C9J)，内側の黒線は pH 6.5 (結晶)で白線は pH 7.5 (固体 NMR，PDB 2L0J)．真ん中の小球は Gly34 の C_α．

で見出された薬剤結合部位に対応する．両構造での薬剤結合部位の違いには使用された界面活性剤と pH の違いが影響しているものと思われる．結晶構造を踏まえた固体 MAS-NMR 解析によりプロトンチャンネルの動作機構が原子レベルで明らかになった．すなわち，ウイルスの外側が酸性化すると水細孔を通してプロトンが流入して，His37 クラスターのイミダゾール基を酸性化する．約半分がプロトン化されたところで，イミダゾール基の構造が変化し，プロトン導入デバイスとして働き始める．その先にある Trp41 クラスターはプロトンの流入を抑えるゲートとして働いており，酸性化により構造変化してゲートを開く．これにともない，図 5.2.4 (b)のように膜貫通ヘリックスの配向角がより開く．こうしてプロトンはウイルス内部に到達し，細胞への感染の準備が完成する．

B. 固体 NMR による細胞生物学的研究

固体 NMR には分子量の壁がないため，細胞そのものを測定対象とすることができる．しかし，溶液 NMR に比較すると分解能，感度が低い．そこで動的核分極 (dynamic nuclear polarization, DNP) 法が注目されている．これは電子スピンの分極を核に移すことにより感度の画期的向上を目指す方法である．DNP 法を用いた細菌細胞内タンパク質の解析[19]や，植物細胞壁の解析[20]などが報告されており，今後も発展していくものと思われる．固体 NMR のもう 1 つの特徴は選択標識を用いることにより，膜タンパク質と同時に膜脂質の解析も可能なことで，生理的条件下

での脂質との相互作用を踏まえた機能解析が可能となる[21]．

5.2.3 ■ おわりに

　今や生命科学の中心は分子から分子ネットワーク，細胞，個体へと移りつつある．NMRは分子を中心とした解析法として発展してきたが，in-cell NMRや固体NMRは分子を基礎として分子複合体，分子ネットワーク，細胞の問題に取り組むことを可能にしている．前者は「その場解析」により細胞生物学と直結した問題にダイナミックな構造・機能情報を提供し，後者はX線結晶構造解析，電子顕微鏡などの他の方法との組み合わせにより巨大複合体の構造と機能メカニズムの解明を可能にしている．一方，NMRイメージングは人間個体をも対象にすることができる．これらの方法が結びついていくことができれば生命科学におけるNMRの活躍の場はさらに広がるであろう．

文　献

1) R. J. Ellis, *Trends. Biochem. Sci.*, **26**, 597（2001）
2) Z. Serber, L. Corsini, F. Durst, and V. Dötsch, *Method. Enzymol.*, **394**, 17（2005）
3) Z. Serber, A. T. Keatinge-Clay, R. Ledwidge, A. E. Kelly, S. M. Miller, and V. Dötsch, *J. Am. Chem. Soc.*, **123**, 2446（2001）
4) J. M. Wieruszeski, A. Bohin, J. P. Bohin, and G. Lippens, *J. Magn. Reson.*, **151**, 118（2001）
5) P. Selenko, Z. Serber, B. Gade, J. Ruderman, and G. Wagner, *Proc. Natl. Acad. Sci. USA*, **103**, 11904（2006）
6) T. Sakai, H. Tochio, T. Tenno, Y. Ito, T. Kokubo, H. Hiroaki, and M. Shirakawa, *J. Biomol. NMR*, **36**, 179（2006）
7) J. F. Bodart, J. M. Wieruszeski, L. Amniai, A. Leroy, I. Landrieu, A. Rousseau-Lescuyer, J. P. Vilain, and G. Lippens, *J. Magn. Reson.*, **192**, 252（2008）
8) K. Inomata, A. Ohno, H. Tochio, S. Isogai, T. Tenno, I. Nakase, T. Takeuchi, S. Futaki, Y. Ito, H. Hiroaki, and M. Shirakawa, *Nature*, **458**, 106（2009）
9) S. Ogino, S. Kubo, R. Umemoto, S. Huang, N. Nishida, and I. Shimada, *J. Am. Chem. Soc.*, **131**, 10834（2009）
10) K. Bertrand, S. Reverdatto, D. S. Burz, R. Zitomer, and A. Shekhtman, *J. Am. Chem. Soc.*, **134**, 12798（2012）

11) J. Hamatsu, D. O'Donovan, T. Tanaka, T. Shirai, Y. Hourai, T. Mikawa, T. Ikeya, M. Mishima, W. Boucher, B. O. Smith, E. D. Laue, M. Shirakawa, and Y. Ito, *J. Am. Chem. Soc.*, **135**, 1688 (2013)

12) L. Banci, L. Barbieri, I. Bertini, E. Luchinat, E. Secci, Y. Zhao, and A. R. Aricescu, *Nat. Chem. Biol.*, **9**, 297 (2013)

13) Z. Serber and V. Dotsch, *Biochemistry*, **40**, 14317 (2001)

14) P. N. Reardon, and L. D. Spicer, *J. Am. Chem. Soc.*, **127**, 10848 (2005)

15) D. Sakakibara, A. Sasaki, T. Ikeya, J. Hamatsu, T. Hanashima, M. Mishima, M. Yoshimasu, N. Hayashi, T. Mikawa, M. Wälchli, B. O. Smith, M. Shirakawa, P. Guntert, and Y. Ito, *Nature*, **458**, 102 (2009)

16) N. G. Sharaf, C. O. Barnes, L. M. Charlton, G. B. Young, and G. J. Pielak, *J. Magn. Reson.*, **202**, 140 (2010)

17) S. Kubo, N. Nishida, Y. Udagawa, O. Takarada, S. Ogino, and I. Shimada, *Angew. Chem. Int. Ed.*, **52**, 1208 (2013)

18) M. Hong and W. F. DeGrado, *Protein Science*, **21**, 1620 (2012)

19) M. Renault, R. Tommassen-van Boxtel, M. P. Bos, J. A. Post, J. Tommassen, and M. Baldus, *Proc. Natl. Acad. Sci. USA*, **109**, 4863 (2012)

20) T. Wang, Y. B. Park, M. A. Caporini, M. Rosay, L. Zhong, D. J. Cosgrove, and M. Hong, *Proc. Natl. Acad. Sci. USA*, **110**, 16444 (2013)

21) M. Kobayashi, A. V. Struts T. Fujiwara, M. F. Brown, and H. Akutsu, *Biophys. J.*, **94**, 4339 (2008)

第6章　物質科学への展開

6.1 ■ 物質科学における固体NMRの役割

　NMRシグナルの化学シフトが発見され，NMRが有機化合物の構造決定においてきわめて重要な情報を提供してくれる測定手法であることがわかって以来，NMRは有機化学や生命科学分野で幅広く用いられてきた．しかしながら，NMRの測定対象は ^1H, ^{13}C, ^{15}N, ^{17}O, ^{31}P などの有機化合物を構成する元素だけではない．核スピン量子数が $I=1/2$ 以上である核種ならば理論上どんなものでも信号が得られるため，ありとあらゆる無機材料に対してNMR測定が利用できる可能性がある．実際，100に近い数の核種についてのスペクトル観測例があり，成書にまとめられている[1]．これらの核種の中には非常に測定しやすいものもあれば，弱い信号強度や少ない天然存在比，強い四極子相互作用などの問題からほとんど実用上の測定が難しいものまでさまざまある．

　多くの有機分子や生体関連物質は水や有機溶媒に可溶であるため，溶媒に溶かした状態で溶液NMRを測定することで観測したい分子の高分解能スペクトルが得られる．これに対し，金属化合物や炭素化合物などのほとんどの無機材料は基本的に溶媒に不溶であり，溶液NMRでの観測が不可能である．よって，必然的に固体NMRを用いた観測を行うことになる．固体NMRは文字どおりサンプルを固体のまま測定する方法であるため，溶媒に溶解しないサンプルの測定に用いられるが，固体材料の局所構造の解析など，溶媒に溶かしてしまった場合には壊れて観測できなくなってしまうような構造を明らかにするためにも用いることができる．また，複数の無機物からなる材料や，無機材料の中に有機物が含まれているような物質では，混合物のなかから目的の部分についての情報のみを取り出す必要がある．このような系では「ある特定の核種の情報のみを区別して得ることができる」というNMRの特性が非常に役に立つ．特に，産業へ応用される材料は非常に多くの元素から構成されており，このような材料を非破壊で測定できる固体NMRへの期待は大きい．

表 6.1.1　各種測定法の特徴

測定法	長　所	短　所
X線回折(中性子回折)法	結晶構造の精密解析	非晶質は不可
透過型電子顕微鏡(TEM)	直接観察, 高分解能	薄膜試料, 一部分のみの画像しか得られない
走査型電子顕微鏡(SEM)	直接観察, 表面観察	一部分のみの画像しか得られない
X線光電子分光(XPS)	結合, 電子状態(価数)に関する情報が得られる	固体のみ, Hは測定不可, 有機物は困難
X線吸収微細構造(XAFS)	電子構造, 価数, 配位数情報局所構造解析, 非晶質も可	Hは測定不可, 有機物は困難
固体NMR	局所構造観測, 多くの測定核種, 緩和時間などの測定からもデータを得られる	解析が複雑, NMRだけでは考察が難しいことが多い 他の測定より多量のサンプルが必要

　固体NMR測定を行う場合には，まずはじめに他の測定手法と比較したときの長所と短所をよく理解しておく必要がある(**表 6.1.1**)．研究対象が結晶である場合，X線回折法などによる結晶構造解析のほうがNMRよりもはるかに正確に構造を明らかにできる．また電子顕微鏡を用いれば表面の詳細な構造を観測することができる．しかしながら，X線回折法はサンプルが結晶でなければ解析ができず，また反射型の粉末X線回折法ではサンプルの表面から数層程度の厚みの原子層からの回折のみしか観測できない．走査型電子顕微鏡(SEM)は対象物の表面構造のみの観察を行うものであり，透過型電子顕微鏡(TEM)は電子が透過できる薄膜状の物質でなければ観測できない．顕微鏡像はごく一部の特殊な表面構造を全体に分布したものと誤認する恐れもある．NMRは測定核の周囲の局所構造を観測することができるため，対象物質が結晶であっても非晶質の物質であっても有効な情報を得ることができる．また，サンプル全体からの磁化を観測するため，得られる信号には常に対象物質全体からの情報が含まれる．しかしながら，化学シフトのわずかな違いがどのような内部の状態の違いに起因するかはNMRのみではわからないことも多く，その場合には他の測定手段で得られた情報とあわせて考察する必要がある．それぞれの測定手段の利点を生かし，相補的に用いることが求められる．

　一般的に溶液NMRと固体NMRの最も大きな違いは，異方的な相互作用が平均化されるかどうかである．すなわち，溶液NMRでは分子の回転拡散運動により種々の相互作用(化学シフトの異方性部分，双極子，四極子など)が平均化されているのに対して，固体NMRではこれらの相互作用が残り，幅広い吸収線幅をもつスペクトルが得られる．化学シフト値を観測したい場合には高分解能測定が有効であ

るが，NMRから得られる情報は化学シフトのみではない．スペクトル線形や線幅の解析から分子の運動状態や核間距離などの情報を得ることができる．このような情報は特に非晶質固体の解析においては有効であることが多い．

　NMRの無機物質への応用例は多岐にわたる．機能性材料としてのアプリケーションにつながる材料のみを取り上げても，イオン伝導体，半導体や超伝導物質，ナノ金属粒子，ガラス－シリコン系，触媒材料などにおいて多くの研究例があるが，そのすべてを紹介するのは不可能である．本章では固体NMRが局所構造解明に大きく貢献している各種細孔材料の研究や，アプリケーションにおいて重要な一端を担う炭素材料をはじめとする各種蓄電デバイス（電池・キャパシターなど）に対する研究例を紹介する．

6.2 ■ 細孔物質

　物質の中に微小空間が存在する物質は細孔物質と呼ばれる．表6.2.1に示すように微小空間のサイズは小さなものから大きなものまでさまざまであるが，特に直径2 nm以下の細孔であるマイクロ孔，もしくは直径2～50 nmの細孔であるメソ孔をもつ物質は，分子やイオンをその細孔内に取り込んで安定化させることができる．このような現象を吸着という．細孔物質は水分子や有機分子・イオンを吸着す

表6.2.1　さまざまな細孔物質

物　質	構造・特徴	細孔サイズ，細孔形状
ゼオライト	アルミノケイ酸塩・ケイ酸塩結晶	0.4～1 nmサイズの規則細孔
ゼオライト類似物質	アルミノリン酸塩など	ゼオライトと同様
メソ多孔体	ケイ酸塩（非晶質骨格）	20～50 nmのメソ孔
MOF	金属と架橋有機分子からなる	マイクロ孔，吸着物によって細孔サイズが変化
シリカゲル	ケイ酸塩・代表的乾燥剤	細孔サイズは広く分布，作製条件でサイズ制御可能
ポーラスアルミナ	Alの陽極酸化で作製	5～数百nmサイズの均一細孔
活性炭	非晶質炭素を賦活（穴あけ操作）して作製	ミクロ孔からマクロ孔まで広く分布　賦活度でサイズ制御可能
メソポーラスカーボン	非晶質炭素骨格　ゼオライト鋳型法・MgO鋳型法などで作製	鋳型に応じたサイズの細孔
ナノカーボン	グラフェン，ナノチューブ，ナノホーン	ナノカーボン自体ではなくナノカーボンの隙間に空隙が生じる

るための吸着材(乾燥剤，脱臭剤，水質浄化剤など)として用いられているだけでなく，特定の分子のみを選択的に吸着する分子ふるい(molecular sieve)，イオン交換現象を利用したカラム材料や洗剤のビルダー，さらには石油化学で重要な触媒材料としても利用されており，その産業的価値は非常に高い．

固体NMRは古くからこのような細孔物質の解析に用いられてきた．細孔物質では金属酸化物や炭素，錯体などが骨格となり隙間空間を構成しているが，吸着質が細孔内に取り込まれたときには，その物質は骨格部分と吸着質が混在する複雑な系となる．固体NMRでは，骨格を構成する核種，もしくは吸着質に含まれている核種について測定を行うことで，それぞれ骨格部分の情報もしくは吸着質に関する情報を選択的に得ることができるため，強力なツールとなる．

6.2.1 ■ ゼオライトおよびその関連物質

細孔物質として歴史が古く，長らく固体多核NMRの測定対象として研究されてきた物質はゼオライトである．ゼオライトは1700年代に天然鉱物として発見された．ケイ酸塩あるいはアルミノケイ酸塩(aluminosilicate)からなる多孔質結晶である．基本骨格である(SiO_4)四面体が，4つの頂点の酸素原子を介して隣の四面体と結合した3次元立体構造を形成している(図 **6.2.1**)．骨格中の一部の(SiO_4)四面体が(AlO_4)四面体に置換されているため，この部分には負電荷が生じるが，この電荷を補償する形でプロトンが骨格に結合している．このプロトンはゼオライトの細孔内に存在するため，他の陽イオンとのイオン交換ができるほか，ブレンステッド酸として触媒の役割を果たす「酸点」として機能する．現在までに150以上の構造の異なるゼオライトが発見，または新規に合成され，さまざまな形状の細孔構造をもつことが知られている．代表的なゼオライトの構造を図 **6.2.2** に示す．A型は立方晶系の合成ゼオライトであり，8つの酸素原子からなる8員環の内部細孔と6員環の入り口をもつ．入り口付近に交換陽イオンを置くことで細孔口径を制御でき，K^+を置くと約0.3 nm，Na^+を置くと約0.4 nm，Ca^{2+}を(入り口ではなく内部細孔に)

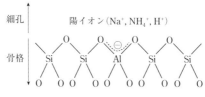

図 **6.2.1** ゼオライトの骨格構造

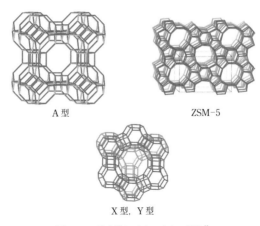

A 型　　　　　　　ZSM-5

X 型, Y 型

図 6.2.2　代表的なゼオライトの構造[2]

置くと 0.5 nm の細孔となり，それぞれモレキュラーシーブ 3A, 4A, 5A として用いられている．ZSM-5 は代表的な高シリカ型の合成ゼオライトであり，0.56 nm × 0.53 nm の直線状細孔と 0.55 nm × 0.51 nm のジグザグ型細孔をもつ．2 つの細孔が交差する広い空間が触媒反応の場として利用されており，FCC（流動接触分解）などの石油精製プロセスにおいて非常に重要な役割を担っている．X 型および Y 型は天然ではフォージャサイトとして産出されるものと同じ形の骨格を有する合成ゼオライトであり，内部に直径 1.3 nm の広い空洞（スーパーケージ）をもつため特に多くの水分子を吸着させることができる．

　ゼオライトの結晶骨格部分や酸点のほか，細孔内に吸着された分子も固体 NMR で観測できる．さらに，細孔自体の構造評価も Xe ガスを用いて行うことができる．以下にそれぞれの解析方法について説明する．

A.　ゼオライト骨格の ^{29}Si NMR

　ゼオライトの骨格はケイ酸塩もしくはアルミノケイ酸塩であるため，Si NMR もしくは Al NMR による観測の対象となる．^{29}Si の化学シフトは，Si に酸素を介して結合している Al の数やプロトンの数に影響される．骨格に含まれる Al の量が触媒部位となる酸点やその強度に影響するため，ゼオライトでは Si/Al 比が重要であるが，現状でこれを求めることができるほぼ唯一の方法が ^{29}Si NMR である．Si の化学シフト値は SiO_4 四面体と隣接する四面体に AlO_4 がいくつ存在するかによっておよそ決定され，n 個の AlO_4 四面体が隣接するときのピークを Si(nAl) と表す．図 6.2.3 に X 型もしくは Y 型ゼオライトの ^{29}Si NMR スペクトルを示す．Si/Al 比の

第 6 章 物質科学への展開

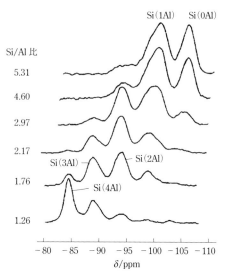

図 6.2.3　いくつかの異なる Si/Al 比をもつ X 型および Y 型ゼオライトの ^{29}Si NMR スペクトル
[M. T. Melchior *et al.*, *J. Phys. Chem.*, **99**, 6128 (1995)]

異なるサンプルのそれぞれのピーク面積比から Si(nAl) の分布を求め，正確な Si/Al 比が見積もられている．ゼオライトの骨格は一般的に AlO$_4$ 四面体同士が隣接して並ばないという Loewenstein 則に従うが，この規則を順守しながらどのように Al が骨格中に組み込まれるかについて考察がなされている[3]．また，Si のみからなるケイ酸塩ゼオライトでは，いくつの SiO$_4$ 四面体に隣接しているか，すなわち架橋酸素の数によって信号が分類される．SiO$_4$ 四面体の 4 つの酸素原子すべてが架橋して隣接する Si につながっている場合を Q4，3 つが架橋し残り 1 つが OH 基として存在している場合を Q3，2 つが架橋し 2 つが OH 基の場合を Q2，…というように分類されている．

　ケイ酸塩からなる多孔質物質にはゼオライトだけではなく，メソポーラスシリカや層状ケイ酸塩，多孔質ガラスなども存在する．これらの多孔質ケイ酸塩についても同様の Si NMR 測定と帰属を行うことが可能である．図 6.2.4 に，代表的なメソポーラスシリカである MCM–41 の形成過程における Si の構造変化の推移を NMR で観測した例を示した[4]．MCM–41 は SiO$_4$ 四面体がランダムに積層して構成された非晶質骨格をもち，ヘキサゴナル状のメソ孔をもつ（図 6.2.5）．この構造は前駆体である界面活性剤とシリカ源の混合溶液においてゾル–ゲル反応が進むことで形

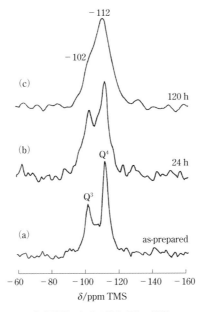

図 6.2.4 MCM-41 合成過程における構造変化の観測
(a)はラメラ構造．(c)はヘキサゴナル構造．
[Z. H. Luan et al., *J. Chem. Soc. Faraday Trans.*, **94**, 979 (1998)]

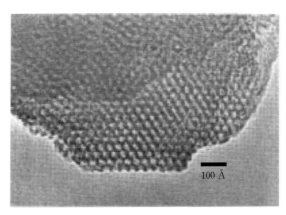

図 6.2.5 MCM-41 のヘキサゴナル構造
[M. T. Melchior et al., *J. Phys. Chem.*, **99**, 6128 (1995)]

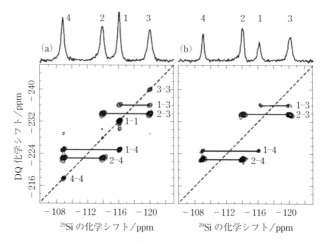

図 6.2.6 Sigma-2 型ゼオライトの(a) ^{29}Si 二量子相関スペクトル(SR26 パルス系列使用)と(b)Si–Si J 結合 INADEQUATE 法による 2 次元スペクトル
[D. H. Brouwer *et al*., *J. Am. Chem. Soc*., **127**, 542(2005)]

成される.ゾル–ゲル反応でまず形成されたラメラ型の積層構造が,さらなる熱処理によりヘキサゴナル状に構造変化を起こす.図 6.2.4 に示すスペクトルからはラメラ型構造のスペクトル(a)に現れている Q3(SiO_3–OH)の信号強度がヘキサゴナル構造のスペクトル(c)で減少し,代わりに Q4(SiO_4)が成長していることが確認できる.

Si–Si 間の相関に着目した 2 次元 Si NMR 測定もゼオライトの局所構造の解明に用いられている.COSY 法や INADEQUATE 法などでは同種核間の J 結合による交差ピークを観測できる[5].図 6.2.6 に Sigma-2 型とよばれるゼオライトについての ^{29}Si 二量子相関スペクトル(SR26 パルス系列を使用)と INADEQUATE 法による 2 次元スペクトルを示す.横線でつながれた相関のあるピーク同士の強度分布から,Si–Si 間の距離の分布に関する情報が得られる.図 6.2.7 には帰属されたゼオライト表面の 4 種類の Si サイト Si1~Si4 における Si1–Si1 間,Si1–Si4 間,そして Si3–Si4 間の距離の分布を示す.このような測定法を粉末 X 線回折(PXRD)パターンの Rietveld 解析などと組み合わせることにより,ゼオライトのより精密な構造解析が可能となっている.NMR を積極的に用いた結晶構造解析研究を総称して NMR 結晶学(NMR crystallography)とよぶこともある.

B. ゼオライト骨格の ^{27}Al NMR と ^{1}H NMR

^{27}Al 核の NMR では,Al に配位した酸素原子数により化学シフトが変化する.ま

6.2 細孔物質

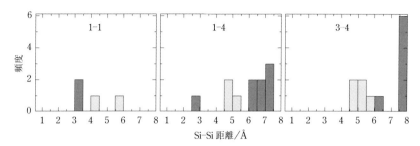

図 6.2.7 見積もられた Si–Si 間距離の分布
[D. H. Brouwer *et al.*, *J. Am. Chem. Soc.*, **127**, 542 (2005)]

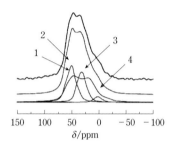

図 6.2.8 NaY ゼオライトの ^{27}Al MAS–NMR スペクトル
上：実測，下：シミュレーション．
[J. Jiao *et al.*, *Phys. Chem. Chem. Phys.*, **7**, 3221 (2005)]

た．ゼオライト中では骨格のアルミニウム原子に隣接してブレンステッド酸点もしくはルイス酸点が存在する．そのため，Al の NMR では，主に酸点まわりの水和構造や Al と隣接する Si に関する情報を得ることができる．

^{27}Al 核はスピン 5/2 を有する四極子核であるため，その吸収線は広がる．一般的なマジック角試料回転(MAS)法を用いて 1 次の相互作用を平均化することによりある程度線幅が狭くなったスペクトルを観測できるが，2 次の相互作用は残るため，これも平均化して Al の等方的なピークを得るためにしばしば多量子マジック角試料回転(MQMAS)法を用いた測定が行われている[6]．図 6.2.8 と図 6.2.9 に Na 置換 Y 型ゼオライト(非水和)の通常の MAS スペクトル(30 kHz 回転)と MQMAS スペクトルを示す．MQMAS スペクトルでは横軸(F2 軸)に投影した成分が通常の MAS スペクトルと対応し，縦軸(F1 軸)に投影した成分が等方的ピークのスペクトルとなる．図 6.2.8 の実測スペクトル(最上段)のように MAS では 2 つのピークしか見えないが，図 6.2.9 の MQMAS スペクトルでは 4 つの異なる Al が存在してい

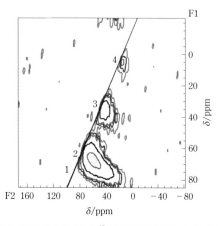

図 6.2.9 NaY ゼオライトの ^{27}Al MQMAS-NMR スペクトル
[J. Jiao et al., *Phys. Chem. Chem. Phys.*, **7**, 3221 (2005)]

表 6.2.2 ゼオライト中の Al への酸素の配位数と等方的化学シフト値 δ_{iso}, 四極子パラメータ $Cq^{8)}$

水和			非水和		
サイト	δ_{iso}/ppm	Cq/MHz	サイト	δ_{iso}/ppm	Cq/MHz
AlO_4	60-63	2-3	AlO_4H^+	70	16-18
AlO_4(distorted)	60-63	6.5-7	AlO_4Na^+	60	5.5-8
AlO_5	30-35	3-4	AlO_4Al^{3+}	70	15
AlO_6	0-2, 4.5	2, 3.7	Al^{3+}	35	7.5

とが観測できる．これをもとに 4 成分でシミュレートし成分分離したスペクトルが図 6.2.8 の下側に示されている．

^{27}Al 核の NMR はゼオライト骨格中の Al まわりの環境を調べるためにも用いられている．表 6.2.2 のように Al への酸素の配位数や隣接する酸点に存在する陽イオンの違いによってピーク位置がシフトするため，^{27}Al NMR は酸点付近での水や陽イオンの吸着状態を調べるのに適している．この方法はゼオライト類似物質に対しても幅広く用いられている．$AlPO_4$ の組成をもつリン酸塩ゼオライト類似物質（ALPO，アルポ）はブレンステッド酸点をもたないゼオライト類似細孔物質として知られている．その骨格構造はゼオライトと比べて柔軟であるため，水が吸着すると骨格の Al 部分が広がって水分子を受け入れることができる．水分子が骨格 Al 原子に配位することで，水和／脱水和で可逆的な 5 配位，6 配位状態が出現すること

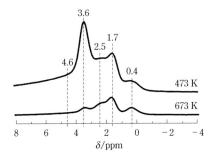

図 6.2.10 X型ゼオライト(Si/Al=1.3, 酸点のNaの61%とHに置換したもの)を473 K, 673 Kで脱水処理した後の ^{1}H MAS-NMRスペクトル
[J. Huang et al., *J. Phys. Chem. C*, **112**, 3811(2008)]

が報告されている[7].

ゼオライト中の酸点を調べるためには, ^{1}H MAS-NMRが便利な測定法であるため, ^{1}H固体NMRが ^{27}Al NMRと組み合わせて用いられることが多い. ゼオライト骨格上のブレンステッド酸点が脱水処理によりルイス酸点となる様子の観察や, 酸点の強度の考察に利用した報告がある[9]. **図 6.2.10** は473 Kもしくは673 Kで脱水処理したX型ゼオライトの ^{1}H MAS-NMRスペクトルである. 0.4, 2.5 ppmはAlOH, 1.7 ppmはSiOH, 3.6と4.6 ppmはそれぞれX型ゼオライトのスーパーケージおよびソーダライトケージ内のSiOH-Alサイトに帰属されている. 各ピークの強度を比較することにより, 脱水による酸点の構造変化(ブレンステッド酸点→ルイス酸点)やOHの脱離を観測できる. 特に, 触媒反応の場となるスーパーケージ内のSiOH-Al濃度を定量的に見積もることができる点が重要である.

C. 空間のNMR(Xe NMR)

細孔物質に存在する細孔の大きさや分布の解析には, 古くから窒素ガスなどの吸着等温線測定が広く用いられてきた. 現在でも物質の比表面積や細孔構造を調べる際には第一に吸着等温線測定とその解析が行われる. 細孔構造を調べる方法としては吸着等温線測定以外にX線小角散乱測定や中性子を用いた散乱測定があるほか, メソ孔〜マクロ孔領域の解析には水銀圧入法なども有効である. また近年は電子顕微鏡技術の発展も目覚ましく, 物質表面の細孔を直接観測することもかなり容易になっている.

NMRを用いた細孔解析法として, 1982年にFraissardら[10]とRipmeesterら[11]のグループがそれぞれXe NMRを用いた研究を報告して以来, キセノンを用いた細

第6章 物質科学への展開

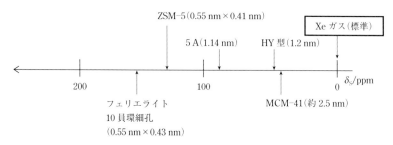

図6.2.11 各種ゼオライトの ^{129}Xe NMR 化学シフト(δ_S：圧力0への外挿値)と細孔径の関係

孔物質のキャラクタリゼーションが1つの方法として認識されており，特に細孔内部表面と吸着分子の相互作用や局所構造の解析などに大きく貢献している．NMR 活性なキセノン核種には ^{129}Xe と ^{131}Xe があるが，^{129}Xe 核のスピン量子数は1/2で四極子相互作用がないうえ，共鳴周波数も高いことから測定がしやすいため，主に用いられている．キセノンは希ガスでありながらも電子雲がひずみやすい（=分極しやすい）ため，^{129}Xe の化学シフトは次のような式に基づいて大きく変化する．

$$\delta = \delta_0 + \delta_S + \delta_{Xe-Xe} \cdot \rho_{Xe} + \delta_{SAS} + \delta_E + \delta_M \tag{6.2.1}$$

ここで，δ_0 はリファレンス（通常は Xe ガス），δ_S はキセノンと細孔壁面の衝突で誘起される項，$\delta_{Xe-Xe} \cdot \rho_{Xe}$ はキセノン同士の衝突による項（密度 ρ_{Xe} に依存する），δ_{SAS} は強吸着サイトによる項，δ_E や δ_M はそれぞれサンプル内の電場または常磁性サイトによる項である．δ_S は細孔径に応じて変化することから，この性質を利用して，細孔物質中に吸着させたキセノンを ^{129}Xe NMR で測定することにより，細孔解析を行うことができる．

^{129}Xe NMR による細孔解析はクラスレートハイドレート化合物に始まり，その後ゼオライト，メソポーラス物質，ガラス，ポリマー，液晶，フラーレン，カーボンナノチューブ，多孔質炭素（例えば活性炭）など多くの化合物について行われている．ゼオライト系化合物については特に研究例が多く，細孔径と化学シフトの関係が比較的よい相関を示すことが報告されている．Fraissard らによれば，ゼオライトにおける細孔サイズと化学シフトの関係は，$\delta_S = 243/(1+4.869L)$（$L$ はキセノンの細孔内における平均自由行程）で表すことができる．**図6.2.11** に各種ゼオライト系細孔物質の，室温におけるおよその化学シフト値（≈ 圧力0への外挿値）を示した．

6.2 細孔物質

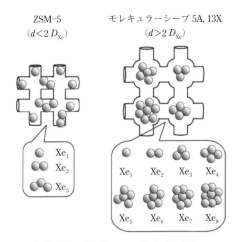

図 6.2.12　各種ゼオライト中での Xe 吸蔵の模式図
[H. Omi *et al.*, *Phys. Chem. Chem. Phys.*, **8**, 3857(2006)]

　Xe NMR 測定の温度や Xe ガスの導入量(圧力)を変化させた場合，気体分子の運動速度や Xe の衝突頻度が変わることから，δ_S や $\delta_{Xe-Xe}\cdot\rho_{Xe}$ 項が変化する．そのため，温度や圧力を変化させてスペクトルの形状やシフトの変化を観測することで，キセノン吸着の局所構造や壁面への吸着ポテンシャルなどが見積もられている．特に高圧で Xe が吸蔵されたときは，Xe は超臨界状態で細孔中に吸蔵されており，ゼオライト細孔内ではクラスターを形成していると考えられている(**図 6.2.12**)[12]．

　また，ゼオライトには細孔内に陽イオンや担持金属をもつものもあるが，この効果も Xe NMR で調べることができる．Cu 担持 ZSM-5 ゼオライトの細孔中ではキセノンが Cu^+ イオンと相互作用した特異な吸着状態にあることがNMRやその他の方法から示唆されており[13]，単に陽イオンの違いによる細孔サイズや電荷分布の状態の違いを検出するだけでなく，局所的な構造特異性を見出すツールとしても利用できることが示されている．

　近年は新たな手法として，超偏極キセノンを用いた ^{129}Xe NMR 測定が利用されるようになってきている．この方法では，まず ^{85}Rb を光ポンピング法で偏極させ，次いでこの偏極を ^{129}Xe に移すことで，Xe NMR の信号強度を通常の熱平衡状態の 10,000 倍以上にすることができる．特に MRI 画像診断への応用が進んでいる方法である．最近では超偏極キセノンを生成する装置も市販されるようになり，以前よりたやすく利用できるようになった．

D. 吸着質のNMR

ゼオライトのような細孔物質に吸着された分子は，ある特定の配向をもって吸蔵されていることが多い．また，細孔の壁面により囲まれているため，通常の液体や固体状態とは異なる分子運動をする．^{1}H, ^{2}H, ^{13}C スペクトル測定や緩和時間測定によりこのような吸着水や吸着有機分子の状態・構造を明らかにできる．図 6.2.13 はゼオライト(ZSM-5)に吸着した *tert*-ブチルアルコール-d_9 の ^{2}H static NMR(広幅NMR)スペクトルである[14]．固体状態の *tert*-ブチルアルコール-d_9(108 K)と比べて低温から C_3 軸まわりのメチル基の回転が活性化されているが，一方で243 K以上の温度でも分子全体の等方的な回転運動は励起されておらず，ゼオライト壁面の効果により *tert*-ブチルアルコール-d_9 の分子運動が阻害されていることがわかる．メソポーラス物質(MCM-41)のメソ孔に吸着した水分子はしばしば過冷却状態となるが，このような状態の水分子の解析も行われている[15]．

ゼオライト合成の際には多くの場合，有機分子を必要とする．有機分子はゼオライト合成時に核となり，その周囲に SiO_4, AlO_4 骨格が形成されていくことで細孔構造が作製される．この有機分子が合成後のゼオライトにどのように取り込まれているか，どのような分子運動状態にあるかについても調べられており，ゼオライト合

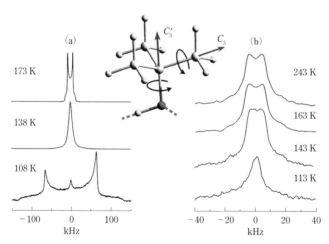

図 6.2.13　(a) *tert*-ブチルアルコール-d_9 そのもの，(b) ゼオライト(ZSM-5)に吸着した *tert*-ブチルアルコール-d_9 の ^{2}H static NMR スペクトル
(a)の鋭い2本のピークの間隔は四極子分裂によるものであり，メチル基や分子全体の運動によって平均化されてピーク間隔が小さくなっていく．
[A. M. Nishchenko *et al.*, *J. Phys. Chem. C*, **116**, 8956(2012)]

成のメカニズムを考察するのに有効な知見を与えている．従来はこのような分子は一律に「鋳型」とよばれていたが，NMRでの研究などから多くが低温でも活発な分子運動をしていることが明らかになり[16]，近年では「構造指向剤(SDA)」という名称が一般化している．

6.2.2 ■ ゼオライト以外の細孔物質

A. MOFのNMR

ゼオライトやその類似物質以外にも多くの細孔物質が存在するが，特に近年大きな注目を浴びているのが金属有機構造体(metal organic framework, MOF)である．MOFは多座配位子と金属イオンからなる連続構造をもつ錯体であり，金属イオンとそれらを連結する架橋有機配位子が組み合わさることで，内部細孔をもつ結晶性の高分子構造を構築している．Co^{2+}, Ni^{2+}, Cu^{2+}, Zn^{2+}, Al^{3+}などをはじめとするさまざまな金属に，比較的硬くて折れ曲がりにくい芳香環をもつ有機配位子が結合している．よって，金属核のNMRを測定することで骨格の金属まわりの構造についての情報を，^1H, ^{13}C, ^{15}NなどのNMRを測定することで配位子に関する情報を，それぞれ得ることができる．特に^{27}Al, ^{71}Ga, ^{45}Scなどの核は四極子核であるため，金属の置かれた環境の異方性の度合いによりスペクトルの線幅が変化する．一例として，Al骨格の水和による構造変化に関する研究がある[17]．MIL-100とよばれるAl三量体を含む骨格を有するMOFの一種について，図6.2.14のような^{27}Alの1次元スペクトルやMQMASスペクトルなどからAlの構造変化が観測されているほか，^1H-^{27}Al二重共鳴(transfer population in double resonance, TRAPDOR)や^{27}Al-^1H異

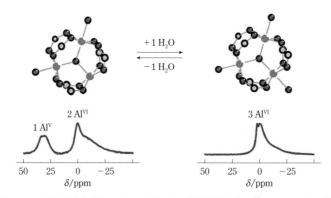

図6.2.14 Al三量体を含むMOFの水和による局所構造変化の^{27}Al NMRによる観測
[M. Haouas *et al.*, *J. Phys. Chem. C*, **115**, 17934(2011)]

種核相関(heteronuclear correlation, HETCOR)を測定することにより骨格の Al と吸着水の H との相互作用(スピン結合)が調べられている．測定結果から 350℃ 以上で物理吸着した水分子の脱水が起こるものの Al 三量体中の水は残っていることが明らかにされており，^{1}H-^{13}C CP/MAS ではその脱水にともなう骨格架橋有機分子の構造変化が観測されている．多種多様な固体 NMR を使いこなすことで，吸脱水にともなう局所構造変化を明らかにすることができる．

また，MOF の細孔構造を明らかにするため，ゼオライトと同様に Xe ガスを吸着させて Xe NMR を測定する方法も利用されている．ゼオライトと MOF の異なる特徴の 1 つに，吸着による細孔サイズの変化の有無がある．ゼオライトでは骨格構造が多少ひずむことはあっても基本的に細孔サイズは大きく変化しないのに対し，MOF ではかなりフレキシブルな構造をもつものが多く，そのような MOF では吸着質が存在しないと細孔が半ば潰れた状態となっている．この細孔が Xe の導入とともに徐々に広がってさらに Xe を受け入れるようになる．また，Xe はガスであるため通常は Xe 原子間で速い交換が起こっておりスペクトルでは対称的な 1 つのピークが観測されるが，結晶内の小さな空間に比較的低圧(3 気圧以下)で吸蔵されたときには非対称性が現れるなどの特徴がある．そのほかにも固体 NMR を利用した MOF に関する研究例は多い．総説 18 などの文献を参考にされたい．

B. 多孔質炭素の Xe NMR

活性炭や木炭など，多孔質炭素は古くから吸着材として水の浄化やガス精製などに用いられてきた．また近年ではゼオライトや酸化マグネシウム，界面活性剤などを鋳型に用いて作製されるメソポーラスカーボン材料も増えつつあり，多孔質炭素はますます多様化してきている．このような炭素材料の細孔についても ^{129}Xe NMR による研究が行われている．しかしながらゼオライトが比較的はっきりとした細孔サイズと化学シフトの関係を示すのに対し，多孔質炭素では幅広く適用できる定量的な関係式は得られていない[19]．これは，多孔質炭素の組成や構造の複雑さが理由であると考えられている．例えば活性炭では，活性炭を作製する原料の種類によって組成や構造がまったく異なるうえ，賦活(炭素内部に細孔を作製するプロセス)の方法や程度によって細孔分布や形状，内部常磁性サイト数などが大きく変わる．このような組成や構造の違いおよび細孔壁面とキセノンの相互作用の違いに，磁気的・電気的な効果が加わり，複雑な化学シフトとなってしまう．しかしながら，同じ前駆体から作製された活性炭など，組成が比較的均一なものではある程度定量的な解析がなされており[20]，また内部のキセノン同士の衝突による化学シフ

ト項($\delta_{\text{Xe-Xe}}$)は細孔サイズと定量的な関係を示すという報告もある[19]．炭素材料について Xe を活用した細孔解析を行う場合には，単独サンプルの測定ではなく，組成が類似した複数サンプルを比較して考察することが求められる．細孔解析以外の炭素の NMR については次節で解説する．

6.3 ■ 炭素および電池材料

　炭素は多孔質炭素や炭素繊維としての用途のほか，その導電性を生かして電池材料などにも幅広く用いられている．本節では主に炭素材料一般に対する NMR による研究のほか，炭素材料を含む各種電池材料に対する研究例を紹介する．

6.3.1 ■ 炭素材料

　炭素は同素体をもつ元素の代表例であり，その結合の仕方によってダイヤモンドや黒鉛，無定形炭素，ナノカーボン(フラーレン，カーボンナノチューブ，カーボンナノホーン，グラフェンなど)といったさまざまな構造となることが広く知られている．「炭素材料」として古くから用いられているのはこのうち黒鉛や無定形炭素などであるが，炭素材料には結晶性の高いものから低いものまでさまざまな状態のものが存在する．またその組成や配向の違いもさまざまであり，材料ごとに多種多様な構造をもつ．一般的に 2 次元の六角形炭素平面(グラフェン)が積層したものを黒鉛，ある程度配向をもち高温で黒鉛化しやすい非結晶性炭素を易黒鉛化性炭素(ソフトカーボン)，等方的で黒鉛化しない非結晶性炭素を難黒鉛化性炭素(ハードカーボン)とよぶ．このほかに，石炭(coal)やチャー(char)，ピッチ(pitch)など炭素以外の元素も多く含むような物質まで含めれば，いわゆる炭素材料とよばれる物質の範囲は非常に広くなる．

　炭素材料の主成分はもちろん炭素であるので NMR の測定対象としてまず ^{13}C 核が考えられる．その測定の歴史は古く，1970 年代の CW(continuous wave；連続波法)NMR 実験にまでさかのぼる．黒鉛などの配向性炭素は高い異方的磁化率をもつため，^{13}C NMR スペクトルは大きな異方性を示す(黒鉛の $\delta_{\perp}$ = 180 ppm，$\delta_{//}$ = 0 ± 5 ppm)．一方で等方的な構造をもつ石炭や無定形炭素などは，体積磁化率は大きくないものの大きな化学シフト異方性をもつために，やはり線幅は広くなる．また熱処理を施した炭素材料は表面以外にほとんど ^{1}H を含まないために，固体 NMR で標準的に使われる交差分極(^{1}H–^{13}C CP)が使えないことが多い．さらに緩

第 6 章　物質科学への展開

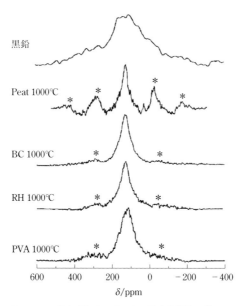

図 6.3.1　黒鉛および 1000℃ で熱処理したいくつかの炭素前駆体の ^{13}C MAS-NMR スペクトル
Peat：泥炭，BC：ヤシ殻，RH：籾殻，PVA：ポリビニルアルコール．＊印は MAS 回転数に依存して生じるスピニングサイドバンドを示している．
〔J. C. C. Freitas *et al.*, *Solid State Nucl. Magn. Reson.*, **20**, 61 (2001)〕

和時間も比較的長いことに加え，もともと ^{13}C 核の天然存在比が低いなど，炭素材料の ^{13}C NMR 測定を難しくする要因は多い．**図 6.3.1** に黒鉛といくつかの炭素前駆体を 1000℃ で熱処理した各種炭素の ^{13}C MAS-NMR スペクトルを示す[21]．前駆体のスペクトルのピークは熱処理温度の上昇とともに徐々にシフトし，1000℃ 以上で粉末黒鉛とほぼ同じ 125 ppm 程度となることが知られている．この値は芳香族炭素原子のピークのシフト値とよく一致し，sp^2 炭素からなる層が十分に成長していることを示している．

　前述のとおり高温で焼成した炭素では水素原子の含有量が少ないが，石炭やピッチなどの状態ではまだかなりの水素原子が含まれているため，^{1}H NMR 測定も利用できる．^{1}H NMR においても同種核間の強い双極子－双極子相互作用や化学シフトの異方性により static 測定では ^{13}C と同様に線幅が広くなるため，一般的に高速 MAS や CRAMPS といった手法が用いられ，信号の先鋭化が行われている．石炭サンプル中の脂肪族炭素に結合する水素と芳香族炭素に結合する水素を分離して検出したり，30 kHz 以上の高速 MAS を用いてバイオマスの炭素化過程における脂肪族

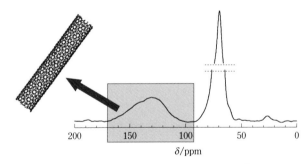

図 6.3.2 ^{13}C でエンリッチされた単層カーボンナノチューブの ^{13}C NMR スペクトル 100〜160 ppm にわたってナノチューブの NMR 信号が観測される(70 ppm のピークは測定のために混ぜられたポリマーによるもの).
[A. Kitaygorodskiy et al., J. Am. Chem. Soc., **127**, 7517(2005)]

炭素の芳香族炭素への変換を調べた研究などが報告されており,このような炭素材料前駆体や天然材料への分析に利用できることが示されている[22,23].

フラーレンやナノチューブに関する研究も行われている.こうしたいわゆる「ナノカーボン」とよばれる物質を測定対象とする場合,炭素以外の核種の NMR が役に立つことも多い.例えばアルカリ金属含有フラーレンの研究において,$Li_{12}C_{60}$ の ^{7}Li NMR では LiCl に近いピーク(3 ppm)を示すのみで,リチウムがクラスター化していないことが示されているが,これは次節で紹介するリチウムイオン電池負極ハードカーボンとは異なる結果となっている[24].また,Rb_xC_{60} (x = 1, 2, 4)についての ^{87}Rb NMR および緩和時間測定から,それぞれの組成における超伝導性,金属性に関する情報が得られている[25].その他にも超伝導や磁性と関係する NMR の研究は多く,特に物理学分野では盛んに研究が行われているが,ここでは紹介しない.

カーボンナノチューブは,炭素骨格の ^{13}C NMR 信号を 100〜160 ppm の間に幅広く示すが,特に表面に修飾された官能基や吸着分子などの信号がより鋭敏に検出できるため,表面構造の解析に ^{13}C NMR や ^{1}H NMR が役に立つ.**図 6.3.2** にカーボンナノチューブの ^{13}C NMR スペクトルを示す.

グラフェンについても,その物理的特性から各種デバイスへの応用が検討されているが,現状では単層グラフェンの大量供給は難しい.一方でグラフェンの表面を酸化させた「酸化グラフェン(GO)」は溶液中の化学反応によって容易にかつ大量に作製できるため,金属ナノ粒子触媒や燃料電池用触媒の担体,光触媒,バイオセンサーや DNA シーケンサーなど,さまざまな用途に用いられつつある[29].一般的

第 6 章　物質科学への展開

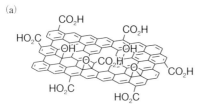

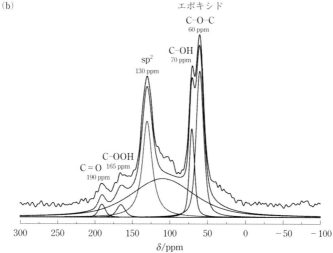

図 6.3.3 酸化グラフェンの(a)構造模式図[29]，および(b) ^{13}C NMR スペクトルと表面官能基シグナルの成分解析
［H. R. Thomas *et al.*, *Chem. Mater.*, **25**, 3580（2013）］

に酸化グラフェンは黒鉛を硫酸，硝酸ナトリウム，過マンガン酸カリウムの混合溶液で酸化し，水中に分散させたもので，表面に多くのヒドロキシ基，カルボキシル基，エポキシドなどの官能基をもつ（**図 6.3.3**(a)）．表面の酸化度や官能基の分布が金属担持や触媒性能などに大きく関わるため，^{13}C NMR で表面官能基の分布についての研究がなされている（図 6.3.3(b)）[26,27]．

6.3.2 ■ 電池電極材料としての炭素材料

A. リチウムイオン電池負極炭素

炭素材料は高い導電性を有し安定に各種イオンや分子を吸脱着することから，電池電極としてすぐれた性能を発揮する．一般的にリチウムイオン電池は正極にリチウム金属酸化物，負極に炭素を用いて構成される．充電時にはリチウムが正極から

表 6.3.1 黒鉛とハードカーボンの構造および電池材料としての特性比較

	黒　鉛	ハードカーボン
構造	結晶，層状	アモルファス，等方的構造 多くの閉孔(closed pore)をもつ
密度	2.26 g cm^{-3}	$1.4 \sim 1.7 \text{ g cm}^{-3}$
リチウムイオン電池負極としての性能	容量：LiC_6 372 mAh g^{-1}（理論容量） 体積あたりエネルギー密度：高い 初期不可逆容量：少ない ほぼ電位は一定	容量：500 mAh g^{-1} 以上 充放電に伴う膨張収縮：少ない 残容量に伴い電圧が低下
Li 吸蔵サイト	黒鉛層の間	炭素層間と内部細孔

負極内に移動・吸蔵され，逆に放電時には負極に吸蔵されたリチウムが放出されて正極に戻る反応が電池内で起きることで，エネルギーの蓄積・放出を行う．黒鉛はその層間にリチウムやカリウムなどのアルカリ金属陽イオンを化学反応もしくは電気化学反応で導入することができ，黒鉛層間化合物(GIC)を形成する．黒鉛は安定にリチウムを吸蔵すること，体積あたりの容量にすぐれること，不可逆容量とよばれるリチウムのロスが少ないことなどさまざまな面でリチウム吸蔵にすぐれていることから，現在大部分のリチウムイオン電池の負極材料として黒鉛が用いられている．

リチウムイオン電池は現在小型携帯機器を中心に広く用いられているが，その用途は電気自動車や航空機，家庭用蓄電機器などの大型機器にも広がってきており，今後需要がさらに伸びていくと予測されている．そのような中で黒鉛以外の炭素材料も負極材料として注目されている．初期にリチウムイオン電池負極として用いられていながら黒鉛に取って代わられたハードカーボンについても，リチウムの吸蔵・放出にともなう体積変化の少なさやそれに起因する高い耐久性などが再評価され，大型機器用電池の負極などとしての利用が検討されている．**表 6.3.1** に黒鉛とハードカーボンの構造や電池特性を比較した．

リチウムイオン電池の開発および高度化のためには，電極や電解液中のリチウムイオンの状態を把握することが必須である．NMR は目的とする核種，すなわちリチウムを直接観察できるため，電池内の各種材料解析に大きな役割を果たすことが

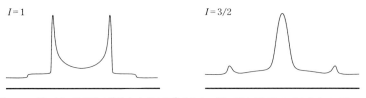

図 6.3.4 核スピン量子数 1(^{6}Li) および 3/2(^{7}Li) をもつ核の粉末 NMR スペクトルのパターン

できる．NMR 観測が可能な Li 核には ^{6}Li と ^{7}Li がある．それぞれ核スピン量子数が 1 および 3/2 であり核四極子をもつことから，核四極子相互作用により粉末 NMR スペクトルには特有のパターンが現れる（**図 6.3.4**）．天然存在比，相対感度，共鳴周波数の点から ^{7}Li 核のほうが信号強度が強く測定しやすいため，^{7}Li NMR による研究例が多いが，^{6}Li は核四極子結合定数が小さいためスペクトル線幅が ^{7}Li ほど広がらずに済む．超伝導磁石の高磁場化など近年の NMR 関連技術の発展により，^{6}Li 核の測定も以前より容易に行えるようになった．

^{7}Li NMR では，LiCl 水溶液の信号を 0 ppm とすると，金属性をもたないリチウム信号は化学シフトにして 0 付近の数 ppm の範囲に収まるが，金属リチウムの信号はナイトシフト（伝導電子によるシフト）により 250～260 ppm に現れることが知られている．炭素に吸蔵されたリチウムを議論する場合，一般的には高周波数側に信号が現れるほどリチウムの金属性が高いと解釈される．黒鉛やハードカーボンなど，リチウムイオン電池の負極として用いられる炭素に吸蔵されたリチウムの固体 NMR による解析は 1990 年代後半から 2000 年代にかけて精力的になされている．

図 6.3.5 にリチウム吸蔵黒鉛の ^{7}Li static NMR スペクトルを示す[30,31]．黒鉛は最大で LiC_6（電気容量 372 mAh g^{-1}）の組成までリチウムを取り込むことができ，**図 6.3.6** のような配置ですべての層間にリチウムが挿入された GIC となる．この構造は第 1 ステージとよばれる．LiC_{12} では Li が 1 層おきに挿入された第 2 ステージ構造となるが，LiC_6 と LiC_{12} は面内の Li 密度が高い状態であるため，約 41～45 ppm 付近に中心ピークをもつ四極子パターンを示す．これより Li の量が下がるとピーク位置は低周波数側（10 ppm 以下）にずれていくことが明らかにされている．

一方でハードカーボンの場合，リチウムを電気化学的に吸蔵させていくと，初めは LiCl に近い 0 から数 ppm 付近に信号が確認される．特に電気容量にすぐれ電池電極に適しているとされるのは 1000～1300°C 程度で焼成されたハードカーボンであるが，このような炭素への電気化学的なリチウム導入においては，一定電流で充電ができ徐々に電圧が変化していく領域(i)と，その後に定電圧で保持することに

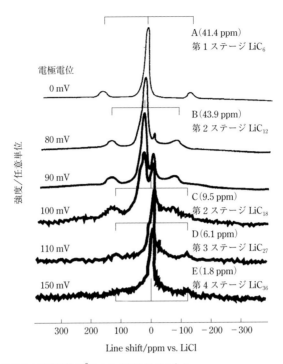

図 6.3.5 リチウム吸蔵黒鉛の ^{7}Li static NMR スペクトル
[辰巳国昭（炭素材料学会編），最新の炭素材料実験技術（分析・解析編），サイペック（2001）]

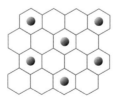

図 6.3.6 第 1 ステージ（LiC_6）GIC の Li 吸蔵位置

よりゆっくりとリチウムが吸蔵されていく領域（ii）が存在することが知られている[32]．充電量が少ない領域（i）では 0 から数 ppm 付近に炭素層間に挿入された状態と推測されるリチウムの信号が観測される．充電量が増加していき領域（ii）に入るあたりから，0 から数 ppm 付近のピークは徐々に高周波数側にシフトし始め，最終的に満充電時には 85〜130 ppm までシフトする（**図 6.3.7**）．この満充電時のピー

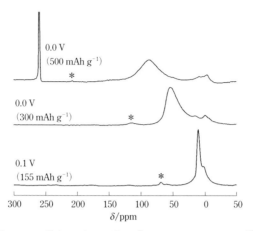

図 6.3.7 Li 導入ハードカーボンの ^{7}Li MAS–NMR スペクトル[32]

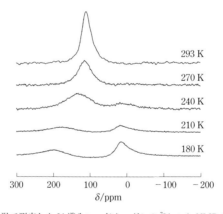

図 6.3.8 低温で測定した Li 導入ハードカーボンの ^{7}Li static NMR スペクトル[32]

クは試料の温度を下げると 2 つに分裂することが知られており,180 K 程度では約 10 ppm と 180〜210 ppm にピークが得られる(**図 6.3.8**).85〜130 ppm のピークは速い交換反応をする 2 つの異なるサイトにあるリチウムの平均である.温度を下げることにより交換速度が遅くなり,炭素層間のリチウム(10 ppm 付近)と孤立細孔内で半金属的な状態で存在しているリチウム(180〜210 ppm)という 2 つの状態によるピークに分裂すると解釈されている.線幅が広いこと,またサテライトピークなども現れないことから,内部細孔のサイズは均一ではなく,ある程度分布があり,生じる半金属リチウムのクラスターのサイズにはある程度の幅があると考えら

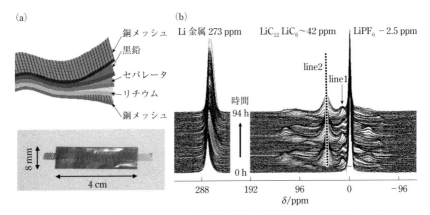

図 6.3.9 *in situ* NMR 測定用リチウムイオン電池（半電池）の模式図[33]および充放電にともなうスペクトル変化[34]
line 1 および line 2 はそれぞれ図 6.3.5 における密度の薄い（C～D）もしくは濃い（A～B）ステージの Li 信号に対応している。
［(a)は M. Letellier *et al.*, *Carbon*, **45**, 1025（2007），(b)は F. Chevallier *et al.*, *Carbon*, **61**, 140（2013）］

れる。

　電池電極材料としての炭素に関する研究は以前より広く行われているが，電池の解体時やサンプル管に詰める作業時のサンプル劣化の可能性がしばしば問題となるうえ，充放電深度の異なる状態を研究する場合は複数のサンプルを解体して比較しなければならず，サンプルごとのわずかな構造の違いがスペクトルの違いを生じる可能性がある。これらの問題を克服し，迅速に電池反応による状態の変化を検出するための方法として，近年，リチウムイオン電池を NMR プローブ中で充放電させながら NMR をその場測定する *in situ* Li NMR 法が注目されている。炭素材料については Letellier らにより Li 金属と炭素（黒鉛もしくはハードカーボン）からなる半電池の充放電挙動を ^{7}Li NMR により観察する研究が 10 年ほど前よりなされている[33-35]。**図 6.3.9** に，黒鉛–Li 金属からなる半電池の充放電にともなうスペクトル変化を示す。銅およびアルミのメッシュに電極を塗工したラミネートセルについての測定から，充放電挙動とリチウムの状態変化を関連づけて定量的に分析できることが示されている。また筆者らは最近，実電池についての *in situ* NMR 実験において，過充電により負極炭素上に析出した金属リチウムが数時間の間に徐々に再酸化し，負極内に取り込まれていく緩和現象を観測している（**図 6.3.10**）。ほかにも，イメージングによりリチウムの電池内での移動の様子を視覚的にとらえた研究など

第6章 物質科学への展開

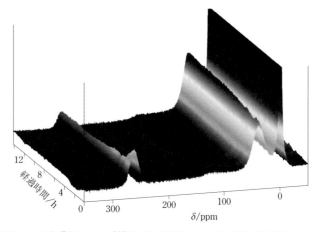

図 6.3.10 コバルト酸リチウム−黒鉛からなるリチウムイオン電池を過充電させた後のスペクトル変化[36)]
時間経過とともに Li 金属(260 ppm)の信号が減少し,炭素層内リチウム(40 ppm付近)の信号強度が増大している.

も報告されている[37)].過充電状態のリアルタイムでの変化を直接観測することは電池の安全性評価において重要であり,今後もこのような電池分野における NMR への期待は大きい.

B. ナトリウムイオン電池負極炭素

リチウムイオン電池の需要は年々高まっているが,原料のリチウム資源は南米に偏在しており安定供給についてのリスクが存在する.また現在最もすぐれた正極材料であるとされるコバルト酸リチウムに含まれる Co も希少であることから,リチウムイオン電池を代替できる安価な次世代新規二次電池としてナトリウムイオン電池やマグネシウムイオン電池が注目されている.

ナトリウムは豊富資源であるが,リチウムやカリウムと異なり通常の条件では黒鉛の層間にインターカレートされないため,リチウムイオン電池と同様な構成で黒鉛を負極に利用したナトリウムイオン電池は現状ではほぼ不可能とされている.一方で,無定形炭素負極にはナトリウムイオンが吸蔵されることが 20 年ほど前から報告され,低結晶性炭素を用いた電池が検討されてきた.近年,ハードカーボン負極と廉価な金属酸化物正極,適切な電解液を用いて,高容量かつ十分な繰り返し充放電性能をもつナトリウムイオン電池を実現できることが報告された(**図 6.3.11**)[38)].その後,実用化の期待が一気に高まり,世界的に研究が活性化しつつある.

6.3 炭素および電池材料

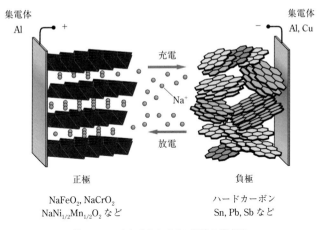

集電体 Al　　　　　　　　　　　　　　　集電体 Al, Cu

正極　　　　　　　　　　　　　　　　　負極
NaFeO₂, NaCrO₂　　　　　　　　　　　ハードカーボン
NaNi₁/₂Mn₁/₂O₂ など　　　　　　　　　Sn, Pb, Sb など

図 6.3.11　ナトリウムイオン電池の模式図

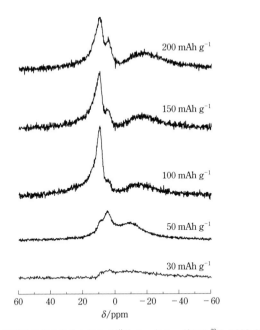

図 6.3.12　充電量の異なるナトリウム導入ハードカーボンの ^{23}Na MAS-NMR スペクトル[39]

筆者らは^{23}Na NMRを用いたNa吸蔵ハードカーボンの測定を行っている[39]が，充放電曲線はリチウムイオン電池と似た形を示すにもかかわらず，その吸蔵状態はリチウムとはかなり異なることが明らかになっている．充電量を変化させても，信号強度が変化するのみでナトリウムのピーク位置はほとんど移動しない（図 6.3.12）．またstaticな低温測定でも，リチウムイオン電池負極ハードカーボンの^{7}Li NMR測定（図 6.3.8）で見られるようなピークの分裂は確認されないことから，ナトリウムはリチウムと異なりハードカーボンの中で半金属的なクラスターとはならないと考えられている．次世代電池の開発において，電極内部でのイオンの状態を把握することはきわめて重要である．材料開発と並行してNMR研究によりメカニズムの理解が深まっていくことで，電池の実用化が実現されるものと期待される．

6.3.3 ■ 金属および金属酸化物電池材料

A. 金属負極

炭素より容量の大きいリチウムイオン電池の負極として，SiやSnなどの金属負極が以前より注目されている．金属負極の充放電容量は炭素と比べてはるかに大きいが，充放電時のLiの脱挿入にともなう膨張収縮も大きいため，その繰り返し充放電性能（耐久性）に問題があるとされている．現在は炭素材料にSi金属などを少量混合した負極などが実用化されている．性能向上を目指す開発研究とともに，Li NMRの測定例も増えてきている[40]．Si負極に取り込まれたリチウムはSiと合金を形成することが知られており，さまざまな組成のNMRスペクトルが報告されている（図 6.3.13）[41–43]．Liの導入にともない，はじめはSiクラスター内にあるLi（18 ppm）が増加するが，やがて遊離したSiと結合したリチウム（6.0 ppm）が増えてくることが示されている．Si金属中のリチウムの拡散は炭素中に比べると格段に遅く，一度形成されたLi_xSi_y合金はそのままになってしまうことも多い．充電速度の違いによって，Si電極中の反応界面において異なる組成のLiSiが形成されることなどもNMRにより明らかになっている[44]．

B. 正極

リチウムイオン電池の正極材料には，一般的にコバルト酸リチウムやマンガン酸リチウムなどのリチウム金属酸化物が用いられている．リチウムは初期状態では正極の結晶構造内に取り込まれているが，電池の充電とともに中のリチウムが抜けて負極側に移動していくため，徐々に組成が変化する．正極材料としては層状型岩塩

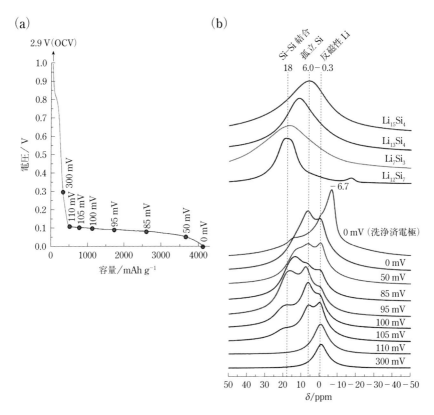

図 6.3.13 (a) Si 負極の充放電曲線と(b) ^{7}Li NMR スペクトル
[B. Key et al., *J. Am. Chem. Soc.*, **131**, 9239 (2009)]

構造の $LiCoO_2$ や $LiNiO_2$, スピネル構造の $LiMn_2O_4$, オリビン構造の $LiFePO_4$ や, 複数金属を混合した 3 元系, 4 元系など, 非常に多くの材料が研究されており, さまざまな正極材料の充放電にともなう内部構造変化を追うツールとして NMR の利用価値は高い[45]. **図 6.3.14** にコバルト酸リチウムの ^{7}Li NMR スペクトル[46], **図 6.3.15** に($LiCoO_2$)-Li 金属電池の *in situ* ^{7}Li NMR スペクトル($LiCoO_2$ 信号部分)[47], **図 6.3.16** にマンガン酸リチウム($LiMn_2O_4$)正極の Li NMR スペクトルを示す[48].

コバルト酸リチウム Li_xCoO_2 の ^{7}Li NMR スペクトルでは, $1 \geq x \geq 0.94$ でほぼ 0 ppm に 1 つの信号が観測されるが, $x \leq 0.9$ で 40〜60 ppm に新たな信号が現れる (図 6.3.14). このピークは Li ($=x$ の値)の減少とともに高周波数側にシフトし,

第 6 章　物質科学への展開

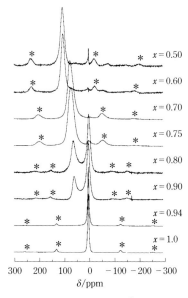

図 6.3.14 コバルト酸リチウム(Li_xCoO_2)の ^{7}Li MAS-NMR スペクトル
[M. Ménétrier et al., *J. Mater. Chem.*, **9**, 1135 (1999)]

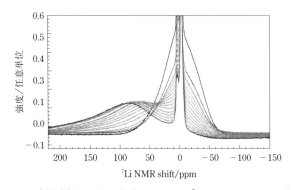

図 6.3.15 $LiCoO_2$-Li 金属電池サンプルの充電による *in situ* ^{7}Li NMR スペクトルの変化($x=1\sim0.5$)
図 6.3.14 に対応する変化が連続的に生じている.
[K. Shimoda et al., *Electrochim. Acta*, **108**, 343 (2013)]

$x=0.5$ で約 100〜110 ppm となるが,さらに x が小さくなると再び低周波数側にシフトすることが報告されている.これはコバルト酸リチウムの構造変化に対応しており,$x=1$ のときには層状岩塩型構造(O3-I)の単一相内のリチウムのみが存在す

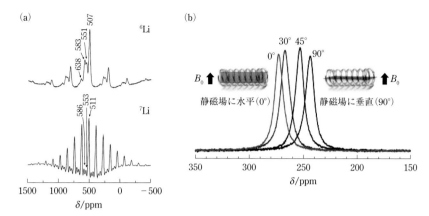

図 6.3.16 (a) 600℃で合成された $LiMn_2O_4$ の ^6Li および ^7Li MAS-NMR スペクトルと (b) $LiMn_2O_4$-Li 金属電池の ^7Li static NMR スペクトルにおける静磁場と電池がなす角度の影響
[(a)は C. P. Grey and N. Dupre, *Chem. Rev.*, **104**, 4493 (2004). (b)は J. Cabana *et al.*, *Inorg. Chem.*, **52**, 8540 (2013)]

るが，$0.9 \geq x > 0.5$ の組成では，菱面体晶の O3-II が含まれるため，新たなピークが現れたものと解釈されている．後者のピーク値の変化は結晶の c 軸方向の格子定数の変化に対応しており，格子定数が最も大きくなる $x \approx 0.5$ 付近で伝導電子が多いことから，ナイトシフトであるとされている[46,50]．

　NMR による正極材料の研究には実験を難しくする要因もある．リチウム金属酸化物には常磁性を示す物質も多く，これらの Li NMR のシグナルは数百 ppm のシフトや広い線幅を示すため，低速の MAS では十分な解析ができないことも多い．線幅が広いことから，核四極子結合定数の小さい ^6Li についての測定例が比較的多い．特にマンガン酸リチウム正極の場合は磁化率の影響が大きいため NMR 信号が 600 ppm 付近に現れるが，$LiMn_2O_4$ 結晶内には非等価な複数のリチウムが存在するため，いくつものピークが生じる．これらのピークの詳細な観測には ^7Li よりも ^6Li MAS-NMR の方が適している（図 6.3.16(a)）．さらに，マンガン酸リチウムの Li 信号は充放電によってシフトするだけでなく，電池を *in situ* 測定した場合，電池の磁場とのなす角度によってもピーク位置が変化する現象が報告されている（図 6.3.16 右）．その他にも，近年容易になってきた超高速 MAS 技術や *in situ* NMR 測定技術を利用することにより測定あるいはより詳細なスペクトル解析ができるようになった正極材料は多い．ナトリウムイオン電池の正極についてもリチウムと類似の構造をもつものが多いため，研究例が少しずつ報告されてきている[49,51,52]が，こ

ちらも同様に常磁性などの問題を抱えており，これからのさらなる研究が待たれている．

6.3.4 ■ 電解液（磁場勾配 NMR）

リチウムイオン電池の電解質には $LiPF_6$ や $LiBF_4$, $LiClO_4$ などが用いられ，これをプロピレンカーボネート(PC)やエチレンカーボネート(EC)，ジメチルカーボネート(DMC)などの溶媒に溶かし電池の電解液としている．この電解液中のリチウムの挙動も電池の特性につながる重要な要因である．電解液の NMR として，(固体ではないが)以前より早水らのグループによって磁場勾配 NMR を用いた研究が数多くなされている．磁場勾配 NMR では電解質の拡散速度，すなわちランダムなブラウン運動をしている NMR 活性核種の並進運動の速さを測定できる．図 6.3.17 に磁場勾配 NMR 法によって求められた 2 成分混合電解液中における各成分の拡散係数を示す．溶媒の種類および組成により各成分の拡散速度が大きく変

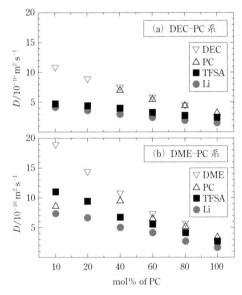

図 6.3.17　2 成分混合溶媒中における各成分の拡散係数
DEC：ジエチルカーボネート，DME：ジメトキシエタン，TFSA：ビストリフルオロメタンスルホンアミド．
［早水紀久子，PGSE-NMR 法による拡散測定の有機電解質への応用(第 2 版)(2013)］

化することが示されている．拡散測定の手引きや研究結果，そしてさまざまな電解質，電解液の拡散係数は文献53, 54にまとめられているので参照されたい．

6.3.5 ■ キャパシター，リチウム空気電池，リチウム硫黄電池，水素貯蔵

　電気二重層キャパシターは化学反応によりエネルギーを蓄積する電池とは異なり，電極と電解液の界面に生じる電気二重層現象を利用したコンデンサーの一種である．活性炭などの多孔質炭素からなる電極（陽極および陰極）周囲にそれぞれ陽イオン（テトラエチルアンモニウムなど）および陰イオン（BF_4^- など）が集まり，それぞれの極で電子とイオンによる電気二重層を形成することにより蓄電する．化学反応によらないために蓄電容量が電池に比較して小さいが，内部抵抗が低く短時間で充放電でき，寿命が長いなどの特徴がある．キャパシター中の電解質の挙動に関して，^1H, ^{11}B, ^{19}F などの核種を対象としたNMRによる研究がなされている．充放電による電解液のシフトの変化から電極の局所構造を類推したり，多孔質炭素の細孔への吸脱着を観測したりすることに利用されている[55,56]．

　リチウム空気電池は金属リチウムを負極，空気中の酸素を正極活物質とした電池で，リチウムイオン電池の次世代の電池として期待されている．一次電池，二次電池，燃料電池を実現可能で，理論的にはリチウムイオン電池の5～10倍以上の容量をもつが，電極表面への酸化リチウムの堆積などの問題が未解決であり，まだ実用化されていない．NMRでは，電解液中の電解質の組成の変化（反応による酢酸リチウムや炭酸リチウムの生成）や溶媒の変質など，電池の劣化メカニズムの解明を目的とした観測などが行われており，基礎開発における電池の内部データを提供している[57,58]．正極に金属酸化物ではなく硫黄を用いるリチウム硫黄電池についても，電解液中での Li_xS_y 化合物について ^7Li NMRで調べた研究が報告されている[59]．

　いわゆる通常の二次電池とは異なるが，燃料電池などのエネルギーデバイスに使用する水素貯蔵物質の研究においてもNMRは貢献している．水素分子はナノ金属粒子や合金など，あるいはナノ粒子を担持させた細孔物質（MOFなど）に吸蔵されるが，吸蔵時には水素原子として貯蔵されている．図6.3.18にPd, Rh, およびPd-Rh混合粒子へ吸蔵された重水素の ^2H NMRスペクトルを示す[60]．Pd-Rhは通常合金を形成しないがナノ粒子となった場合にのみ混合すること，このPd-Rh混合粒子には水素が容易に吸蔵されることが近年報告され，新しい金属の状態として注目されている．^2H NMRスペクトルでは，水素分子（$^2H_2$ 気体）のスペクトル（3 ppm）に対してPd中の ^2H は36 ppm，Rh中の ^2H は－108 ppmに信号が現れて

第 6 章　物質科学への展開

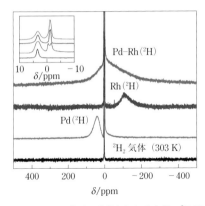

図 6.3.18　Pd, Rh, Pd–Rh ナノ粒子へ吸蔵された重水素の ^{2}H NMR スペクトル
［H. Kobayashi *et al.*, *J. Am. Chem. Soc.*, **134**, 12390(2012)］

おり，吸蔵水素が水素分子とまったく異なる状態であることが示されている．さらに Pd–Rh 合金ナノ粒子中の ^{2}H は 0 ppm 付近にピークをもつ非常に幅広い信号を生じていることから，Pd–Rh 混合粒子の内部で水素は Pd 粒子とも Rh 粒子ともまったく異なる状態で吸蔵されていることがわかる．

文　献

1) 北川　進，水野元博，前川雅彦，多核種の溶液および固体 NMR．三共出版(2008)
2) *Database of Zeolite Structures*, provided by International Zeolite Association, http://www.iza-structure.org/databases/
3) M. T. Melchior, D. E. W. Vaughan, and C. F. Pictroski, *J. Phys. Chem.*, **99**, 6128(1995)
4) Z. H. Luan, H. Y. He, W. Z. Zhou, and J. Klinowski, *J. Chem. Soc. Faraday Trans.*, **94**, 979(1998)
5) D. H. Brouwer, P. E. Kristiansen, C. A. Fyfe, and M. H. Levitt, *J. Am. Chem. Soc.*, **127**, 542(2005)
6) J. Jiao, J. Kanellopoulos, W. Wang, S. S. Ray, H. Foerster, D. Freude, and M. Hunger, *Phys. Chem. Chem. Phys.*, **7**, 3221(2005)
7) C. A. Fyfe, K. C. WongMoon, and Y. Huang, *Zeolites*, **16**, 50(1996)
8) L. Mafra, J. A. Vidal-Moya, and T. Blasco, *Annual Reports on NMR Spectroscopy*, *Vol. 77*, Elsevier(2012), Chapter 4 Structural Characterization of Zeolites by Advanced Solid State NMR Spectroscopic Methods

9) J. Huang, Y. Jiang, V. R. R. Marthala, B. Thomas, E. Romanova, and M. Hunger, *J. Phys. Chem. C*, **112**, 3811(2008)
10) T. Ito and J. Fraissard, *J. Chem. Phys.*, **76**, 5225(1982)
11) J. A. Ripmeester, *J. Am. Chem. Soc.*, **104**, 289(1982)
12) H. Omi, T. Ueda, N. Kato, K. Miyakubo, and T. Eguchi, *Phys. Chem. Chem. Phys.*, **8**, 3857(2006)
13) H. Torigoe, T. Mori, K. Fujie, T. Ohkubo, A. Itadani, K. Gotoh, H. Ishida, H. Yamashita, T. Yumura, H. Kobayashi, and Y. Kuroda, *J. Phys. Chem. Lett.*, **1**, 2642(2010)
14) A. M. Nishchenko, D. I. Kolokolov, A. A. Gabrienko, and A. G. Stepanov, *J. Phys. Chem. C*, **116**, 8956(2012)
15) M. Sattig, S. Reutter, F. Fujara, M. Werner, G. Buntkowsky, and M. Vogel, *Phys. Chem. Chem. Phys.*, **16**, 19229(2014)
16) K. Gotoh, S. Ishimaru, and R. Ikeda, *Phys. Chem. Chem. Phys.*, **2**, 1865(2000)
17) M. Haouas, C. Volkringer, T. Loiseau, G. R. Férey, and F. Taulelle, *J. Phys. Chem. C*, **115**, 17934(2011)
18) H. C. Hoffmann, M. Debowski, P. Muller, S. Paasch, I. Senkovska, S. Kaskel, and E. Brunner, *Materials*, **5**, 2537(2012)
19) K. V. Romanenko, J. B. D. de Lacaillerie, O. Lapina, and J. Fraissard, *Micropor. Mesopor. Mater.*, **105**, 118(2007)
20) T. Ueda, H. Omi, T. Yukioka, and T. Eguchi, *Bull. Chem. Soc. Jpn.*, **79**, 237(2006)
21) J. C. C. Freitas, F. G. Emmerich, G. R. C. Cernicchiaro, L. C. Sampaio, and T. J. Bonagamba, *Solid State Nucl. Magn. Reson.*, **20**, 61(2001)
22) L. dela Rosa, M. Pruski, D. Lang, B. Gerstein, and P. Solomon, *Energy Fuels*, **6**, 460 (1992)
23) M. Bardet, S. Hediger, G. Gerbaud, S. Gambarelli, J. F. Jacquot, M. F. Foray, and A. Gadelle, *Fuel*, **86**, 1966(2007)
24) L. Cristofolini, M. Ricco, and R. De Renzi, *Phys. Rev. B*, **59**, 8343(1999)
25) G. Zimmer, K. F. Thier, M. Mehring, and F. Rachdi, *Appl. Magn. Reson.*, **11**, 263(1996)
26) H. R. Thomas, S. P. Day, W. E. Woodruff, C. Vallés, R. J. Young, I. A. Kinloch, G. W. Morley, J. V. Hanna, N. R. Wilson, and J. P. Rourke, *Chem. Mater.*, **25**, 3580(2013)
27) A. Lerf, H. Y. He, M. Forster, and J. Klinowski, *J. Phys. Chem. B*, **102**, 4477(1998)
28) A. Kitaygorodskiy, W. Wang, S. Y. Xie, Y. Lin, K. A. S. Fernando, X. Wang, L. W. Qu, B. Chen, and Y. P. Sun, *J. Am. Chem. Soc.*, **127**, 7517(2005)
29) 仁科勇太, 森本直樹, グラフェン・コンポジット, S&T 出版(2014), 第 1 章 グラフェン・酸化グラフェンの合成・製造方法

30) K. Tatsumi, Y. Sawada, H. Abe, and T. Ohsaki (S. Megahed, B. M. Barnett, and L. Xie eds.), *Rechargeable Lithium and Lithium-Ion Batteries*, PV94-28 (1994), pp. 97
31) 辰巳国昭(炭素材料学会 編), 最新の炭素材料実験技術(分析・解析編), サイペック (2001), 第10章 ^{7}Li を用いた核磁気共鳴法による化学構造分析
32) K. Gotoh, M. Maeda, A. Nagai, A. Goto, M. Tansho, K. Hashi, T. Shimizu, and H. Ishida, *J. Power Sources*, **162**, 1322 (2006)
33) M. Letellier, F. Chevallier, and M. Morcrette, *Carbon*, **45**, 1025 (2007)
34) F. Chevallier, F. Poli, B. Montigny, and M. Letellier, *Carbon*, **61**, 140 (2013)
35) M. Letellier, F. Chevallier, C. Clinard, E. Frackowiak, J.-N. Rouzaud, F. Beguin, M. Morcrette, and J.-M. Tarascon, *J. Chem. Phys.*, **118**, 6038 (2003)
36) K. Gotoh, M. Izuka, J. Arai, Y. Okada, T. Sugiyama, K. Takeda, and H. Ishida, *Carbon*, **79**, 380 (2014)
37) 河村純一, 電気化学, **78**, 999 (2010)
38) S. Komaba, W. Murata, T. Ishikawa, N. Yabuuchi, T. Ozeki, T. Nakayama, A. Ogata, K. Gotoh, and K. Fujiwara, *Adv. Funct. Mater.*, **21**, 3859 (2011)
39) K. Gotoh, T. Ishikawa, S. Shimadzu, N. Yabuuchi, S. Komaba, K. Takeda, A. Goto, K. Deguchi, S. Ohki, K. Hashi, T. Shimizu, and H. Ishida, *J. Power Sources*, **225**, 137 (2013)
40) K. Ogata, E. Salager, C. J. Kerr, A. E. Fraser, C. Ducati, A. J. Morris, S. Hofmann, and C. P. Grey, *Nature Commun.*, **5**, 4217 (2014)
41) S. Dupke, T. Langer, R. Pottgen, M. Winter, S. Passerini, and H. Eckert, *Phys. Chem. Chem. Phys.*, **14**, 6496 (2012)
42) B. Key, M. Morcrette, J. M. Tarascon, and C. P. Grey, *J. Am. Chem. Soc.*, **133**, 503 (2011)
43) B. Key, R. Bhattacharyya, M. Morcrette, V. Seznec, J.-M. Tarascon, and C. P. Grey, *J. Am. Chem. Soc.*, **131**, 9239 (2009)
44) M. Song, S. P. V. Nadimpalli, V. A. Sethuraman, M. J. Chon, P. R. Guduru, and L. Q. Wang, *J. Electrochem. Soc.*, **161**, A915 (2014)
45) C. P. Grey and N. Dupre, *Chem. Rev.*, **104**, 4493 (2004)
46) M. Ménétrier, I. Saadoune, S. Levasseur and C. Delmas, *J. Mater. Chem.*, **9**, 1135 (1999)
47) K. Shimoda, M. Murakami, D. Takamatsu, H. Arai, Y. Uchimoto, and Z. Ogumi, *Electrochim. Acta*, **108**, 343 (2013)
48) N. M. Trease, L. Zhou, H. J. Chang, B. Y. Zhu, and C. P. Grey, *Solid State Nucl. Magn. Reson.*, **42**, 62 (2012)
49) J. Cabana, N. A. Chernova, J. Xiao, M. Roppolo, K. A. Aldi, M. S. Whittingham, and C. P.

Grey, *Inorg. Chem.*, **52**, 8540 (2013)

50) N. Imanishi, M. Fujiyoshi, Y. Takeda, O. Yamamoto and M. Tabuchi, *Solid State Ionics*, **118**, 121 (1999)

51) J. Billaud, R. J. Clement, A. R. Armstrong, J. Canales-Vazquez, P. Rozier, C. P. Grey, and P. G. Bruce, *J. Am. Chem. Soc.*, **136**, 17243 (2014)

52) G. Singh, J. M. L. del Amo, M. Galceran, S. Pérez-Villar, and T. Rojo, *J. Mater. Chem. A*, **3**, 6954 (2015)

53) 早水紀久子，リチウム電池用電解液の自己拡散係数と関連するデータ集—リチウム電池用有機電解液, http://www.ribm.co.jp/RDsupport/diffusion.html (2012)

54) 早水紀久子，PGSE-NMR 法による拡散測定の有機電解質への応用（第 2 版），http://www.ribm.co.jp/RDsupport/diffusion.html (2013)

55) M. Deschamps, E. Gilbert, P. Azais, E. Raymundo-Pinero, M. R. Ammar, P. Simon, D. Massiot, and F. Beguin, *Nature mater.*, **12**, 351 (2013)

56) J. M. Griffin, A. C. Forse, H. Wang, N. M. Trease, P.-L. Taberna, P. Simon, and C. P. Grey, *Faraday Discuss.*, **49**, 176 (2014)

57) C. J. Allen, J. Hwang, R. Kautz, S. Mukerjee, E. J. Plichta, M. A. Hendrickson, and K. M. Abraham, *J. Phys. Chem. C*, **116**, 20755 (2012)

58) M. Leskes, A. J. Moore, G. R. Goward, and C. P. Grey, *J. Phys. Chem. C*, **117**, 26929 (2013)

59) K. A. See, M. Leskes, J. M. Griffin, S. Britto, P. D. Matthews, A. Emly, A. van der Ven, D. S. Wright, A. J. Morris, C. P. Grey, and R. Seshadri, *J. Am. Chem. Soc.*, **136**, 16368 (2014)

60) H. Kobayashi, H. Morita, M. Yamauchi, R. Ikeda, H. Kitagawa, Y. Kubota, K. Kato, M. Takata, S. Toh, and S. Matsumura, *J. Am. Chem. Soc.*, **134**, 12390 (2012)

付録 A 核スピンの性質

　核スピンの性質を以下の表にまとめた．この表は，ブルカー・バイオスピン（株）のアルマナクから同社のご厚意により転載するものであり，もともとは次の文献から W. E. Hull 氏によって集められ，整理・計算されたものである．

- R. K. Harris, E. D. Becker, S. M. C. de Menezes, R. Goodfellow, and P. Granger, "NMR Nomenclature. Nuclear spin properties and conventions for chemical shifts (IUPAC 2001)", *Pure Appl. Chem.*, **73**, 1795-1818 (2001)
- I. Mills, *et al.*, *Quantities, Units and Symbols in Physical Chemistry* (IUPAC recommendations 1993, corrections 1995), Blackwell Scientific (1993, 1995)
- P. Pyykkö, "Spectroscopic nuclear quadrupole moments", *Mol. Phys.*, **99**, 1617-1629 (2001)

　下表において，半減期における y は年，d は日，h は時間，m は分を表す．μ_z は核磁子 (the nuclear magneton) の μ_N 単位での核磁気モーメントの z 成分，四極子モーメント Q の単位は $fm^2 = 10^{-30}\,m^2$ ($1\,fm^2 = 0.01$ barns), 磁気回転比 γ (magnetogyric ratio) は $\mu_z/\hbar I$ より計算した値．μ_z および Q の実験的な不確実性は最後の有効数字からである．

付　録

表 A.1　核スピンの性質

プロトン数	質量数	記号	名称(半減期)	核スピン量子数	天然存在比/% (IUPAC 2003)	相対核磁気モーメント μ_z/μ_N (測定値)	四極子モーメント Q/fm^2	磁気回転比 $\gamma/10^7\,\text{rad s}^{-1}\,\text{T}^{-1}$ (計算値, 自由原子)
0	1	n	Neutron	1/2		-1.913047		-18.3247181
1	1	H	Hydrogen	1/2	99.9885	2.79284734		26.7522205
	2	H(D)	Deuterium	1	0.0115	0.857438228	0.286	4.10662914
	3	H(T)	Tritium (12.32 y)	1/2		2.97896244		28.5349861
2	3	He	Helium	1/2	0.000134	-2.12749772		-20.3789471
3	6	Li	Lithium	1	7.59	0.8220473	-0.0808	3.937127
	7	Li	Lithium	3/2	92.41	3.2564625	-4.01	10.397704
4	9	Be	Beryllium	3/2	100	-1.17749	5.288	-3.75966
5	10	B	Boron	3	19.9	1.80064478	8.459	2.87467952
	11	B	Boron	3/2	80.1	2.688649	4.059	8.584707
6	13	C	Carbon	1/2	1.07	0.702412		6.728286
7	14	N	Nitrogen	1	99.636	0.40376100	2.044	1.9337798
	15	N	Nitrogen	1/2	0.364	-0.28318884		-2.7126188
8	17	O	Oxygen	5/2	0.038	-1.89379	-2.558	-3.62806
9	19	F	Fluorine	1/2	100	2.626868		25.16233
10	21	Ne	Neon	3/2	0.27	-0.661797	10.155	-2.113081
11	23	Na	Sodium (Natrium)	3/2	100	2.2176556	10.4	7.0808515
12	25	Mg	Magnesium	5/2	10.00	-0.85545	19.94	-1.63884
13	26	Al	Alumin(i)um (7.17×10^5 y)	5		2.804	27	2.686
	27	Al	Alumin(i)um	5/2	100	3.641569	14.66	6.9762779
14	29	Si	Silicon	1/2	4.685	-0.55529		-5.31903
15	31	P	Phosphorus	1/2	100	1.13160		10.8394
16	33	S	Sulfur	3/2	0.75	0.643821	-6.78	2.055685
17	35	Cl	Chlorine	3/2	75.76	0.8218743	-8.165	2.6241991
	37	Cl	Chlorine	3/2	24.24	0.6841236	-6.435	2.1843688
18	39	Ar	Argon (269 y)	7/2		-1.59		-2.17

付録A 核スピンの性質

プロトン数	質量数	記号	名称(半減期)	核スピン量子数	天然存在比/% (IUPAC 2003)	相対核磁気モーメント μ_I/μ_N(測定値)	四極子モーメント Q/fm^2	磁気回転比 $\gamma/10^7$ rad s^{-1} T^{-1} (計算値, 自由原子)
19	39	K	Potassium (Kalium)	3/2	93.258	0.3915073	5.85	1.2500612
	40	K	Potassium (1.248×10^9 y)	4	0.0117	-1.298100	-7.3	-1.554286
	41	K	Potassium	3/2	6.730	0.21489274	7.11	0.68614061
20	41	Ca	Calcium (1.02×10^5 y)	7/2		-1.594781	-6.7	-2.182306
	43	Ca	Calcium	7/2	0.135	-1.317643	-4.08	-1.803069
21	45	Sc	Scandium	7/2	100	4.756487	-22.0	6.508800
22	47	Ti	Titanium	5/2	7.44	-0.78848	30.2	-1.51054
	49	Ti	Titanium	7/2	5.41	-1.10417	24.7	-1.51095
23	50	V	Vanadium (1.4×10^{17} y)	6	0.250	3.345689	21	2.670650
	51	V	Vanadium	7/2	99.750	5.1487057	-5.2	7.0455138
24	53	Cr	Chromium	3/2	9.501	-0.47454	-15	-1.51518
25	53	Mn	Manganese (3.74×10^6 y)	7/2		5.024		6.875
	55	Mn	Manganese	5/2	100	3.46871790	33	6.64525446
26	57	Fe	Iron, Ferrum	1/2	2.119	0.09062300		0.8680627
	59	Fe	Iron (44.507 d)	3/2		-0.3358		-1.0722
27	59	Co	Cobalt	7/2	100	4.627	42	6.332
	60	Co	Cobalt (1925.2 d)	5		3.799	44	3.639
28	61	Ni	Nickel	3/2	1.1399	-0.75002	16.2	-2.39477
29	63	Cu	Copper, Cuprum	3/2	69.15	2.227346	-22.0	7.111791
	65	Cu	Copper, Cuprum	3/2	30.85	2.3816	-20.4	7.6043
30	67	Zn	Zinc	5/2	4.102	0.8752049	15.0	1.6766885
31	69	Ga	Gallium	3/2	60.108	2.01659	17.1	6.43886
	71	Ga	Gallium	3/2	39.892	2.56227	10.7	8.18117
32	73	Ge	Germanium	9/2	7.76	-0.8794677	-19.6	-0.9360305
33	75	As	Arsenic	3/2	100	1.43947	31.4	4.59615
34	77	Se	Selenium	1/2	7.63	0.5350743		5.125388
	79	Se	Selenium (2.95×10^5 y)	7/2		-1.018	80	-1.393
35	79	Br	Bromine	3/2	50.69	2.106400	30.5	6.725619
	81	Br	Bromine	3/2	49.31	2.270562	25.4	7.249779

303

付　録

プロトン数	質量数	記号	名称(半減期)	核スピン量子数	天然存在比/% (IUPAC 2003)	相対核磁気モーメント μ_z/μ_N(測定値)	四極子モーメント Q/fm^2	磁気回転比 $\gamma/10^7$ rad s^{-1} T^{-1}(計算値, 自由原子)
36	83	Kr	Krypton	9/2	11.500	-0.970669	25.9	-1.033097
37	85	Rb	Rubidium	5/2	72.17	1.3533515	27.6	2.5927058
37	87	Rb	Rubidium (4.81×10^{10} y)	3/2	27.83	2.751818	13.35	8.786402
38	87	Sr	Strontium	9/2	7.00	-1.093603	33.5	-1.163938
39	89	Y	Yttrium	1/2	100	-0.1374154		-1.316279
40	91	Zr	Zirconium	5/2	11.22	-1.30362	-17.6	-2.49743
41	93	Nb	Niobium	9/2	100	6.1705	-32	6.5674
42	95	Mo	Molybdenum	5/2	15.9	-0.9142	-2.2	-1.7514
42	97	Mo	Molybdenum	5/2	9.56	-0.9335	25.5	-1.7884
42	99	Mo	Molybdenum (65.924 h)	1/2		0.375		3.59
43	99	Tc	Technetium (2.111×10^5 y)	9/2		5.6847	-12.9	6.0503
44	99	Ru	Ruthenium	5/2	12.76	-0.641	7.9	-1.228
44	101	Ru	Ruthenium	5/2	17.06	-0.716	45.7	-1.372
45	103	Rh	Rhodium	1/2	100	-0.08840		-0.84677
46	105	Pd	Palladium	5/2	22.33	-0.642	66	-1.230
47	107	Ag	Silver, Argentum	1/2	51.839	-0.1136797		-1.088918
47	109	Ag	Silver	1/2	48.161	-0.13069		-1.2519
48	111	Cd	Cadmium	1/2	12.80	-0.5948861		-5.698315
48	113	Cd	Cadmium (7.7×10^{15} y)	1/2	12.22	-0.6223009		-5.960917
49	113	In	Indium	9/2	4.29	5.5289	79.9	5.8845
49	115	In	Indium (4.41×10^{14} y)	9/2	95.71	5.5408	81	5.8972
50	115	Sn	Tin	1/2	0.34	-0.91883		-8.8013
50	117	Sn	Tin	1/2	7.68	-1.00104		-9.58880
50	119	Sn	Tin (Stannum)	1/2	8.59	-1.04728		-10.0317
51	121	Sb	Antimony (Stibium)	5/2	57.21	3.3634	-36	6.4435
51	123	Sb	Antimony	7/2	42.79	2.5498	-49	3.4892
51	125	Sb	Antimony (2.7586 y)	7/2		2.63		3.60
52	123	Te	Tellurium (9.2×10^{16} y)	1/2	0.89	-0.7369478		-7.059101
52	125	Te	Tellurium	1/2	7.07	-0.8885051		-8.510843

付録 A 核スピンの性質

プロトン数	質量数	記号	名称(半減期)	核スピン量子数	天然存在比/%(IUPAC 2003)	相対核磁気モーメント μ_i/μ_N(測定値)	四極子モーメント Q/fm^2	磁気回転比 $\gamma/10^7$ rad s^{-1} T^{-1}(計算値, 自由原子)
53	127	I	Iodine	5/2	100	2.81327	−71	5.38957
	129	I	Iodine (1.57×10^7 y)	7/2		2.6210	−48	3.5866
54	129	Xe	Xenon	1/2	26.4006	−0.777976		−7.45210
	131	Xe	Xenon	3/2	21.2324	0.691862	−11.4	2.209077
55	133	Cs	C(a)esium	7/2	100	2.582025	−0.343	3.533255
56	135	Ba	Barium	3/2	6.592	0.838627	16.0	2.677690
	137	Ba	Barium	3/2	11.232	0.93734	24.5	2.99287
57	137	La	Lanthanum (6×10^4 y)	7/2		2.695	26	3.688
	138	La	Lanthanum (1.02×10^{11} y)	5	0.090	3.713646	45	3.557240
	139	La	Lanthanum	7/2	99.910	2.7830455	20	3.808333
58	139	Ce	Cerium (137.64 d)	3/2		1.06		3.38
	141	Ce	Cerium (32.508 d)	7/2		1.09		1.49
59	141	Pr	Praseodymium	5/2	100	4.2754	−5.89	8.1907
60	143	Nd	Neodymium	7/2	12.2	−1.065	−63	−1.4574
	145	Nd	Neodymium	7/2	8.3	−0.656	−33	−0.898
61	145	Pm	Promethium (17.7 y)	5/2		3.8	21	7.3
62	147	Sm	Samarium (1.06×10^{11} y)	7/2	14.99	−0.8148	−25.9	−1.115
	149	Sm	Samarium	7/2	13.82	−0.6717	7.5	−0.9192
63	151	Eu	Europium	5/2	47.81	3.4717	90.3	6.6510
	153	Eu	Europium	5/2	52.19	1.5324	241	2.9357
64	155	Gd	Gadolinium	3/2	14.80	−0.2572	127	−0.8212
	157	Gd	Gadolinium	3/2	15.65	−0.3373	135	−1.0770
65	159	Tb	Terbium	3/2	100	2.014	143.2	6.431
66	161	Dy	Dysprosium	5/2	18.889	−0.480	251	−0.920
	163	Dy	Dysprosium	5/2	24.896	0.673	265	1.289
67	163	Ho	Holmium (4570 y)	7/2		4.23	360	5.79
	165	Ho	Holmium	7/2	100	4.132	358	5.654
	166	Ho	Holmium (1200 y)	7		3.60	−340	2.46

305

付　録

プロトン数	質量数	記号	名称(半減期)	核スピン量子数	天然存在比/% (IUPAC 2003)	相対核磁気モーメント μ_z/μ_N (測定値)	四極子モーメント Q/fm^2	磁気回転比 $\gamma/10^7$ rad s^{-1} T^{-1} (計算値,自由原子)
68	167	Er	Erbium	7/2	22.869	−0.5639	357	−0.7716
	169	Er	Erbium (9.40 d)	1/2		0.4850		4.646
69	169	Tm	Thulium	1/2	100	−0.231		−2.21
	171	Tm	Thulium (1.92 y)	1/2		−0.228		−2.18
70	171	Yb	Ytterbium	1/2	14.28	0.49367		4.7288
	173	Yb	Ytterbium	5/2	16.13	−0.67989	280	−1.30251
71	175	Lu	Lutetium	7/2	97.41	2.232	349	3.0547
	176	Lu	Lutetium (4.00×10^{10} y)	7	2.59	3.169	497	2.168
72	177	Hf	Hafnium	7/2	18.60	0.7935	337	1.0858
	179	Hf	Hafnium	9/2	13.62	−0.641	379	−0.682
73	179	Ta	Tantalum (1.82 y)	7/2		2.289	337	3.132
	180	Ta	Tantalum (1.2×10^{15} y)	9	0.012	4.825	495	2.568
	181	Ta	Tantalum	7/2	99.988	2.3705	317	3.2438
74	183	W	Tungsten (Wolfram)	1/2	14.31	0.11778476		1.1282406
75	185	Re	Rhenium	5/2	37.40	3.1871	218	6.1057
	187	Re	Rhenium (4.35×10^{10} y)	5/2	62.60	3.2197	207	6.1682
76	187	Os	Osmium	1/2	1.96	0.06465189		0.6192897
	189	Os	Osmium	3/2	16.15	0.659933	85.6	2.107130
77	191	Ir	Iridium	3/2	37.3	0.1507	81.6	0.4812
	193	Ir	Iridium	3/2	62.7	0.1637	75.1	0.5227
78	195	Pt	Platinum	1/2	33.832	0.60952		5.8385
79	197	Au	Gold, Aurum	3/2	100	0.148158	54.7	0.473060
80	199	Hg	Mercury, Hydrargyrum	1/2	16.87	0.5058855		4.845793
	201	Hg	Mercury	3/2	13.18	−0.560226	38.6	−1.788770
81	203	Tl	Thallium	1/2	29.52	1.6222579		15.539339
	205	Tl	Thallium	1/2	70.48	1.6382146		15.692185
82	205	Pb	Lead (1.73×10^7 y)	5/2		0.7117	23	1.3635
	207	Pb	Lead (Plumbum)	1/2	22.1	0.58219		5.5767
83	209	Bi	Bismuth	9/2	100	4.1103	−51.6	4.3747

付録 A 核スピンの性質

プロトン数	質量数	記号	名称（半減期）	核スピン量子数	天然存在比/%（IUPAC 2003）	相対核磁気モーメント μ_z/μ_N（測定値）	四極子モーメント Q/fm^2	磁気回転比 $\gamma/10^7$ rad s^{-1} T^{-1}（計算値，自由原子）
84	209	Po	Polonium (102 y)	1/2		0.68		6.51
86	211	Rn	Radon (14.6 h)	1/2		0.601		5.76
87	212	Fr	Francium (19.3 m)	5		4.62	−10	4.43
88	225	Ra	Radium (14.9 d)	1/2		−0.734		−7.03
89	227	Ac	Actinium (21.772 y)	3/2		1.1	170	3.5
90	229	Th	Thorium (7.34 × 10^3 y)	5/2		0.46	430	0.88
91	231	Pa	Protactinium (3.276 × 10^4 y)	3/2	100	2.01	−172	6.42
92	233	U	Uranium (1.592 × 10^5 y)	5/2		0.59	366.3	1.13
92	235	U	Uranium (7.04 × 10^8 y)	7/2	0.7204	−0.38	493.6	−0.52
92	238	U	Uranium (4.468 × 10^9 y)	0	99.274		1390	
93	237	Np	Neptunium (2.144 × 10^6 y)	5/2		3.14	386.6	6.02
94	239	Pu	Plutonium (2.411 × 10^4 y)	1/2		0.203		1.94
94	241	Pu	Plutonium (14.35 y)	5/2		−0.68	560	−1.30
95	241	Am	Americium (432.7 y)	5/2		1.58	314	3.03
95	243	Am	Americium (7.37 × 10^3 y)	5/2		1.50	286	2.87
96	243	Cm	Curium (29.1 y)	5/2		0.41		0.79
96	245	Cm	Curium (8.5 × 10^3 y)	7/2		0.5		0.68
96	247	Cm	Curium (1.56 × 10^7 y)	9/2		0.37		0.39
97	249	Bk	Berkelium (330 d)	7/2		2.0		2.7
98	251	Cf	Californium (898 y)	1/2		データなし		
99	253	Es	Einsteinium (20.47 d)	7/2		4.10	670	5.61
100	253	Fm	Fermium (3.0 d)	(1/2)		データなし		

付録B アミノ酸，核酸塩基，ヌクレオシド，ヌクレオチドの構造式と化学シフト，スピン結合定数

　生体高分子(タンパク質，DNA, RNA)を構成するモノマーのNMRスペクトルの帰属は，以下の構造式の原子の名称にて行う．生体高分子の場合の原子の名称の説明は付録Cを参照のこと．

B.1 アミノ酸
　基本20種のアミノ酸の構造式と構成炭素原子の名称を示す．

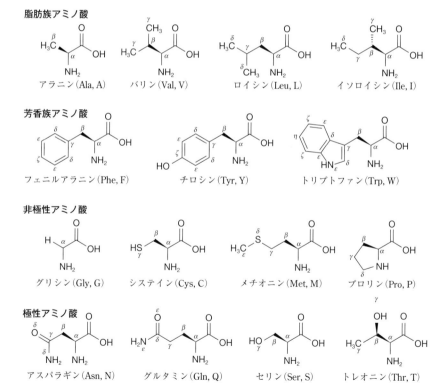

図B.1　基本20種のアミノ酸の構造式

付　録

酸性アミノ酸

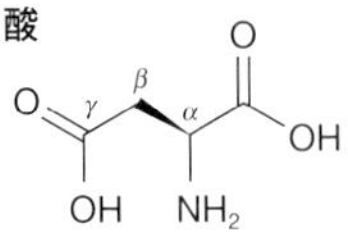

アスパラギン酸(Asp, D) 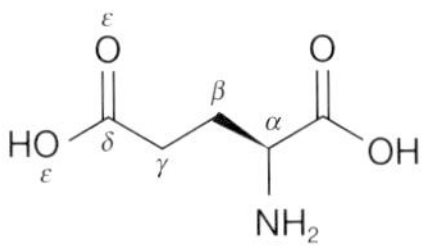　　グルタミン酸(Glu, E)

塩基性アミノ酸

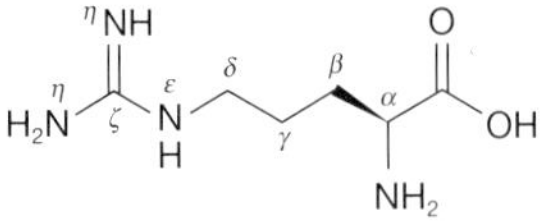

アルギニン(Arg, R) 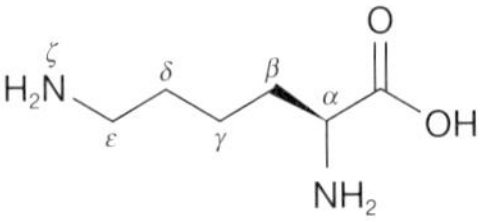　　リシン(Lys, K) 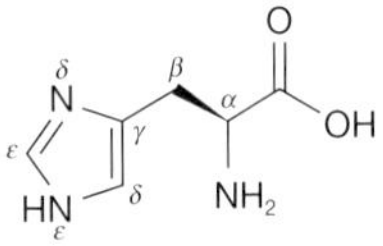　　ヒスチジン(His, H)

図 B.1　（つづき）

その他の重要アミノ酸 18 種類の略称

βAla : β-Alanine

Sar : Sarcosine ＝ N-Methylglycine

Baba : 3-Amino-N-butyric acid

Gaba : 4-Amino-N-butyric acid

3Hyv : 3-Hydroxy-DL-valine

Nva : L-Norvaline

Nle : L-Norleucine

αIle : D-Alloisoleucine

Dopa : 3-(3,4-Dihydroxyphenyl)-L-alanine

Hse : DL-Homoserine

Hcy : DL-Homocysteic acid

Ase(3OH)：*erythro*-3-Hydroxy-DL-aspartic acid

Ase(3Me)：*erythro*-3-Methyl-DL-aspartic acid

A2pr : DL-2,3-Diaminopropionic acid

Cit : L-Citruline

Orn : L-Ornithine

4Hyp : 4-Hydroxy-L-proline

付録 B　アミノ酸，核酸塩基，ヌクレオシド，ヌクレオチドの構造式と化学シフト，スピン結合定数

表 B.1　基本的アミノ酸計 38 種の化学シフトとスピン結合定数
［澄川弘美，鈴木榮一郎，永嶋伸也，分光研究，**37**, 185-200 (1988)．ノート：アミノ酸の ^{1}H NMR スペクトル］

アミノ酸			化学シフト/ppm (DSS)			スピン結合定数/Hz	
	pH	αCH	βCH	γCH その他		$^3J_{\alpha\beta}$	その他
Gly	1.94	3.88					
	6.94	3.54					
	12.05	3.18					
Ala	1.97	4.14	1.57			7.33	
	6.98	3.77	1.47			7.32	
	12.04	3.30	1.21			7.08	
βAla	1.99	3.27	2.80			6.40	
	6.98	3.16	2.54			6.76	
	11.95	2.82	2.33			6.83	
Sar				γCH			
	1.93	3.85		2.76			
	7.00	3.60		2.72			
	12.06	3.13		2.30			
Baba				γCH			$^3J_{\beta\gamma}$
	1.91	3.75	2.75	1.36			6.83
	7.01	3.60	2.48	1.31			6.59
	12.08	3.24	2.25	1.08			6.59
Gaba				γCH			$^3J_{\beta\gamma}$
	1.95	3.05	1.95	2.52		7.56	7.32
	6.97	3.00	1.90	2.28		7.56	7.32
	12.05	2.60	1.68	2.19		7.56	7.32
Val				γCH			$^3J_{\beta\gamma}$
	1.98	3.97	2.36	1.05, 1.07		4.40	7.08, 6.84
	6.92	3.60	2.26	0.98, 1.03		4.15	7.08, 6.84
	11.94	3.03	1.90	0.85, 0.92		5.13	7.08, 6.84
3Hyv				γCH			
	1.92	3.86		1.47, 1.30			
	7.02	3.60		1.45, 1.23			
	11.98	3.14		1.21, 1.19			
Nva				γCH	δCH		$^3J_{\gamma\delta}$
	2.00	4.00	1.90	1.43	0.95	6.35	7.33
	6.95	3.72	1.81	1.37	0.94	6.84	7.33
	12.09	3.23	1.54	1.30	0.89	—	7.33
Leu				γCH	δCH		
	2.03	4.05	1.76	1.84	0.96	5.86	
	6.93	3.72	1.70	1.70	0.95	—	
	11.93	3.25	1.42	1.64	0.89	—	
Ile				γCH	δCH		
	2.05	3.95	2.04	1.50, 1.32	0.94, 1.03	3.91	
	6.98	3.66	1.91	1.46, 1.25	0.93, 1.00	4.15	
	12.08	3.08	1.64	1.40, 1.13	0.88	5.37	

付　録

アミノ酸				化学シフト/ppm(DSS)			スピン結合定数/Hz	
	pH	αCH	βCH	γCH その他			$^3J_{\alpha\beta}$	その他
Nle				γ, δCH	εCH			$^3J_{\delta\varepsilon}$
	1.95	4.00	1.90	1.38	0.89		6.59, 5.86	7.08
	6.93	3.72	1.84	1.33	0.89		6.84, 6.59	7.33, 6.83
	12.07	3.28	1.57	1.28	0.87		6.83, 6.11	7.08
αIle				γCH	βCH–CH$_3$	εCH		
	1.92	4.00	2.14	1.46, 1.35	0.96	0.96	2.93	
	7.09	3.73	1.82	1.42, 1.32	0.93	0.93	3.42	
	12.05	3.32	1.74	1.34, 1.25	0.90	0.79	4.39	
Phe				C–3,4,5H	C–2,6H			$^2J_{\beta\beta}$
	1.95	4.30	3.36, 3.22	7.42	7.35		5.56	14.59
	6.91	3.98	3.28, 3.11	7.41	7.33		5.10, 8.00	14.47
	11.95	3.49	3.00, 2.84	7.37	7.29		5.83, 7.35	13.43
Tyr				C–3,5H	C–2,6H			$^2J_{\beta\beta}$ 環
	1.97	4.26	3.27, 3.15	6.90	7.20		5.46, 7.60	14.83 8.55
	7.04	3.92	3.19, 3.04	6.89	7.19		4.36, 7.73	14.83 8.55
	11.93	3.40	2.85, 2.66	6.58	6.98		5.24, 7.58	13.73 8.55
Dopa				C–2H	C–3H	C–6H		$^3J_{c2c3}$ $^4J_{c2c6}$
	1.90	4.20	3.21, 3.08	6.74	6.90	6.83	7.56	8.30 1.95
	7.02	3.91	3.15, 2.98	6.72	6.88	6.81	—	8.06 2.19
	12.00	3.41	2.83, 2.61	6.43	6.66	6.58	7.56	8.06 1.95
Ser								$^2J_{\beta\beta}$
	2.02	4.17	4.08, 4.01				4.29, 5.11	9.34
	6.93	3.82	3.96, 3.93				4.72, 8.72	8.30
	12.08	3.32	3.73, 3.68				4.32, 5.94	11.23
Thr				γCH				$^3J_{\beta\gamma}$
	1.97	3.86	4.37	1.34			4.40	6.59
	7.08	3.57	4.24	1.32			5.12	6.59
	12.03	3.07	3.93	1.19			5.13	6.60
Hse				γCH				$^3J_{\beta\gamma}$
	1.93	4.12	2.21, 2.10	3.79				5.86
	6.97	3.84	2.15, 2.01	3.77				5.86
	12.01	3.31	1.89, 1.73	3.67				—
Cys								$^2J_{\beta\beta}$
	1.98	4.16	3.14, 3.07				5.70, 3.95	15.08
	6.97	3.97	3.09, 3.02				5.73, 4.07	14.89
	11.94	2.46	3.09, 2.89				3.59, 3.55	11.09
Met				γCH	δCH			$^3J_{\beta\gamma}$
	1.99	4.01	2.18	2.66	2.12		5.37	—
	6.93	3.85	2.14	2.63	2.12		5.37	7.57
	12.06	3.32	1.90, 1.80	2.55	2.11		5.62	8.06, 7.57
Hcy				γCH				
	2.00	4.18	2.37	3.10			6.34	
	6.98	3.86	2.29	3.04			6.35	
	12.07	3.33	2.05, 1.94	2.94			7.33	
Cys | Cys	1.92	4.37	3.45, 3.26				7.56	
	7.03	4.11	3.38, 3.20				8.05	
	11.98	3.57	3.10, 2.89				7.57	

付録 B　アミノ酸，核酸塩基，ヌクレオシド，ヌクレオチドの構造式と化学シフト，スピン結合定数

アミノ酸		化学シフト／ppm（DSS）				スピン結合定数／Hz	
pH	αCH	βCH		γCH その他		$^3J_{\alpha\beta}$	その他
Asp							$^2J_{\beta\beta}$
2.02	4.21	3.06				—	
7.04	3.89	2.80, 2.67				6.02, 4.60	8.00
11.96	3.53	2.63, 2.26				3.64, 10.27	15.38
Asn							$^2J_{\beta\beta}$
2.07	4.18	2.99, 2.95				4.30, 6.93	17.09
7.02	4.01	2.96, 2.86				3.97, 7.87	16.91
11.99	3.56	2.65, 2.41				4.75, 8.92	14.77
Glu				γCH			$^3J_{\beta\gamma}$
1.98	4.01	2.23, 2.18		2.62, 2.61		6.60	
6.96	3.74	2.11, 2.05		2.35		7.33	8.06
12.06	3.22	1.87, 1.75		2.19		—	
Gln				γCH			
2.02	3.96	2.18		2.49		6.35	
7.06	3.76	2.12		2.44		—	
12.08	3.24	1.88, 1.81		2.29		—	
Ase(3OH)							
1.91	4.38	4.86				2.93	
7.00	4.55	4.05				1.95	
12.06	4.36	3.61				1.95	
Asp(3Me)				γCH			$^3J_{\beta\gamma}$
2.08	4.20	3.30		1.33		4.15	7.32
6.91	3.64	2.85		1.27		5.86	7.57
12.03	3.18	2.33		1.06		9.77	7.08
A$_2$pr							
1.94	4.10	3.48				6.35	
6.98	3.79	3.27				6.35	
12.07	3.25	2.80, 2.71				5.13, 6.80	
Cit				γCH	δCH		$^3J_{\gamma\delta}$
2.02	4.00	1.93		1.60	3.15	6.35	6.84
6.94	3.74	1.86		1.56	3.13	6.35	6.83, 6.59
12.06	3.32	1.59		1.50	3.09	6.59	6.59
Orn				γCH	δCH		$^3J_{\gamma\delta}$
1.92	3.99	1.99		1.85, 1.78	3.06	6.11	7.56
6.92	3.77	1.98		1.78	3.04	6.10	7.32
12.04	3.23	1.58		1.45	2.63	6.11	6.84
Lys				γCH	δCH	εCH		$^3J_{\delta\varepsilon}$
1.94	3.96	1.96		1.51	1.73	3.02	6.35	7.57
6.91	3.74	1.89		1.45	1.71	3.01	6.11	7.57
12.05	3.22	1.57		1.32	1.45	2.62	6.35	7.08
His				C-2H	C-4H			$^2J_{\beta\beta}$
1.92	4.16	3.39		8.68	7.41		—	—
6.91	3.98	3.23, 3.14		7.88	7.09		4.83, 7.87	15.51
12.08	3.47	2.94, 2.80		7.65	6.90		5.35, 7.47	14.71

付　録

アミノ酸			化学シフト/ppm（DSS）			スピン結合定数/Hz	
pH	αCH	βCH	γCH その他			$^3J_{\alpha\beta}$	その他
Arg			γCH	δCH			$^2J_{\beta\beta}$
1.98	3.96	1.97	1.72	3.25		6.11	—
6.97	3.76	1.90	1.67	3.24		6.11	6.84
11.90	3.25	1.62	1.62	3.19		3.86	—
4Hyp			γCH	δCH			
1.94	4.51	2.47, 2.24	4.68	3.50, 3.38			
6.92	4.33	2.42, 2.15	4.66	3.47, 3.35			
12.06	3.67	2.08, 1.89	4.43	3.27, 2.70			
Pro			γCH	δCH			
1.95	4.29	2.40, 2.14	2.04	3.44, 3.36			
7.01	4.12	2.33, 2.07	2.00	3.41, 3.34			
12.04	3.50	2.11, 1.73	1.73	3.04, 2.70			
Trp			C–2H	C–4H	C–5,6H	C–7H	$^2J_{\beta\beta}$
2.04	4.29	3.52, 3.41	7.33	7.71	7.28, 7.20	7.54	5.18, 7.52	15.26
7.01	4.04	3.48, 3.30	7.31	7.73	7.27, 7.19	7.53	4.72, 8.21	15.26
12.09	3.56	3.17, 3.02	7.23	7.73	7.24, 7.16	7.50	5.23, 7.09	14.46

B.2　核酸塩基，ヌクレオシド，ヌクレオチド

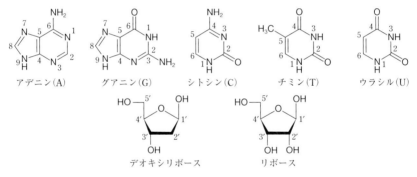

図 B.2　核酸を構成する塩基と糖の構造および構成原子の番号

表 B.2　ヌクレオシドの ^{1}H シグナルの位置
［N. S. Bhacca, L. F. Johnson, and J. N. Shoslery, *NMR Spectra Catalog*, Varian Associates（1962）］

	H_2 あるいは H_5	H_3 あるいは H_6	$H_{1'}$	$H_{2'}$	$H_{3'}$	$H_{4'}$	$H_{5'}$	CH_3
シ チ ジ ン	6.0	7.9	5.9	4.3			3.8 / 4.0	
ウ リ ジ ン	5.9	7.9	5.9					
チ ミ ジ ン（デオキシリボース）		7.7	6.3	2.4	4.5	4.0	3.8 / 3.9	1.9
ア デ ノ シ ン	8.2	8.4	6.0	4.7	4.2	4.1	3.8 / 3.9	
グ ア ノ シ ン		8.5	6.0					

値は TMS からのシフト（ppm）

付録 B　アミノ酸，核酸塩基，ヌクレオシド，ヌクレオチドの構造式と化学シフト，スピン結合定数

表 B.3　ヌクレオチドの ^{1}H シグナルの位置
[D. B. Davies and S. S. Danyluk, *Biochemistry*, **13**, 4417 (1974); *ibid.*, **14**, 543 (1975)]

	H_8 あるいは H_6	H_2 あるいは H_5	$H_{1'}$	$H_{2'}$	$H_{3'}$	$H_{4'}$	$H_{5'}$	$H_{5''}$
2′-AMP	8.326	8.117	6.127	5.036	4.572	4.300	3.913	3.840
3′-AMP	8.337	8.151	6.095	4.827	4.730	4.464	3.934	3.934
5′-AMP	8.554	8.117	6.044	4.772	4.463	4.350	4.012^b	4.012
5′-dAMP	8.499	8.117	6.431	2.809 / 2.586	4.727	4.263	3.945^b	3.945
2′-GMP	7.990		6.003	5.090	4.570	4.243	3.871	3.804
3′-GMP	8.015		5.929	4.789	4.743	4.387	3.916	3.888
5′-GMP	8.204		5.925	4.759	4.501	4.334	4.016^b	4.016
5′-dGMP	8.179		6.292	2.789 / 2.530	4.729	4.223	3.946^b	3.946
2′-UMP	7.840	5.890	5.968	4.668	4.350	4.126	3.861	3.793
3′-UMP	7.890	5.890	5.927	4.395	4.484	4.227	3.893	3.852
5′-UMP	8.108	5.972	5.981	4.413	4.340	4.254	4.017	3.961
5′-dUMP	8.054	5.936	6.318	2.388 / 2.348	4.562	4.154	3.945^b	3.945
2′-CMP	7.776	6.031	5.967	4.631	4.322	4.118	3.864	3.790
3′-CMP	7.874	6.062	5.947	4.386	4.503	4.235	3.930	3.883
5′-CMP	8.127	6.136	6.011	4.361	4.342	4.245	4.039	3.989
5′-dCMP	8.044	6.113	6.327	2.380 / 2.319	4.545	4.145	3.945^b	3.945
5′-dTMP	7.894	1.918^c	6.327	2.410 / 2.320	4.572	4.159	3.990^b	3.990

^{a} 0.1 mol/L D_2O 溶液，測定温度 20±2°C，測定精度 ±0.002 ppm. 値は内部基準 TSP からのシフト (ppm)
^{b} 220 MHz では $H_{5'}$ と $H_{5''}$ のシグナルは分離されない．
^{c} 5 位 CH_3 のシグナル．

表 B.4　5′-ヌクレオチドのスピン結合定数 (Hz)
[D. B. Davies and S. S. Danyluk, *Biochemistry*, **13**, 4417 (1974)]

	$J_{1',2'}$	$J_{1',2''}$	$J_{2',2''}$	$J_{2',3'}$	$J_{2'',3'}$	$J_{3',4'}$	$J_{4',5'}$	$J_{4',5''}$	$J_{5',5''}$	$J_{4',P}$	$J_{5',P}$	$J_{5'',P}$
5′-AMP	5.9			5.0		3.6	3.2^a	3.2^a	$—^b$	1.0	4.3^c	4.3^c
5′-GMP	6.0			5.0		3.7	3.4^a	3.4^a	$—^b$	~1.0	4.7^c	4.7^c
5′-UMP	5.1			4.8		4.1	2.3	2.8	−11.8	1.7	3.8	5.2
5′-CMP	4.4			4.5		4.6	2.5	2.9	−12.0	~1.0	3.8	4.9
5′-dAMP	7.3	6.2	−14.0	6.1	3.4	3.0	3.7	3.7	$—^b$	0.5	4.6^c	4.6^c
5′-dGMP	7.5	6.5	−13.4	6.0	3.4	3.2	3.5^a	3.5^a	$—^b$	1.0	4.5^c	4.5^c
5′-dTMP	7.6	6.2	−14.0	6.6	2.6	3.0	3.7^a	3.7^a	$—^b$	1.7	4.7^c	4.7^c
5′-dCMP	7.0	6.3	−14.1	6.0	4.0	3.2	3.5	4.0	−12.0	0.6	4.5	5.6
5′-dUMP	7.5	6.5	−14.0	6.5	3.0	3.0	3.5^a	3.5^a	$—^b$	1.3	4.7^c	4.7^c

$^a J = (J_{4'5'} + J_{4'5''})/2$
^{b} 220 MHz では分離不十分で決められない．
$^c J = (J_{5'P} + J_{5''P})/2$

付録C　NMR構造データにおいて推奨される表記

NMR法による生体高分子の解析において用いられる原子名やコンホメーションなどの推奨される表記については，以下の論文にまとめられている．ここでは，特に重要なものを抜粋してある．

［出典］

J. L. Markley, A. Bax, Y. Arata, C. W. Hilbers, R. Kaptein, B. D. Sykes, P. E. Wright, and K. Wüthrich, "Recommendations for the presentation of NMR structures of proteins and nucleic acids, IUPAC-IUBMB-IUPAB Inter-Union Task Group on the Standardization of Data Bases of Protein and Nucleic Acid Structures Determined by NMR Spectroscopy", *J. Biomol. NMR*, **12**, 1-23 (1998)

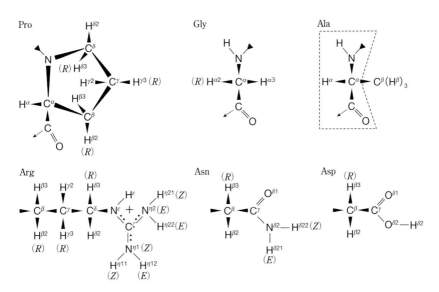

図 C.1　アミノ酸残基を構成する原子の名称

付　録

図 C.1　（つづき）

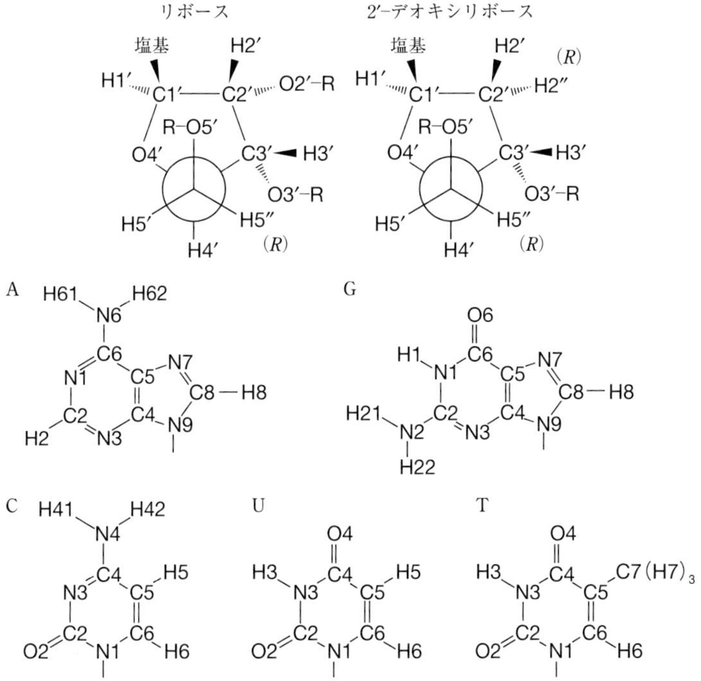

付録 C　NMR 構造データにおいて推奨される表記

図 C.2　核酸構成糖・塩基の原子の名称

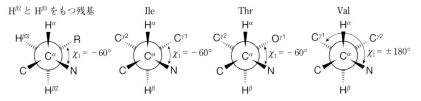

図 C.3　ペプチド・タンパク質におけるアミノ酸残基のねじれ角の定義

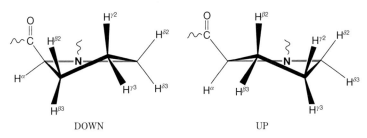

図 C.4　プロリン残基のパッカリングの DOWN および UP のコンホメーション

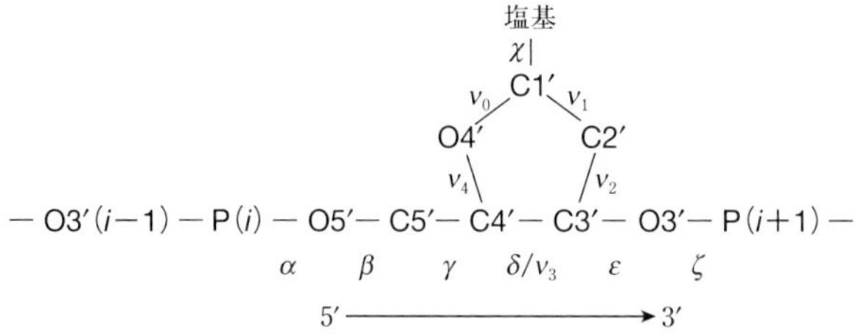

付　録

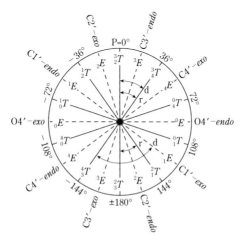

図 C.5　核酸類におけるねじれ角の名称づけ

図 C.6　フラノース環の擬回転（核酸のコンホメーション解析などで用いる）

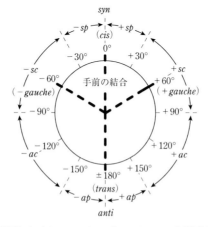

図 C.7　核酸における *syn, anti* コンホメーションの内部回転角の範囲

付録 C　NMR 構造データにおいて推奨される表記

表 C.1　アミノ酸の擬原子とプロトン原子との対応表

残　　基	擬　原　子	プロトン原子
Gly	QA	α-メチレン基
Ala	MB	β-メチル基
Val	MG1, MG2	$\gamma 1$-, $\gamma 2$-メチル基
	QG	すべての γ-メチル基(6個)
Ile	MG, MD	$\gamma 2$-, $\delta 1$-メチル基
	QG	$\gamma 1$-メチレン基
Leu	MD1, MD2	$\delta 1$-, $\delta 2$-メチル基
	QB	β-メチレン基
	QD	すべての δ-メチル基(6個)
Pro	QB, QG, QD	β-, γ-, δ-メチレン基
Ser, Asp, Cys, His, Trp	QB	β-メチレン基
Thr	MG	$\gamma 2$-メチル基
Asn	QB	β-メチレン基
	QD	$\delta 2$-アミノ基
Glu	QB, QG	β-, γ-メチレン基
Gln	QB, QG	β-, γ-メチレン基
	QE	$\varepsilon 2$-アミド基
Lys	QB, QG, QD, QE	β-, γ-, δ-, ε-メチレン基
	QZ	ζ-アミノ基
Arg	QB, QG, QD	β-, γ-, δ-メチレン基
	QH1, QH2	$\eta 11$, $\eta 12$, $\eta 21$, $\eta 22$
	QH	すべての η-グアニジノ基(4個)
Met	QB, QG	β-, γ-メチレン基
	ME	ε-メチル基
Phe, Tyr	QB	β-メチレン基
	QD, QE	$\delta 1$, $\delta 2$ 環, $\varepsilon 1$, $\varepsilon 2$ 環
	QR	すべての環
β-D-リボース	Q5$'$	5$'$-メチレン基
2$'$-β-D-デオキシリボース	Q2$'$	2$'$-メチレン基
	Q5$'$	5$'$-メチレン基
A	Q6	6-アミノ基
C	Q4	4-アミノ基
G	Q2	2-アミノ基
T	M7	7-メチル基

付録 D　IUPAC 推奨の化学シフト基準信号と化学シフト算定法

D.1　核種 X の化学シフトの基本式

核種 X の化学シフト(ppm)は，下記のように算定される．

$$\delta_{\text{sample}}(X) = \frac{\nu_{\text{sample}}(X) - \nu_{\text{reference}}(X)}{\nu_{\text{sample}}(X)} \times 10^6$$

D.2　溶媒効果

次の表 D.1 のように，TMS の ^{1}H 化学シフトは溶媒効果を受けるので，測定溶媒を明記する必要がある．また，^{1}H を基準とした他核の共鳴周波数を表 D.2 に示す．

表 D.1　各種溶媒における TMS 基準の化学シフトおよび体積磁気感受率
[R. K. Harris *et al.*, *Pure Appl. Chem.*, **80**, 59–84 (2008)]

溶　媒	δ^{obs}/ppm[a]	κ/ppm[b]	δ/ppm[c]	δ^{MAS}/ppm[d]
クロロホルム-d_1	0.00	−9.153	0.00	0.000
アセトン-d_6	0.97	−5.700	−0.16	−0.160
アセトニトリル-d_3	0.83	−6.597	−0.01	−0.011
DMSO-d_6	0.54	−7.730	0.07	0.062
メタノール-d_4	0.72	−6.606	−0.11	−0.106[e]
THF-d_8	0.31	−7.914	−0.10	−0.109
ベンゼン-d_6	−0.01	−7.82	−0.45	—[f]
ニトロベンゼン-d_5	−0.03	−7.28	−0.64	—[f]
トルエン-d_8	0.05	−7.72	−0.42	—[f]
TMS(neat)	0.58[g]	−6.90	−0.15	−0.124[h]
重水(飽和溶液)	0.01	−8.840	−0.09	−0.071[h]
DSS(10 mmol/L 重水中)	0.03	−8.840	−0.07	−0.056[h]

[a] B_0 軸に平行な軸まわりで同軸(二重)試料管を回転させた場合のさまざまな溶媒中における TMS の見かけ上の ^{1}H 化学シフト(CDCl$_3$ 中の TMS を外部標準とした相対値)．
[b] 体積磁気感受率(ppm は ×10^{-6} と等価；ここでは SI 単位)．
[c] 形状因子 0.007 を用いて計算した δ
[d] a とはマジック角まわりの値である点が異なる．
[e] 溶媒として非重水素化メタノールを用いた．
[f] 未決定．
[g] R. Hoffman による未発表データ．
[h] Aix-Marseille 大学の F. Ziarelli と A. Thevand による未発表データ．

付　録

表 D.2　^{1}H を基準(100)とした場合の標準物質の ^{2}H, ^{13}C, ^{31}P, ^{15}N, ^{14}N 核の共鳴周波数
［R. K. Harris, E. D. Becker, S. M. C. de Menezes, R. Goodfellow, and P. Granger, *Pure Appl. Chem.*, **73**, 1795–1818(2001)］

同位体	代わりとなる第2標準			推奨される第2標準[a]		
	標準物質	試料条件	NMR共鳴周波数/%	標準物質	試料条件	NMR共鳴周波数/%
^{1}H	DSS	内部基準	100.000000	TMS	内部基準[b]	100.000000
^{2}H	DSS	内部基準	15.350608	TMS	内部基準[b]	15.350609
^{13}C	DSS	内部基準	25.144953	TMS	内部基準[b]	25.145020
^{31}P	(CH$_3$O)$_3$PO	内部基準	40.480864	H$_3$PO$_4$	外部基準	40.480742
^{15}N	NH$_3$(液体)	外部基準	10.132912	CH$_3$NO$_2$	外部基準	10.136767
^{15}N	[(CH$_3$)$_4$N]I	内部基準[c]	10.133356			
^{14}N	[(CH$_3$)$_4$N]I	内部基準[c]	7.223885	CH$_3$NO$_2$	外部基準	7.226717

[a] 表 A.1 参照
[b] CDCl$_3$ 中，体積濃度 1%
[c] DMSO-d_6 中，0.075 M

D.3　TMS を基準とした統一スケールによる X 核基準周波数の決定法

すべての核種の周波数が同一の発振器から作られることを利用して，TMS の ^{1}H 周波数を測定することにより他の核種の標準物質の基準周波数(表 D.2 の「推奨される第2標準」)をも決定する方法がある．すなわち，D.1 の $\nu_{\text{reference}}(\text{X})$ を次式により決定できる．

$$\nu_{\text{reference}}(\text{X}) = \nu_{\text{TMS}}(^1\text{H}) \times \xi_{\text{reference}}$$

ここで，$\nu_{\text{TMS}}(^1\text{H})$ は同一装置で測定された TMS の ^{1}H の共鳴周波数．$\xi_{\text{reference}}$ は実測の基準化学シフト周波数比($= \nu_{\text{reference}}(\text{X})^{\text{obs}}/\nu_{\text{TMS}}(^1\text{H})^{\text{obs}}$, chemical shift referencing ratio)である．

$\xi_{\text{reference}}$ としては IUPAC Recommendations(表 D.2 の「推奨される第2標準」を 100 で割った値)，BMRB データバンクなどに報告されている値を使う．水溶液では TMS の代わりに DSS を基準として用いる(表 D.2 の「代わりとなる第2標準」)．IUPAC は ^{1}H 以外の核種ではこの方法の使用を推奨している．

付録 E　化学シフトの基準と標準物質

表 E.1　化学シフトの基準と標準物質
［林 繁信，中田真一 編，チャートで見る材料の固体 NMR，講談社（1993）より抜粋］

核　種	基準（0 ppm）	2 次標準物質	化学シフト[a]/ ppm	［線幅][b]/ ppm
^{1}H	Tetramethylsilane	Benzene	6.771　(0.005)	[0.011]
		CHCl$_3$	7.392　(0.005)	[0.006]
		H$_2$O	4.877　(0.005)	[0.024]
		Adamantane	1.91　(0.01)	
		Si(SiMe$_3$)$_4$	0.247　(0.011)	[0.80]
		Silicone rubber（回転数≧2.5 kHz）	0.119　(0.003)	[0.047]
^{2}H	D$_2$O	D$_2$O	0	[0.03]
^{7}Li	1.0 M LiCl 水溶液	LiCl	$-$1.19　(0.03)	[2.6]
		LiBr	$-$2.04　(0.03)	[2.1]
^{11}B	(C$_2$H$_5$)$_2$O·BF$_3$	H$_3$BO$_3$ 飽和水溶液	19.49　(0.02)	[0.8]ST
		BPO$_4$	$-$3.60　(0.03)	[2.1]
		NaBH$_4$	$-$42.06　(0.02)	[1.0]
^{13}C	Tetramethylsilane	Benzene	128.475　(0.005)	[0.006]
		CHCl$_3$	77.966　(0.005)	[0.020]
		Adamantane	38.520　(0.005)	[0.050]
			29.472　(0.004)	[0.049]
		Glycine	176.46　(0.02)	[0.40]
			43.67　(0.01)	[0.90]
		Hexamethylbenzene	132.07　(0.04)	[0.83]
			17.17　(0.02)	[0.80]
		Silicone rubber（回転数≧3.0 kHz）	1.412　(0.004)	[0.030]
		Si(SiMe$_3$)$_4$	3.517　(0.005)	[0.077]
^{15}N	Nitromethane	HCONH$_2$	$-$266.712　(0.004)	[0.018]
		^{15}NH$_4$Cl	$-$341.168　(0.011)	[0.077]
		NH$_4$Cl(10 at.% ^{15}N)	$-$341.168　(0.011)	[0.085]
^{23}Na	1.0 M NaCl 水溶液	NaCl	7.21　(0.03)	[1.9]
		NaBr	5.04　(0.02)	[1.9]
		NaI	$-$3.25　(0.06)	[1.8]
		NaBH$_4$	$-$8.16　(0.02)	[1.2]
^{27}Al	1.0 M Al(NO$_3$)$_3$ 水溶液	1.0 M AlCl$_3$ 水溶液	$-$0.10　(0.01)	[0.16]
		AlK(SO$_4$)$_2$·12H$_2$O	$-$0.21　(0.02)	[0.88]
		AlNH$_4$(SO$_4$)$_2$·12H$_2$O	$-$0.54　(0.02)	[0.73]
^{29}Si	Tetramethylsilane	Hexamethyldisiloxane	6.679　(0.004)	[0.011]
		3-(Trimethylsilyl)propionic-d_4 acid Na salt（TSPA-d_4）	1.445[c]　(0.012)	[0.16]
		3-(Trimethylsilyl)propionic acid Na salt（TSPA）	1.459[c]　(0.012)	[0.17]

付　録

核　種	基準(0 ppm)	2次標準物質	化学シフト^a/ppm	[線幅]^b/ppm
		3-(Trimethylsilyl)propanesulfonic acid Na salt (4,4-Dimethyl 4-silapentane sodium sulfonate; DSS)	1.534^c (0.012)	[0.22]
		Si(SiMe$_3$)$_4$	−9.843 (0.006)	[0.040]
			−135.402 (0.007)	[0.059]
		Hexamethylcyclotrisiloxane	−9.66 (0.05)	[1.0]
		Silicone rubber(回転数≧2.0 kHz)	−22.333 (0.008)	[0.031]
^{31}P	85% H$_3$PO$_4$ 水溶液	(NH$_4$)$_2$HPO$_4$	1.33 (0.02)	[0.80]
		NH$_4$H$_2$PO$_4$	1.00 (0.03)	[1.1]
^{35}Cl	KCl(固体)	1.0 M NaCl 水溶液	−3.90 (0.02)	[0.7]ST
		NaCl	−49.73 (0.03)	[1.0]
		KCl	0	[0.5]
^{39}K	1.0 M KCl 水溶液	KCl	47.8 (0.1)	[8.4]ST
		KBr	55.1 (0.1)	[14.7]ST
		KI	59.3 (0.1)	[13.3]ST
^{51}V	VO$_3$Cl	0.16 M NaVO$_3$ 水溶液	−574.28 (0.05)	[0.87]ST
^{59}Co	K$_3$Co(CN)$_6$ 飽和水溶液	K$_3$Co(CN)$_6$ 飽和水溶液	0	[0.30]ST
^{63}Cu	CuCl(固体)	CuCl	0	[4.0]
^{65}Cu	CuCl(固体)	CuCl	0	[3.3]
^{77}Se	Se(CH$_3$)$_2$	(NH$_4$)$_2$SeO$_4$	1040.20 (0.01)	[0.18]
		Na$_2$SeO$_4$	1059.18 (0.02)	[0.29]
		K$_2$SeO$_4$	1052.79 (0.03)	[0.13]
^{79}Br	KBr(固体)	1.0 M KBr 水溶液	−42.7 (0.1)	[6.1]ST
		NaBr	−52.89 (0.08)	[2.1]
		KBr	0	[1.4]
^{87}Rb	1.0 M RbCl 水溶液	RbCl	123.43 (0.06)	[1.8]
^{119}Sn	Tetramethyltin	SnO$_2$	−602.77 (0.02)	[1.0]
		Na$_2$SnO$_3$·3H$_2$O	−563.78 (0.03)	[0.63]
		K$_2$SnO$_3$·3H$_2$O	−569.11 (0.02)	[0.52]
^{125}Te	(CH$_3$)$_2$Te	1.0 M K$_2$TeO$_3$ 水溶液	1736.6 (0.1)	[0.53]ST
		Te(OH)$_6$	692.20 (0.10)	[0.8]
			685.53 (0.13)	[0.9]
^{127}I	KI(固体)	1.0 M KI 水溶液	−168.7 (0.6)	[23]ST
		NaI	33.53 (0.23)	[6.9]
		KI	0	[3.8]
		RbI	76.91 (0.12)	[6.8]
^{133}Cs	1.0 M CsCl 水溶液	CsCl	218.52 (0.14)	[1.4]
^{195}Pt	Tetramethylsilane (^{1}H×0.214)	0.9 M H$_2$PtCl$_6$ 10% HCl 溶液 (294 K)	4521.1 (0.2)	[0.79]ST
		(NH$_4$)$_2$PtCl$_6$ (300 K)	4737.3^c (0.2)	[1.3]
		K$_2$PtCl$_6$ (300 K)	4704.8^c (0.2)	[1.5]

^{a} プロトン周波数 400 MHz の装置で測定したピークの位置. 2次の核四極子相互作用にともなうシフトの補正は行っていない. カッコ内の数値は誤差範囲を表す.
^{b} 線幅は MAS スペクトルにおける値. ST と付いている値はマジック角回転をしていない値. 液体でも ST の表示がなければマジック角回転をしている.
^{c} スペクトルは微細構造をもつため, 中央の最強のピークの位置を表す.

付録F　直積演算子の計算に役立つ図

2つ以上のスピンの相互作用を扱う際には，多スピン系の密度演算子による厳密な取り扱いをすべきであるが，物理的イメージを得やすい直積演算子近似がしばしば用いられる．これは多次元NMRなどのパルス系列のデザインに不可欠な方法となっている．図F.1は化学シフトやパルスによる直積演算子の変換をわかりやすくまとめたものである．この図でのシフトあるいはパルスによる回転の方向が，本文中のいくつかの図で示されている磁化あるいは磁気モーメントの回転方向と異なるように見える．この違いは磁気回転比 $\gamma > 0$（プロトンなど）では歳差運動方向（Ω, β）が負となるためである．

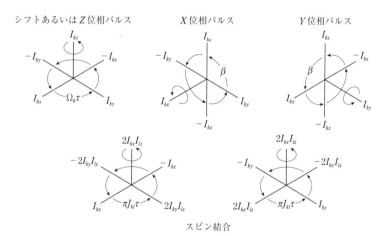

図F.1　シフト Ω，パルス β およびスピン結合 J による直積演算子の回転の模式図
　　　k, l は2つの異なるスピンを示す．
　　〔R. R. Ernst, G. Bodenhausen, and A. Wokaun, "*Principles of Nuclear Magnetic Resonance in One and Two Dimensions*" Clarendon Press, Oxford(1987)〕

参　考　書

［NMR 全般］

NMR の原理についてやさしく説明している本
- P. J. Hore, *Nuclear Magnetic Resonance*, Oxford Science Publication (1995)
- 安藤喬志，宗宮 創，これならわかる NMR，化学同人，(1997)
- 福士江里，宗宮 創，これならわかる二次元 NMR，化学同人，(2007)

FT-NMR の基礎的原理がまとめられている．出版は古いが読みやすい．
- T. C. Farrar，E. D. Becker 著，赤坂一之，井元敏明 訳，パルスおよびフーリェ変換 NMR-理論および方法への入門，吉岡書店 (1979)

2 次元 NMR の基本原理が体系的にまとめられている。
- R. R. Ernst, G. Bodenhausen, A. Wokaun 著，永山国昭，藤原敏道，内藤 晶，赤坂一之 訳，エルンスト 2 次元 NMR-原理と測定法，吉岡書店 (1991)

磁気共鳴の原理が体系的にまとめられている。
- C. P. Slichter, *Principles of Magnetic Resonance Third Enlarged and Updated Edition*, Springer (1996)；(日本語版) 益田義賀 訳，磁気共鳴の原理，シュプリンガー・フェアラーク東京 (1998)
- 荒田洋治，NMR の書，丸善 (2000)
- M. H. Levitt, *Spin Dynamics: Basics of Nuclear Magnetic Resonance*, Wiley (2002)

NMR の原理・理論の中のエッセンスがわかりやすくまとめられた本．特に固体についての描写は充実．専門書を読む前の 1 冊として最適
- 竹腰清乃理，磁気共鳴-NMR―核スピンの分光学，サイエンス社 (2011)

参 考 書

NMR の原理と装置の関係を少し専門的に知りたいときに
・日本化学会 編,第 4 版 実験化学講座 5―NMR,丸善(1991)
・A. E. Derome 著,竹内敬人,野間敦子 訳,化学者のための NMR 概説,化学同人(1991)

[第 4 章 有機化学・分析科学・環境科学への展開と産業応用]
いろいろな測定法と得られる情報について
・日本化学会 編,第 5 版 実験化学講座 8―NMR・ESR,丸善(2006),pp. 71-390
・岩下 孝,楠見武徳,村田道雄,特論 NMR 立体化学,講談社(2012)

試料の調製法などを知るには
・泉 美治,小川雅彌,加藤俊二,塩川二朗,芝 哲夫 監修,第 2 版機器分析の手引き 1,化学同人,(1996),pp. 25-77

天然有機化合物の構造解析例を知るには
・伏谷伸宏,廣田 洋 編,天然有機化合物の構造解析,シュプリンガー・フェアラーク東京(1994)

二次元 NMR を含む演習書
・横山 泰,廣田 洋,石原晋次 著,演習で学ぶ有機化合物のスペクトル解析,東京化学同人,(2010)
・H. Duddeck, W. Dietrich 著,NMR ワークブック,シュプリンガー・フェアラーク東京(1990)

MRI に関して
・日本磁気共鳴医学会教育委員会 編,基礎から学ぶ MRI,インナービジョン(2004).
・D. G. Nishimura, *Principles of Magnetic Resonance Imaging*, Stanford Univ., Stanford (2010)
・小川誠二,上野照剛 監修,非侵襲・可視化技術ハンドブック,エヌ・ティー・エス(2007),第 1 章 MRI を用いる形態,機能,代謝の可視化

[第 5 章　生命科学への展開]
タンパク質をはじめとした生化学の NMR には欠かせない大御所 Wütherich の教科書
・K. Wütherich 著，荒田洋治，甲斐荘正恒 訳，生体物質の NMR―ペプチド・タンパク質を中心に，東京化学同人(1979)
・K. Wütherich 著，京極好正，小林祐次 訳，タンパク質と核酸の NMR―二次元 NMR による構造解析，東京化学同人(1991)
・日本分光学会 編，核磁気共鳴分光法(分光測定入門シリーズ 8)，講談社(2009)

[第 6 章　物質科学への展開]
前半は基礎的な理論の解説，後半は生体・高分子材料などへの応用についての説明が充実
・齋藤 肇，安藤 勲，内藤 晶，NMR 分光学―基礎と応用，東京化学同人(2008)

さまざまな核種の固体・液体 NMR 測定例がまとめられている
・北川 進，水野元博，前川雅彦，多核種の溶液および固体 NMR，三共出版(2008)

「分光法シリーズ」刊行にあたって

　分光学は，電磁波（光）と物質の相互作用を介して物質の構造や性質を解き明かすという基礎学術の分野として，より精密，より高感度，より高速を目指して大きく発展してきました．一方で，分光学は，人々の安全・安心ならびに健康や高度な産業を支える先端的な計測技術・装置の基盤となる技術を社会に提供してきました．そして，分光機器やレーザー光源，解析装置などの著しい進展とも相まって，いまや従来の物理学や化学の分野の枠を越えて，その応用分野は産業分野から生命科学そして医療や宇宙にまで著しく拡大しています．

　本シリーズは，このような進展著しい分光学に対する学術分野ならびに産業界からの切実なニーズに応えるべく企画されました．各巻では，現代に見合った新しいコンセプトを盛り込みつつも，次のような編集方針が貫かれています．すなわち，
（ⅰ）　およそ20年は陳腐化しない内容とする．
（ⅱ）　研究に取り組む者が最初に手に取るべき教科書とする．
（ⅲ）　原理から応用までを解説する．応用については概念を重視する．
（ⅳ）　刊行時点での一過性のトピックスを取り上げることはせず，すでに確立している概念・手法を解説する．
（ⅴ）　付録の充実を図り，日々密に携えて活用される指針書とする．
などです．

　新シリーズは「分光法シリーズ」と名付け，当学会がその内容に責任をもって企画・編集・執筆などにあたります．本シリーズは，大学院修士課程以上の研究者や企業の専門職層を対象とし，分光法そのものを専門とする読者だけでなく，それを利用する広範な科学技術分野の研究者にも役立つ内容を目指しています．

　本シリーズが社会的要請に合致したものとして受け入れられ，わが国の科学の発展と産業競争力の向上に資するべく，遍く活用されることを願うものであります．

2014 年春
公益社団法人日本分光学会
出版広報委員長　鈴木榮一郎
会長　緑川　克美

索　引

■欧　文

^{113}Cd NMR　205, 206
^{113}Cd 同種核デカップリング　206
^{13}C/^{15}N–filtered ^{13}C–edited NOESY–HSQC　233
^{1}H–^{113}Cd COSY　206
^{27}Al NMR　270
^{29}Si NMR　267
^{31}P NMR　202, 203, 204
3D-1D 法　157
^{7}Li NMR　284
90°パルス　3
ALPO　272
BEST 三重共鳴法　132
Carr–Purcell–Meiboom–Gill 法　54
CAS　142
CBCA(CO)NH　219
CBCANH　219
CDK5　238
Chemical Abstracts Service　142
CIDNP　156
c-Jun N 末端キナーゼ 2α2　238
CK2　243
COSY　66, 270
　^{1}H–^{113}Cd ——　206
　DFQ- ——　80, 215
CP/MAS 法　83

CPMG 法　54
CP 反転回復法　179
CRAMPS 法　83, 84
CSI 法　202
DAS　86
DEPT　142
DFQ–COSY　80, 215
DFT　100
DNP(法)　86, 137, 260
DOR　86
DQD　103
DSS　22, 108, 141
ESR　11, 17
FFT　99
FID　49
GRK5　238
GST　218
G タンパク共役受容体キナーゼ 5　238
g 値　17
HCACO　219
HCA(CO)N　219
H(CA)NH　219
HETCOR　278
HMBC　145
HMQC　75
　SOFAST- ——　132
HNCA　219
HN(CA)CO　219

索　引

HNCO　219

HN(CO)CA　219

HOHAHA　163

HSQC　46

　　3 次元 ^{13}C/^{15}N–filtered ^{13}C–edited NOESY–──　223

　　3 次元 ^{13}C/^{15}N–filtered ^{15}N–edited NOESY–HSQC──　233

INADEQUATE　154, 270

in-cell NMR　254

　　原核細胞の──　254

　　真核細胞の──　254

INEPT　117

in situ Li NMR　287

in vivo NMR　189

ISIS 法　202

JNK2α2　238

J 結合　16, 83

J 分裂　6

Karplus の式　39

LP 法　99, 130

MASE 法　207

MAS 法　7, 258

MaxEnt　99, 130

MEM　99, 130

Methyl TROSY 法　217

MOF　277

Mosher 法　149

MRI　4, 7, 199

MRS　199

MTPA　149

NMR thermometer　97

NMR 結晶学　270

NMR 分光法　1, 11

NOE　6, 62, 146

　　──を用いた立体配置の決定　146

　　回転座標系における──　63

NOESY　66, 215

　　2 次元 ^{13}C/^{15}N–double filtered──　233

　　2 次元 ^{13}C/^{15}N–half filtered──　233

Non-uniform sampling (NUS)　132

n 量子コヒーレンス　17

PFG 法　95

PH ドメイン　224

PKCδ　238

PMD　158

pre saturation 法　113

PRESS 法　202

PRE 法　217

QPD　103

Q 値　95

RDC　217

REDOR 法　184

ROE　63

SAIL アミノ酸　215

SciFinder　142

sensitivity enhancement 法　121

shaped パルス　125

SNPs　158

SOFAST–HMQC　132

SpecInfo　142

States 法　104, 118

States–TPPI 法　105, 118

STEAM 法　202

STMAS　86

TALOS プログラム　235

索　引

TMS　22, 108, 141
TMSP　22, 108
TOCSY　144, 215
TPPI法　104, 118
TRAPDOR　277
TROSY　47, 65, 217
XPC　238
Xplor-NIH　236
X位相パルス　2, 104
Y位相パルス　2, 104
zero-frequency spike　106

■和　文

ア

アオキュビン　176
アスパルテーム　184
アポダイゼーション　101
アミノ酸結晶　180
アルポ　272
安定同位体標識タンパク質　215
位相エンコード　200
位相サイクル　104
位相回し　106
ウインドウ関数処理　98, 101
液体ヘリウム槽　91
エピゲノム　247
エピジェネティクス　247
遠隔結合　144
オーバーサンプリング　106
オフレゾナンス　14
折り返し　105

カ

回転座標系におけるNOE　63
外部還流法　190
化学シフト　15, 20
　——テンソル　28
　——の異方性　28, 217
化学変換　59
核オーバーハウザー効果　6, 62, 146
核磁化　1, 13
核磁気共鳴　11
核磁気共鳴分光法　1
核磁気モーメント　1
核四極子効果　16
核スピン　1
活性炭　278
カーボンナノチューブ　281
間接結合　38
環電流　25
緩和　49
緩和時間　2, 3
緩和速度　15
緩和分散　61
　——法　8
擬コンタクトシフト　26, 31, 46
　——法　217
基本転写因子　245
キャパシター　295
金属有機構造体　277
クアドレチャー位相検出　103
クアドレチャーグリッチ　106
クライオシムコイル　97
グラジエントシミング　98

337

索　引

グラフェン　281
グリシンの結晶多形　177
グルタチオン S-トランスフェラーゼ　218
クロスピーク　70
結晶性物質の固体NMR　176
結晶の多形　177
原核細胞の in-cell NMR　254
検出系　90
交差緩和　62
交差ピーク　70
交差分極　7
構造生物学　213
酵素カゼインキナーゼ2　243
高速フーリエ変換　99
固体NMR　7, 80, 135, 258, 263
　　結晶性物質の──　176
　　細胞の──　259
　　膜タンパク質の──　257
コヒーレンス　2, 17
コンタクトシフト　26
コンポジットパルス・デカップリング系列　116

サ

サイクリン依存性キナーゼ5　238
細孔解析　273
細孔物質　265
歳差運動　14
最大エントロピー法　99, 130
3次元 ^{13}C/^{15}N-filtered ^{15}N-edited NOESY-HSQC　233
サンプリング定理　100
残余双極子相互作用　46, 217

ジェミナル結合　144
磁化移動法　203
時間細工性　164
磁気共鳴イメージング　199
シグナルの検出　98
自己遮蔽型マグネット　92
磁場勾配NMR　294
磁場補正　97
シミング　97
シムコイル　97
遮蔽定数　20
周波数エンコード　200
周波数ロック系　90
自由誘導減衰　48, 99
主軸座標系　28
常磁性緩和促進　46
試料の調製　140
新 Mosher 法　149
真核細胞の in-cell NMR　254
水素貯蔵　295
水分の定量分析　152
スカラー結合　38
スピンエコー　54
　　──法　54, 199
スピン結合定数を用いた立体配置の決定　148
スピン－格子緩和　50
　　──時間　50
スピン－スピン緩和時間　52
スピン－スピン結合　32
スピンロッキング　53
ゼオライト　266
ゼーマンエネルギー　4

索　引

ゼーマン分裂　11
ゼロ・フィリング　98, 102
線形予測法　99, 130
選択性　156
双極子－双極子相互作用　16, 44, 82
双極子デカップリング　84
層状ケイ酸塩　268

タ

ダイアゴナルピーク　69
対角ピーク　69
対称式ミクロ試料管　107
多　型　177
多孔質ガラス　268
多孔質炭素　278
縦緩和　48, 50
　　──時間　15
多量子コヒーレンス　86
多量子マジック角試料回転法　271
炭素材料　279
タンパク質　213
　　──のNMR測定　213
　　──の構造解析の流れ　218
　　──の熱安定性評価　169
秩序パラメータ　169
超伝導マグネット　91
超微細相互作用　17
直積演算子　3, 75
直接結合　38
ディスタンス・ジオメトリー　169, 220
デカップリング　116
デジタルクアドラチャー位相検出　103
データ処理　98

テトラメチルシラン　22, 108
電子スピン共鳴　11
同位体シフト　27
動的核分極法　86, 137, 260

ナ

内部基準　21
内部バブリング法　190
ナトリウムイオン電池　288
2次元 ^{13}C/^{15}N-double filtered NOESY　233
2次元 ^{13}C/^{15}N-half filtered NOESY　233
2次元 NMR　7
2次元交換 NMR　61

ハ

パウダー・スペクトル　82
発振系　90
パルス磁場勾配法　95, 121
微細相互作用　17
ビシナル結合　144
ヒスチジン　156
ヒト一塩基多型　158
標　識　214
フィルター　161
不均一系　175
プリオン　158
フレキシビリティ　170
フレキシブル領域変異法　173
ブロッホ方程式　14
プロテインキナーゼCδ　238
ブロードバンド・デカップリング　116
プローブ　94
分　極　50

索　引

分光計　89
分子クラウディング　254
粉末パターン　29
ペイク・ダブレット　82
ベースライン補正　106
ヘパリン　155
変異タンパク質データベース　158
放射減衰　95
飽和移動　61
ポリヒスチジンタグ　218
翻訳後修飾　238

マ

マジック角　45, 84
　　──試料回転法　7, 258, 271
ミクロ試料管　141
水プロトンの横緩和時間　207
無細胞系　215
メソポーラスシリカ　268
メタロチオネイン　205

網羅性　152

ヤ，ラ

横緩和　51
　　──時間　15
ラーモア歳差運動　3
リアルタイム NMR　238
リカップリング　85
離散フーリエ変換　100
リチウム硫黄電池　295
リチウムイオン電池　282
　　──の正極材料　290
　　──の電解質　294
リチウム空気電池　295
立体構造モデルの評価　157
立体配座の推定　149
リボヌクレアーゼ T1　161
臨床学的表現型　160
レシーバー・ゲイン　113
ロックシステム　96

編著者紹介

阿久津　秀雄　理学博士
1972年　東京大学大学院理学系研究科博士課程生物化学専攻単位取得後退学
現　在　大阪大学名誉教授／横浜市立大学客員教授

嶋田　一夫　薬学博士
1980年　東京大学大学院理学系研究科生物化学専攻修士課程修了
現　在　東京大学大学院薬学系研究科教授

鈴木　榮一郎　薬学博士
1976年　東京大学大学院薬学系研究科修士課程修了
現　在　味の素株式会社 元上席理事

西村　善文　薬学博士
1973年　東京大学大学院薬学系研究科修士課程修了
現　在　横浜市立大学 学長補佐

NDC 425　350 p　21 cm

分光法シリーズ　第3巻
ＮＭＲ分光法

2016年4月22日　第1刷発行
2023年5月25日　第2刷発行

編著者　阿久津秀雄・嶋田一夫・鈴木榮一郎・西村善文
発行者　髙橋明男
発行所　株式会社　講談社
　　　　〒112-8001　東京都文京区音羽2-12-21
　　　　　販　売　(03) 5395-4415
　　　　　業　務　(03) 5395-3615

編　集　株式会社　講談社サイエンティフィク
　　　　代表　堀越俊一
　　　　〒162-0825　東京都新宿区神楽坂2-14　ノービィビル
　　　　　編　集　(03) 3235-3701

印刷所　株式会社双文社印刷
製本所　株式会社国宝社

落丁本・乱丁本は，購入書店名を明記のうえ，講談社業務宛にお送り下さい．送料小社負担にてお取替えします．なお，この本の内容についてのお問い合わせは講談社サイエンティフィク宛にお願いいたします．定価はカバーに表示してあります．
© H. Akutsu, I. Shimada, E. Suzuki, Y. Nishimura, 2016

本書のコピー，スキャン，デジタル化等の無断複製は著作権法上での例外を除き禁じられています．本書を代行業者等の第三者に依頼してスキャンやデジタル化することはたとえ個人や家庭内の利用でも著作権法違反です．

JCOPY 〈(社)出版者著作権管理機構 委託出版物〉
複写される場合は，その都度事前に(社)出版者著作権管理機構(電話 03-5244-5088，FAX 03-5244-5089，e-mail : info@jcopy.or.jp)の許諾を得て下さい．

Printed in Japan

ISBN 978-4-06-156903-4

講談社の自然科学書

学生、研究者に最適な実用書。付録も充実。研究室には必ず1冊!!

分光法シリーズ ＜日本分光学会・監修＞

1巻 ラマン分光法
濱口 宏夫／岩田 耕一・編著
A5・224頁・定価4,620円
[目次]
第1章 ラマン分光／第2章 ラマン分光の基礎／
第3章 ラマン分光の実際／第4章 ラマン分光の応用

2巻 近赤外分光法
尾崎 幸洋・編著
A5・288頁・定価4,950円
[目次]
第1章 近赤外分光法の発展／第2章 近赤外分光法の基礎／
第3章 近赤外スペクトル解析法／第4章 近赤外分光法の実際／
第5章 近赤外分光法の応用／第6章 近赤外イメージング

4巻 赤外分光法
古川 行夫・編著
A5・312頁・定価5,280円
[目次]
第1章 赤外分光法の過去・現在・未来／第2章 赤外分光法の基礎／第3章 フーリエ変換赤外分光測定および分光計／第4章 赤外スペクトルの測定／第5章 赤外スペクトルの解析／第6章 赤外分光法の先端測定法

5巻 X線分光法
辻 幸一／村松 康司・編著
A5・368頁・定価6,050円
[目次]
第1章 X線分光法の概要／第2章 X線要素技術／第3章 蛍光X線分析法／第4章 電子プローブマイクロアナリシス(EPMA)／第5章 X線吸収分光法／第6章 X線分光法の応用

6巻 X線光電子分光法
髙桑 雄二・編著
A5・368頁・定価6,050円
[目次]
第1章 固体表面・界面分析の必要性と課題／第2章 X線光電子分光法の基礎／第3章 X線光電子分光法の実際／第4章 X線光電子分光イメージング／第5章 X線光電子分光法の応用／第6章 X線光電子分光法の新たな展開

7巻 材料研究のための分光法
一村 信吾／橋本 哲／飯島 善時・編著
A5・288頁・定価5,500円
[目次]
第1章 本書のねらい／第2章 分光分析法の選択に向けて／第3章 材料研究への分光法の適用—事例に学ぶ／第4章 分光法各論

8巻 紫外可視・蛍光分光法
築山 光一／星野 翔麻・編著
A5・336頁・定価5,940円
[目次]
第1章 紫外・可視分光の基礎／第2章 吸収・反射分光法／第3章 蛍光分光法／第4章 円偏光分光法／第5章 紫外・可視領域におけるレーザー分光計測法

9巻 医薬品開発のための分光法
津本 浩平／長門石 曉／半沢 宏之・編著
A5・288頁・定価5,500円
[目次]
第1章 概论:医薬品研究開発と分光手法の概要／第2章 医薬品の探索・最適化に適用される分光測定技術／第3章 薬効評価・標的探索のための分光法／第4章 医薬品の分析に用いる分光法

※表示価格には消費税（10%）が加算されています。

「2023年4月現在」

講談社サイエンティフィク　https://www.kspub.co.jp/